不锈钢钢丝生产与质量控制

（第2版）

宋仁伯　胡建祥　编著

北　京
冶金工业出版社
2024

内容提要

本书针对不锈钢钢丝的生产装备和质量水平，结合不锈钢钢丝的选材、拉拔、热处理及后续的成形等工序，主要介绍了不锈钢钢丝各种质量缺陷的特征及成因，以及相对应的解决措施；尤其是合理的工艺路线和工艺控制技术参数的提出，为高精度、高性能不锈钢钢丝的生产提供了必要的理论基础和生产依据。

本书共分9章，1~3章概述了不锈钢钢丝的种类和用途、生产工艺及质量缺陷的分类等；4~9章分别介绍了不锈钢钢丝的表面裂纹、断裂、表面锈蚀、组织与性能不合、成形与加工等各种质量缺陷的成因及相关的控制手段，以及不锈钢钢丝服役过程中的失效成因分析及控制。

本书可作为从事不锈钢钢丝的生产、使用和售后服务等方面工作者的参考书，对从事金属材料的拉拔工艺研究、生产和使用的科研人员和工程技术人员也具有一定的参考价值。

图书在版编目(CIP)数据

不锈钢钢丝生产与质量控制/宋仁伯，胡建祥编著．—2版，—北京：冶金工业出版社，2024.1

ISBN 978-7-5024-9708-8

Ⅰ.①不… Ⅱ.①宋… ②胡… Ⅲ.①不锈钢—生产管理 ②不锈钢—质量控制 Ⅳ.①TG142.71

中国国家版本馆CIP数据核字(2024)第003918号

不锈钢钢丝生产与质量控制（第2版）

出版发行 冶金工业出版社　**电　话** (010)64027926
地　址 北京市东城区嵩祝院北巷39号　**邮　编** 100009
网　址 www.mip1953.com　**电子信箱** service@mip1953.com

责任编辑 曾 媛　美术编辑 彭子赫　版式设计 郑小利
责任校对 梁江凤　责任印制 窦 唯
北京印刷集团有限责任公司印刷
2018年12月第1版，2024年1月第2版，2024年1月第1次印刷
710mm×1000mm 1/16；15印张；293千字；227页
定价69.00元

投稿电话 (010)64027932　投稿信箱 tougao@cnmip.com.cn
营销中心电话 (010)64044283
冶金工业出版社天猫旗舰店 yjgycbs.tmall.com
(本书如有印装质量问题，本社营销中心负责退换)

第2版前言

不锈钢钢丝作为不锈钢产品的重要组成部分，其深加工产品的质量性能逐渐成为加工制造业关注的焦点，其中最主要的问题还在于产品的升级换代和质量提升，尤其是高端材质的生产。随着经济的不断发展，加工制造业对于不锈钢钢丝产品的质量要求越来越严格、越来越精细，但是在钢丝产品的深加工和使用过程中往往会出现裂纹、异常断裂和表面锈蚀等质量缺陷，直接影响了产品的质量以及生产效率。因此研究不锈钢钢丝产品质量缺陷的成因及控制成为一个重要的课题。本书对不锈钢钢丝产品出现的异常断裂、表面裂纹、磁性异常、表面锈蚀等缺陷问题进行了较为集中、系统、全面、深入的论述，并分析相应缺陷的产生原因和形成机理，对钢丝的生产工艺提出建议。本书的出版，对改善和提高不锈钢钢丝产品质量有着重要的理论意义和实际应用价值。

目前已出版的类似著作中，关于不锈钢钢丝的知识内容不全面、系统性和针对性不强；不锈钢钢丝加工领域的最新成果没有及时反馈到著作之中，使得著作满足不了不锈钢钢丝生产、使用及售后服务专业技术人员的知识需求。此外，针对不锈钢钢丝工艺及产品质量要求特点，对其相应的生产及科研案例的内容介绍较少。因此，本书针对不锈钢钢丝产品生产和质量控制进行分析论述，具有相对的独立性，内容切合生产实际、针对性强，帮助不锈钢钢丝生产及使用的技术人员掌握不锈钢钢丝产品质量控制的基本理论和技能。本书第1版自2018年12月出版以来，获得广大相关科研人员和工程技术人员的广泛关注。第2版沿用了第1版的编写思路，对相关章节进行了补充及修订；增添了不锈钢钢丝服役过程中的失效成因分析及控制的内容，其填补了第1版的一个重要空白，使本书更加系统和全面。

本书编者结合自身多年的科研和实践经验，书中的实例来源于实际科研项目，均为得到应用的成功案例，与实际生产息息相关，案例的选取注重代表性和可学习性，从生产要求出发，具有很强的实用性。本书的特色之处如下：

(1) 本书所论述的不锈钢钢丝产品质量缺陷问题，比较全面准确地体现了不锈钢钢丝产品质量的主要现状。全书内容紧密联系实际，资料丰富翔实，逻辑清晰严密，文字通顺，通俗易懂，实用性强。

(2) 本书结合不锈钢钢丝产品的新发展和表面质量缺陷理论的新理念，对典型缺陷进行分析，旨在研究探讨在不锈钢钢丝生产和使用条件下如何改善和保证不锈钢钢丝产品质量，以及不锈钢钢丝产品生产和使用过程中遇到的新情况新问题，因而具有一定的前瞻性和指导性。

(3) 本书针对不锈钢钢丝产品生产和质量等人们普遍关心的问题，都提出了具有一定深度的新见解，从而使本书具有较高的理论和学术价值。

本书由北京科技大学宋仁伯和江阴祥瑞不锈钢精线有限公司胡建祥合作完成。在编著过程中，得到江阴祥瑞不锈钢精线有限公司王红霞的大力协助，北京科技大学王永金和研究生全书仪、王鑫玮、周乃鹏、裴宇、陈星翰、颜沛霖、李坤峰、于浩男、陈雷、王宾宁、谭瑶、王天一、苏阳等人参与部分编写工作，在此一并深表谢意。

由于编者水平所限，书中不妥之处在所难免，恳请广大读者批评指正。

编　者

2023年7月

第1版前言

不锈钢钢丝作为不锈钢产品的重要组成部分，其产品质量逐渐成为加工制造业关注的焦点。随着经济不断发展，加工制造业对于不锈钢钢丝产品的质量要求越来越严格、越来越精细，但是在钢丝产品的生产和使用过程中往往会出现裂纹、异常断裂和表面锈蚀等质量缺陷，直接影响了产品的质量以及生产效率。因此，研究不锈钢钢丝产品质量缺陷的成因及控制成为一个重要的课题。本书对不锈钢钢丝产品出现的异常断裂、表面裂纹、磁性异常、表面锈蚀等缺陷问题进行了较为集中、系统、全面、深入的论述，分析了上述缺陷的产生原因和形成机理，并对钢丝的生产工艺提出相应建议，对不锈钢钢丝产品质量改善和提高有重要的理论意义和实际应用价值。

本书所论述的不锈钢钢丝产品的主要质量缺陷，比较全面准确地反映了不锈钢钢丝产品的质量问题。全书的内容紧密联系实际，资料丰富翔实，逻辑清晰严密，文字通顺，通俗易懂，实用性强。此外，本书结合了不锈钢钢丝产品的新发展、表面质量缺陷理论的新理念，以及对典型缺陷的分析，来研究探讨在不锈钢钢丝生产和使用条件下如何改善和保证不锈钢钢丝产品质量，以及不锈钢钢丝产品生产和使用过程中遇到的新情况新问题，因而具有一定的前瞻性和指导性。

本书编者结合自己多年的科研和实践经验，书中实例均来源于实际科研项目，是得到应用的成功案例，从生产要求出发，与实际生产息息相关，具有很强的实用性、代表性和可学习性。本书是目前唯一一本针对不锈钢钢丝产品生产和质量控制的学术专著，具有相对的独立性，内容切合生产实际、针对性强，可帮助不锈钢钢丝生产及使用的技术人员掌握不锈钢钢丝产品质量控制的基本理论和技能。

本书由北京科技大学宋仁伯和江阴祥瑞不锈钢精线有限公司胡建祥合作完成。在编著过程中，得到江阴祥瑞不锈钢精线有限公司王红霞、怀烨明和何松仁等人的大力协助，北京科技大学王永金和研究生裴宇、周乃鹏、于浩男、陈雷、王宾宁、谭瑶、苏阳和王天一等人参与了部分编写工作，在此一并深表谢意。

由于编者水平所限，书中不妥之处，诚请广大读者批评指正。

编著者

2018年8月

目　　录

1 不锈钢钢丝概述

不锈钢一般是指不锈钢和耐酸钢的总称。具体来说，不锈钢是指耐大气、蒸汽和水等弱介质腐蚀的钢，而耐酸钢是指耐酸、碱、盐等化学浸蚀性介质腐蚀的钢。不锈钢与耐酸钢在合金化程度上有较大差异。不锈钢虽然具有不锈性，但并不一定耐酸，而耐酸钢一般具有不锈性。

不锈钢钢丝是不锈钢产品系列中的一个重要品种，主要用作制造业的原材料。我国经济目前以制造业为支柱，所以我国不锈钢钢丝消费量在不锈钢总消费量中所占比重要高于发达国家，相对于其他品种，不锈钢钢丝属于投资少、见效快的产业。近年来，国内不锈钢钢丝生产企业如雨后春笋般发展起来，尽管如此，生产增长仍赶不上消费的增长。发展不锈钢钢丝生产、提高不锈钢钢丝产品质量水平是制品行业面临的一项重要而迫切的任务。

1.1 不锈钢钢丝的分类

不锈钢钢丝是用热轧盘条经冷拉制成的再加工产品，其分类如下：

按断面形状分类，主要有圆、方、矩、三角、椭圆、扁、梯形、Z 字形等。

按尺寸分类，有特细（<0.1mm）、较细（0.1~0.5mm）、细（0.5~1.5mm）、中等（1.5~3.0mm）、粗（3.0~6.0mm）、较粗（6.0~8.0mm）、特粗（>8.0mm）。

按强度分类，有低强度（<390MPa）、较低强度（390~785MPa）、普通强度（785~1225MPa）、较高强度（1225~1960MPa）、高强度（1960~3135MPa）、特高强度（>3135MPa）。

按用途分类，有普通质量不锈钢钢丝（包括焊条、制钉、制网、包装和印刷业用钢丝）、冷顶锻用不锈钢钢丝（供冷镦铆钉、螺钉等）、电工用不锈钢钢丝（包括生产架空通信线、钢芯铝绞线等专用钢丝）、纺织工业用不锈钢钢丝（包括粗梳子、针布和针用钢丝）、制绳不锈钢钢丝（专供生产钢丝绳和辐条）、弹簧不锈钢钢丝（包括弹簧和弹簧垫圈用、琴用及轮胎、帘布和运输胶带用钢丝）、结构不锈钢钢丝（指钟表工业、滚珠、自动机易切削用钢丝），外科植入物钢丝同样应用不锈钢钢丝。

按组织可分为四类：（1）奥氏体不锈钢钢丝，含铬大于18%，还含有8%左右的镍及少量钼、钛、氮等元素。综合性能好，可耐多种介质腐蚀。(2) 奥氏体-铁素体双相不锈钢钢丝。兼有奥氏体和铁素体不锈钢钢丝的优点，并具有超塑性。(3) 铁素体不锈钢钢丝，含铬 12%~30%。其耐蚀性、韧性和可焊性随含铬量的增加而提高，耐氯化物应力腐蚀性能优于其他种类不锈钢钢丝。(4) 马氏体不锈钢钢丝。强度高，但塑性和可焊性较差。其类别、牌号、交货状态见表 1-1。

表 1-1 不锈钢钢丝的类别（GB/T 4240—2019）

类别	牌号	ASTM A959—16	交货状态及代号
奥氏体	12Cr17Mn6Ni5N	201	软态（S）、轻拉（LD）、冷拉（WCD）
	12Cr18Mn9Ni5N	202	
	Y06Cr17Mn6Ni6Cu2	XM-1	
	12Cr18Ni9	302	
	Y12Cr18Ni9	303	
	Y12Cr18Ni9Cu3	—	
	06Cr19Ni10	304	
	022Cr19Ni10	304L	
	07Cr19Ni10	304H	
	10Cr18Ni12	305	
	06Cr20Ni11	308	
	16Cr23Ni13	309	
	06Cr23Ni13	309S	
	06Cr25Ni20	310S	
	20Cr25Ni20Si2	314	
	06Cr17Ni12Mo2	316	
	022Cr17Ni12Mo2	316L	
	06Cr17Ni12Mo2Ti	316Ti	
	06Cr19Ni13Mo3	317	
	06Cr18Ni11Ti	321	

续表 1-1

类别	牌号	ASTM A959—16	交货状态及代号
奥氏体-铁素体	022Cr23Ni5Mo3N	2205	软态（S）
铁素体	06Cr13Al	405	软态（S）、轻拉（LD）、冷拉（WCD）
	06Cr11Ti	409	
	04Cr11Nb	409Nb	
	10Cr17	430	
	Y10Cr17	430F	
	10Cr17Mo	434	
	10Cr17MoNb	436	
	026Cr24	—	
马氏体	06Cr13	410S	软态（S）、轻拉（LD）
	12Cr13	410	
	Y12Cr13	416	
	20Cr13	420	
	30Cr13	—	
	32Cr13Mo	—	
	Y30Cr13	420F	
	Y16Cr17Ni2	—	
	40Cr13	414	软态（S）
	12Cr12Ni2	—	
	14Cr17Ni2	—	

1.2 不锈钢钢丝的组织、性能和用途

1.2.1 化学成分对不锈钢组织和性能的影响

不锈钢钢丝的耐蚀性取决于钢丝中所含的合金元素。铬是使不锈钢钢丝获得耐蚀性的基本元素，当钢中含铬量达到12%左右时，铬与腐蚀介质中的氧作用，

在钢表面形成一层很薄的氧化膜（自钝化膜），可阻止钢丝的基体进一步腐蚀。除铬外，常用的合金元素还有镍、钼、钛、铌、铜、氮等，以满足各种用途对不锈钢钢丝组织和性能的要求。

1.2.1.1 铬

铬是决定不锈钢耐腐蚀性能的主要元素。金属腐蚀可分为化学腐蚀和电化学腐蚀两种。在高温下金属直接与空气中的氧反应，生成氧化物，是一种化学腐蚀。在常温下这种腐蚀进行得很缓慢，金属的腐蚀主要是电化学腐蚀。

电化学腐蚀的本质是金属在介质中离子化。以铁为例，电化学腐蚀过程可表示为：

$$Fe - 2e = Fe^{2+}$$

一种金属耐电化学腐蚀的能力，取决于本身的电极电位。电极电位越负，越易失去电子，发生离子化；电极电位越正，越不易失去电子，不易离子化。常见金属的标准电极电位见表 1-2。

表 1-2 常见金属的标准电极电位

金属	Al	Ti	Mn	Zn	Cr	Fe	Co	Ni	Pb	Cu	Ag	Au
电位	−1.66	−1.63	−1.18	−0.763	−0.74	−0.44	−0.277	−0.25	−0.126	+0.334	+0.799	+1.50

铬提高钢耐腐蚀性能的第一个原因是铬能使铁-铬合金钢的电极电位提高。当铬含量达到 1/8、2/8、3/8、…原子比时，铁-铬合金钢的电极电位呈跳跃式提高，这种变化规律称为 *n*/8 定律，如图 1-1 所示。

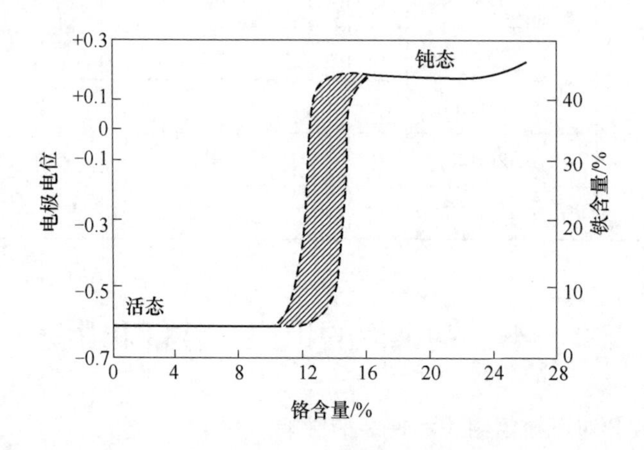

图 1-1 铁-铬合金的电极电位变化规律

当铁-铬固溶体中铬的原子含量达到 12.5%（1/8）第一个突变值时，基体在

$FeSO_4$ 溶液中的电极电位由-0.56V跳增至+0.2V，通常把12.5%的原子含量作为不锈钢的最低含铬量，换算成质量分数则为12.5%×(铬原子量/铁原子量)=12.5%×52/55.8=11.65%。含铬低于11.65%的钢一般不称为不锈钢。

铬提高钢的耐蚀性能的第二个原因是铁-铬合金钢在氧化性介质中极易形成一层致密的钝化膜（$FeO \cdot Cr_2O_3$），这层钝化膜稳定、完整，与基体金属结合牢固，将基体与介质完全隔开，从而有效地防止钢进一步被氧化或腐蚀。但在还原性介质中，这层膜有破裂的倾向。

1.2.1.2 碳

碳是不锈钢中仅次于铬的常用元素，不锈钢的组织和性能在很大程度上取决于碳含量及其分布状态。

碳是稳定奥氏体元素，它对奥氏体的稳定作用很强烈，约为镍的30倍。不锈钢奥氏体化时碳的最大溶解度为0.50%，在冷却过程中碳的溶解度减小，不断析出，由于碳和铬的亲和力很大，故能与铬形成一系列复杂的碳化物。碳化物的类型因钢中铬含量的不同而异。含铬小于10%的钢，主要为渗碳体型碳化物$(Fe,Cr)_3C$，高铬钢中的碳化物为复杂碳化物Cr_7C_3和$Cr_{23}C_6$。碳化物中的铬可以被置换，以（$(Fe,Cr)_7C_3$）和（$(Fe,Cr)_{23}C_6$）的形式存在。不锈钢中的碳化物主要以（$(Fe,Cr)_{23}C_6$）的形式存在。

碳与铬形成碳化物时要占用不锈钢中的一部分铬，以$Cr_{23}C_6$为例计算：

$Cr_{23}C_6$：(铬原子量 × 23)/(碳原子量 × 6) = (52 × 23)/(12 × 6) ≈ 17

不锈钢中的碳要与17倍的铬结合，生成碳化物，固溶体中的铬含量必然要减少，钢的耐腐蚀性能就要降低。如果形成碳化物后固溶体中的铬含量低于11.65%，就不能称其为不锈钢。

因为碳对耐腐蚀性能有不利的影响，奥氏体和铁素体不锈钢很少采用碳来强化，其碳含量多在0.15%以下；马氏体不锈钢的碳含量大多在0.10%~0.40%范围内。

1.2.1.3 镍

镍是不锈钢中第三常用元素，它在钢中起扩大奥氏体区、稳定奥氏体组织的作用。铬不锈钢中加入一定量的镍后，组织和性能都发生明显变化。如1Cr17为铁素体钢，热处理后抗拉强度在500MPa左右，加入2.0%的镍，就变为1Cr17Ni2马氏体钢，淬火后抗拉强度达1100MPa以上。图1-2所示为含碳0.10%的钢，在不同铬含量下得到稳定奥氏体组织所需的镍含量。当铬含量为18%时，只需要8%的镍，常温下就能得到奥氏体组织，这就是18-8型不锈钢的由来。

镍能显著地提高铬钢的耐腐蚀性能和高温抗氧化性能，铬-镍奥氏体钢比铬含量相同的铁素体和马氏体钢有更好的耐腐蚀性能。铬含量在20%以下时，钢的抗氧化性能随镍含量的增加不断改善。

镍能有效地降低铁素体钢的脆性，改善其焊接性能，但对抗应力腐蚀性能有不利的影响，对于奥氏体钢，镍能降低钢的冷加工硬化趋势，改善冷加工性能，使钢在常温和低温下均具有很高的塑性和韧性。

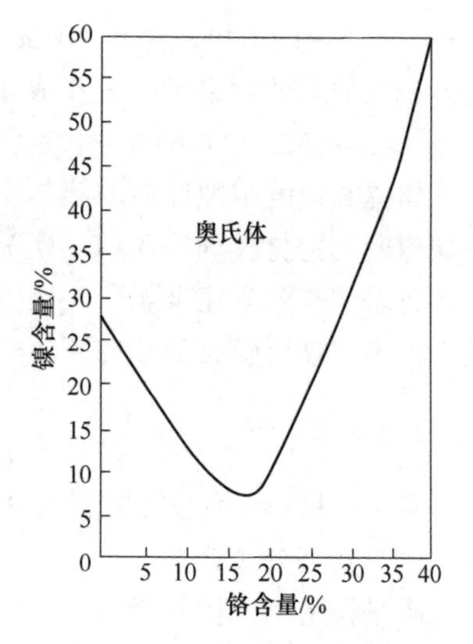

图 1-2 铬镍含量对不锈钢组织的影响

1.2.1.4 锰和氮

锰和氮可以代替镍。

锰是奥氏体形成元素，它能抑制奥氏体的分解，使高温形成的奥氏体组织保持到室温。锰稳定奥氏体的能力只有镍的1/2，2%的锰可以代替1%的镍。

铬-锰钢要在常温下得到完全奥氏体组织，与钢中的碳和铬含量密切相关，当碳低于0.2%、铬大于14%~15%时，不论向钢中加入多少锰都不能得到纯奥氏体组织。要得到奥氏体组织必须增加碳含量或降低铬含量，这两种做法都会降低钢的耐蚀性能，所以镍不能被锰全部代替。

含锰钢具有冷加工强化效应显著、耐磨性高的优点。缺点是对晶间腐蚀很敏感，并且不能通过加钛和铌来消除晶间腐蚀。

氮也是稳定奥氏体元素，氮与锰结合能取代镍。氮稳定奥氏体的作用比镍大，与碳相当。氮代镍的比例约为0.025∶1，一般认为氮可取代2.5%~6.5%的镍。

在奥氏体中氮也是最有效的固溶强化元素之一。氮与铬的亲和力要比碳与铬的亲和力小，奥氏体钢很少见到 Cr_2N 的析出。因此，氮能在不降低耐蚀性能的基础上，提高不锈钢的强度，研制含氮不锈钢是近年来不锈钢工业的发展趋势。

氮在钢中的溶解度有限（低于0.15%），加入铬和锰能提高其溶解度，加入镍和碳会降低其溶解度。近期研究成果表明，适当调整不锈钢的成分，特别是铬与锰的比例，能将钢中的氮含量稳定在0.4%左右。

1.2.1.5 钛和铌

钛和铌可以防止晶间腐蚀。

铬-镍奥氏体不锈钢在450~800℃温度区加热时，常发生沿晶界的腐蚀破坏，称为晶间腐蚀。一般认为，晶间腐蚀是碳从饱和的奥氏体以 $Cr_{23}C_6$ 形态析出，造成晶界处奥氏体贫铬所致。防止晶界贫铬是防止晶间腐蚀的有效方法。如将各种元素按与碳的亲和力大小排列，顺序为钛、锆、钒、铌、钨、钼、铬、锰。钛和铌与碳的亲和力都比铬大，把它们加入钢中后，碳优先与它们结合生成碳化钛（TiC）和碳化铌（NbC），这样就避免了析出碳化铬而造成晶界贫铬，从而可有效防止晶间腐蚀。

另外，钛和铌与氮可结合生成氮化钛和氮化铌，钛与氧可结合生成二氧化钛，奥氏体中还能溶解一部分铌（约 0.1%）。考虑这些因素，实际生产中为防止晶间腐蚀，钛和铌加入量一般按下式计算：

$$Ti = 5 \times (C\% - 0.02) \sim 0.08\%$$

$$Nb \geq 10 \times C\%$$

含钛和铌的钢固溶处理后得到单相奥氏体组织，这种组织处于不稳定状态，当温度升高到 450℃ 以上时，固溶体中的碳逐步以碳化物形态析出，650℃是 $Cr_{23}C_6$ 形成温度，900℃是 TiC 形成温度，920℃是 NbC 形成温度。要防止晶间腐蚀就要减少 $Cr_{23}C_6$ 含量，使碳化物全部以 TiC 和 NbC 形态存在。由于钛和铌的碳化物比铬的碳化物稳定，故钢加热到 700℃以上时，铬的碳化物就开始向钛和铌的碳化物转化。稳定化处理是将钢加热到 850~930℃之间，保温 1h，此时铬的碳化物全部分解，形成稳定的 TiC 和 NbC，钢的抗晶间腐蚀性能得到改善。

1.2.1.6 钼和铜

钼和铜可以提高耐蚀性能。

不锈钢的钝化作用是在氧化性介质中形成的，通常所说的耐腐蚀，多指氧化介质而言。在非氧化性酸中，如稀硫酸和强有机酸中，一般铬不锈钢、铬镍不锈钢均不耐蚀。特别是在含有氯离子的介质中，由于氯离子能破坏不锈钢表面的钝化膜，故会造成不锈钢局部区域的腐蚀，即点腐蚀。在不锈钢中加入钼和铜是提高不锈钢在非氧化性介质中抗蚀性能的有效途径。

钼能促使不锈钢表面钝化，具有增强不锈钢抗点腐蚀和缝隙腐蚀的能力，铁素体不锈钢中如果不含钼，铬含量再高也很难获得满意的抗点蚀性能，故只有在含铬钢中钼才能发挥作用。一般来说，铬含量越高，钼提高钢耐点蚀性能效果越明显。研究表明，钼提高耐点蚀性能的能力相当于铬的 3 倍。1Cr17 钢中加入 1%的钼（1Cr17Mo）可使其在有机酸和盐酸中的耐腐蚀性能明显提高。18-8 铬镍钢中加入 1.5%~4.0%的钼，可以提高其在稀硫酸、有机酸（醋酸、蚁酸、草酸）、硫化氢、海水中的耐蚀性能。

钼能改善奥氏体不锈钢的高温力学性能（表 1-3）。在马氏体不锈钢中加入

0.5%~4.0%的钼可以增加钢的回火稳定性。钼在不锈钢中还能形成沉淀析出相，提高钢的强度，如沉淀硬化型不锈钢0Cr17Ni5Mo3。

表1-3 钼对不锈钢高温力学性能的影响

牌号	抗拉强度/MPa					屈服强度/MPa					蠕变极限
	20℃	316℃	538℃	760℃	871℃	20℃	316℃	538℃	760℃	871℃	
0Cr18Ni9	586	441	379	200	117	241	172	124	96.5	68.9	119
0Cr17Ni12Mo2	586	538	455	276	172	262	241	193	138	103	171

不锈钢中加入铜可提高不锈钢在硫酸中的耐蚀性能。含铜不锈钢钢水流动性较好，容易铸成高质量的部件。铜还能提高不锈钢的冷加工性能，如0Cr18Ni9Cu3多作为冷顶锻钢使用。

1.2.1.7 其他元素

上述9个元素一般作为合金元素加入钢中，硅、硫、磷一般作为残余元素存在于钢中。为了某些特定目的，不锈钢有时也加入硅、硫、磷、铝和稀土等元素。

硅是铁素体形成元素，在提高不锈钢的抗氧化和热强性能方面具有良好的作用。含硅的不锈钢钢水流动性好，能铸成高质量的耐热不锈钢铸件。硅对18-8型奥氏体不锈钢的耐硝酸腐蚀性能有不利影响，当硅含量处于0.8%~1.0%时影响最显著，但硅能提高奥氏体不锈钢的抗应力腐蚀能力。一般认为，硅使不锈钢的冷加工性能下降。

硫在一般不锈钢中是残余元素。硫对钢的强度影响不大，但会降低不锈钢的韧性，使其伸长率和冲击值大幅度下降。硫可以提高不锈钢的切削性能，易切削不锈钢中一般含有0.15%~0.4%的硫。

磷在不锈钢中是残余元素。在奥氏体不锈钢中磷的危害不像一般钢中那样显著，含量允许偏高一些（≤0.045%）。磷对钢有强化作用。有些沉淀硬化不锈钢中，如PH17-10P，磷是作为合金元素加入的。

铝是稳定铁素体的元素，可以提高钢的耐高温氧化性能，改善焊接性能，铝含量达1%左右时有显著的沉淀硬化效果，但铝会降低钢抗硝酸腐蚀能力。

稀土元素应用于不锈钢，主要是改善工艺性能，保证热加工顺利进行。双相钢常用稀土改善热加工性能。

1.2.1.8 各元素的综合作用

不锈钢的组织取决于各元素的综合作用。

根据各元素对基体组织的影响，可将不锈钢中的合金元素分为两大类：一类是扩大奥氏体区，稳定奥氏体组织的元素包括碳、镍、锰、氮和铜，以碳和氮的作用程度最大；另一类是缩小奥氏体区，形成铁素体组织的元素包括铬、硅、钼、钛、铌、钽、钒和铝等。这两类元素共存于不锈钢中时，不锈钢的组织取决于各元素互相影响的结果。如稳定奥氏体元素起主要作用，不锈钢组织就以奥氏体为主，铁素体很少以至于没有。如果它们的作用程度还不能使钢的奥氏体保持到室温，在冷却过程中奥氏体将发生马氏体转变，钢的组织为马氏体。如果形成铁素体元素起主要作用，钢的组织就以铁素体为主。

不锈钢的组织可以通过组织图进行预测，如图 1-3 所示。其横坐标表示铬当量（[Cr]），纵坐标表示镍当量（[Ni]）。

$$[Cr] = Cr\% + Mo\% + 1.5(Si + Ti)\% + 0.5Nb\% + 3Al\% + 5V\%$$

$$[Ni] = Ni\% + 30(C + N)\% + 0.5Mn\% + 0.33Cu\%$$

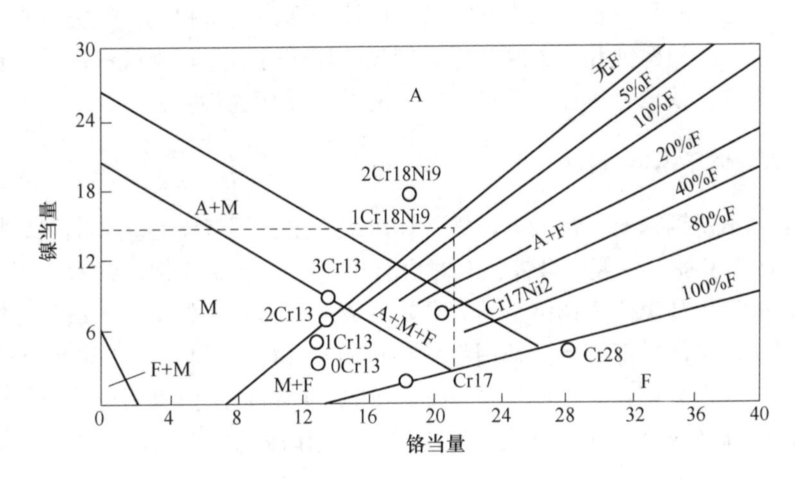

图 1-3 不锈钢组织图

A—奥氏体；F—铁素体；M—马氏体

1.2.2 奥氏体不锈钢钢丝

奥氏体不锈钢钢丝在常温下为奥氏体组织，常用牌号有 1Cr18Ni9、1Cr18Ni9Ti、0Cr18Ni9Cu3、0Cr17Ni12Mo2、0Cr25Ni20。1Cr18N9 因冷加工强化效应显著主要用作不锈弹簧钢丝和制绳材料；1Cr18Ni9Ti 具有良好的抗晶间腐蚀性能；0Cr18Ni9Cu3 冷加工性能优良，磁性较弱，用于制造螺栓、筛网和编织钢丝；0Cr17Ni12Mo2（316）在海水和其他含氯离子和硫化氢介质中具有很好的耐点腐蚀性能，用于制作化工、石油、食品用设备的零部件，销、轴、网、传送带、螺栓等；0Cr25N20（310）兼有较高的耐蚀和耐热性能，作为耐蚀钢，用于制作食品工业中与浓醋酸和柠檬酸接触的部件，作为耐热钢用于制作各种连续炉和周期炉的传送带、炉辊、炉膛部件、马弗炉管、辐射管等。

奥氏体不锈钢钢丝具有高的耐蚀性能、良好的焊接性能，常温和低温下有很高的塑性和韧性，加工性能远优于其他类型的不锈钢钢丝，无磁性或具有弱磁性。缺点是钢的线膨胀系数较大，同铁素体不锈钢一样，不能通过热处理进行强化，并对晶间腐蚀性能比较敏感。实际生产中常用降低碳含量、添加易形成碳化物的元素和采用稳定化处理的方法来消除这种敏感性。

1.2.3 奥氏体-铁素体双相不锈钢钢丝

奥氏体-铁素体双相不锈钢钢丝常用牌号有00Cr22Ni6Mo3N，这种钢耐应力腐蚀和点腐蚀性能好，可用于含氯离子环境中，主要用在化工、石油、造纸的工业热交换器和冷凝器上。奥氏体-铁素体双相不锈钢中的铁素体含量随化学成分和加热温度的不同而有较大的变化，与奥氏体不锈钢钢丝相比，这类钢具有屈服强度较高、抗晶间腐蚀和应力腐蚀能力较强、焊接时产生热裂纹倾向小、铸造流动性好等优点。缺点是热加工性能稍差，易产生σ相脆性。

1.2.4 铁素体不锈钢钢丝

铁素体不锈钢钢丝在常温下以铁素体组织为主，具有体心立方晶格结构，钢中含铬11%~30%，一般不含镍，有时含有少量的钼、钛和铌。铁素体不锈钢的耐腐蚀性能优于马氏体不锈钢，具有导热系数大、膨胀系数小、抗氧化性能好和抗应力腐蚀性能优异等特点。常用牌号有0Cr13、0Cr17（Mo）、0Cr28。0Cr13用作汽车排气处理装置、炉燃烧室喷嘴等；0Cr17（Mo）用作家用电器部件、食品用具、清洗球及建筑装饰材料等；0Cr28用于制作浓硝酸磷酸和次氯酸等化工设备零件和管道等。

1.2.5 马氏体不锈钢钢丝

马氏体不锈钢是一种可硬化不锈钢，根据化学成分可分为铬不锈马氏体钢和铬镍不锈马氏体钢，常用牌号有1Cr13、2Cr13、3Cr13（Mo）、4Cr13、1Cr17Ni2、2Cr13Ni2、Y1Cr13和9Cr18（Mo）。马氏体不锈钢有良好的淬透性，可通过淬、回火改变其强度和韧性，常温下有良好的耐腐蚀性能和耐磨性能，耐高温性能优良，直到500℃强度也不降低，在高达700℃大气中仍能抗氧化。1Cr13、2Cr13和3Cr13（Mo）用于制作刀具、精密轴、滚动体、喷嘴、弹簧、阀门和手术器材等；1Cr17Ni2用作具有较高强度的耐硝酸及耐有机酸腐蚀的零件、轴、活塞杆、螺栓等；Y1Cr13和2Cr13N2属于易切削不锈钢，用于制作表面光洁又承受较大应力的耐蚀零件，如仪表轴、销、齿轮等；9Cr18（Mo）是不锈钢中硬度最高的一种，多用作要求高硬度及耐磨的零件，如切削工具、轴承、弹簧及医疗器械等。

1.3 不锈钢钢丝的生产技术

1.3.1 不锈耐热钢丝

1.3.1.1 生产工艺流程

不锈钢钢丝在生产过程中工艺大致相同，由于其组织及性能的要求，在热处理上略有不同。奥氏体及奥氏体-铁素体双相不锈钢钢丝生产工艺流程如图 1-4 所示，马氏体及铁素体不锈钢钢丝生产工艺流程如图 1-5 所示。

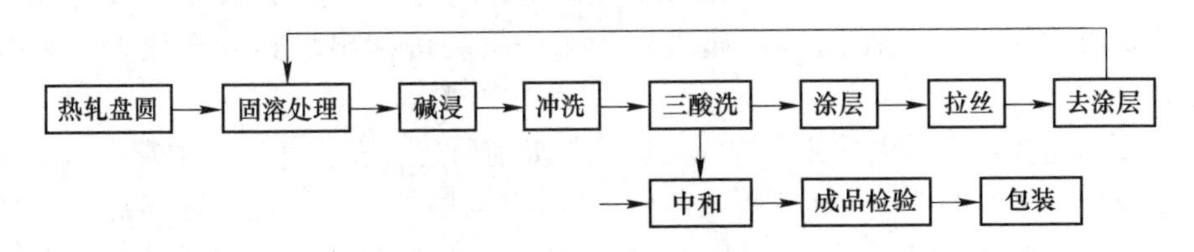

图 1-4 奥氏体、双相不锈钢钢丝生产流程

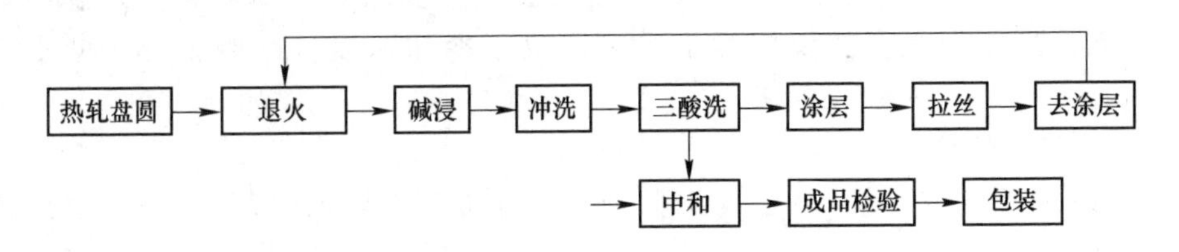

图 1-5 铁素体、马氏体不锈钢钢丝生产流程

1.3.1.2 热处理

A 固溶处理

奥氏体不锈钢钢丝通过固溶处理来软化，一般将钢丝加热到 950~1150℃左右保温一段时间，使碳化物和各种合金元素充分均匀地溶解于奥氏体中，然后快速淬水冷却，碳及其他合金元素来不及析出，可获得纯奥氏体组织，称为固溶处理。固溶处理的作用有以下三点：

(1) 使钢丝组织和成分均一致，这对原料尤其重要，因为热轧线材各段的轧制温度和冷却速度不一样，造成组织结构不一致，在高温下原子活动加剧，σ 相溶解，化学成分趋于均匀，快速冷却后就获得均匀的单相组织。

（2）消除加工硬化，以利于继续冷加工。通过固溶处理，歪扭的晶格恢复，伸长和破碎的晶粒重新结晶，内应力消除，钢丝抗拉强度下降，伸长率上升。

（3）恢复不锈钢固有的耐蚀性能。由于冷加工造成碳化物析出、晶格缺陷，使不锈钢耐蚀性能下降。固溶处理后钢丝耐蚀性能恢复到最佳状态。

对于钢丝而言，固溶处理的三个要素是固溶温度、保温时间和冷却速度。固溶温度主要根据化学成分确定，一般说来，合金元素种类多、含量高的牌号，固溶温度要相应提高。特别是锰、钼、镍、硅含量高的钢，只有提高固溶温度，使其充分溶解，才能达到软化效果。但稳定化钢，如1Cr18Ni9Ti 固溶温度高时稳定化元素的碳化物充分溶解于奥氏体中，在随后的冷却中会以 $Cr_{23}C_6$ 的形态在晶界析出，造成晶间腐蚀。为使稳定化元素的碳化物（TiC 和 NbC）不分解、不固溶，一般采用下限固溶温度。

保温时间应根据热处理炉型和装炉量确定。周期炉多采用热装炉，即炉温升到预定温度后装炉，保温后快速出炉淬水。从装炉到出炉热处理周期一般为0.5~2h。

冷却速度对不锈钢性能有很大的影响。如前所述，在冷却过程中碳要从奥氏体中析出，550~800℃为 σ 相析出区，还有 475℃脆性区，因此，固溶后的钢丝应采用快速冷却的方式避开上述温度区，防止碳化物析出，获得最佳热处理效果。直径 ϕ3.0mm 以上的钢丝一般采用水冷，直径 ϕ3.0mm 以下的钢丝可以采用风冷。一般说来，固溶处理后钢丝抗拉强度主要取决于固溶温度，温度升高，抗拉强度偏低。伸长率似乎更多取决于冷却速度，冷却加快，伸长率偏高。

B 退火处理

马氏体不锈钢钢丝采用退火处理。退火的目的是消除内应力，防止裂纹；消除加工硬化，以利于继续加工。

从软化效果来看，完全退火最好，但退火温度较高，钢丝表面氧化相对比较重。所以钢丝原料和中间软化处理一般采用再结晶退火工艺：原料在 800℃左右退火，炉冷到650℃以下出炉，热处理周期6~7h；半成品通常在750~800℃之间退火，保温后空冷，热处理周期约为5~6h。

铁素体不锈钢钢丝采用退火处理来消除由于热加工和冷加工引起的应变和硬化。退火后钢丝抗拉强度下降，伸长率和耐蚀性都能得到改善。退火温度一般为750~850℃，保温后空冷。高铬铁素体钢丝，为防止晶粒粗化，也常采用 650~750℃低温退火工艺。铁素体钢丝热处理的关键是防止因过热而导致晶粒过分长大，在 475℃脆性区停留的时间要尽可能地短。

1.3.2 不锈弹簧钢丝

目前，国内外广泛采用的不锈弹簧钢丝大致分三类：相变强化马氏体不锈钢钢丝、形变强化奥氏体不锈钢钢丝和沉淀硬化半奥氏体不锈钢钢丝。相变强化马氏体不锈钢钢丝常用牌号为3Cr13、4Cr13、1Cr17Ni2和414（1Cr13Ni2），这类钢丝使用时需经淬、回火处理获得必要的强度和弹性，其生产工艺与不锈耐热钢丝相同。下面着重介绍奥氏体不锈弹簧钢丝的强化机理。

高强度是弹簧钢丝的基本要求。奥氏体不锈钢的强化途径有固溶强化、细晶强化、相变强化、冷加工强化和沉淀强化。

A 固溶强化

固溶强化是通过高温固溶处理，使更多的合金元素溶入奥氏体中，达到强化基体的效果。间隙元素碳和氮的溶入形成间隙固溶体是提高基体强度的最有效途径；稳定铁素体元素铝、硅、钒、钨等的溶入可形成置换固溶体，有一定的强化效果；而铜、锰、钴和镍的溶入形成的置换固溶体强化效果有限，甚至会降低强度。

B 细晶强化

细晶强化是通过细化晶粒来达到强化效果。Hall-Petch公式直观地表达了晶粒与强度的关系：

$$\sigma_y = \sigma_0 + Kd^{-1/2}$$

式中 σ_y——屈服强度，MPa；

σ_0——单晶屈服应力（摩擦应力），MPa；

K——Hall-Petch系数，即晶界强化参数；

d——晶粒尺寸，μm。

C 相变强化

相变强化是指亚稳奥氏体不锈钢在冷加工过程中生成部分形变马氏体，使钢的强度有所提高。形变马氏体量的多少与化学成分密切相关，Pickering和Augel给出的M_s和M_{d30}点计算公式比较精确地反映出18-8型不锈弹簧钢丝金相组织与化学成分的关系：

$$M_s = 502 - 810C - 13Mn - 12Cr - 30Ni - 54Cu - 46Mo - 1230N$$

$$M_{d30} = 413 - 462(C + N) - 8.1Mn - 9.2Si - 13.7Cr - 9.5Ni - 18.5Mo$$

式中 M_s——马氏体转变开始温度，℃；

M_{d30}——经30%冷变形，马氏体转变量为50%的温度，℃；

C——碳的百分含量。

不锈钢的M_s点高于室温时固溶处理后快冷到室温就会产生马氏体。M_s点低于室温，快冷可得到单相奥氏体组织。同理，在低于M_{d30}温度下进行冷加工，获得的形变马氏体量大于50%；在稍高于M_{d30}温度下进行冷加工，获得形变马氏体量要少于50%；如果M_{d30}点远低于室温，冷加工就不会产生形变马氏体。表1-4为1Cr18Ni9、1Cr18Ni9Ti和0Cr17Ni12Mo2的典型化学成分和M_s、M_{d30}点的计算数值，因为1Cr18Ni9和1Cr18Ni9Ti的M_{d30}点接近室温，冷加工强化后的钢丝中有形变马氏体组织存在，0Cr17Ni12Mo2的M_{d30}较低冷加工强化后钢丝中很少有形变马氏体组织。

表1-4 化学成分和M_s、M_{d30}点

牌 号	化学成分/%									M_s	M_{d30}
	C	Mn	Si	P	S	Cr	Ni	Mo	Ti		
1Cr18Ni9	0.11	1.31	0.65	0.020	0.004	17.64	8.49			-71	23
1Cr18Ni9Ti	0.09	1.30	0.60	0.020	0.003	17.99	9.90		0.59	-76	22
0Cr17Ni12Mo2	0.05	1.26	0.50	0.025	0.020	17.25	11.06	2.42		-205	-11

D 形变强化奥氏体不锈弹簧钢丝

形变强化奥氏体不锈弹簧钢丝常用牌号有1Cr18Ni9（302）、1Cr18Ni9Ti（321）和0Cr17Ni12Mo2（316）。这类钢铬、镍含量高，常温下为单相奥氏体组织，有很高的塑性和韧性，弱磁性，在氧化和还原性介质中耐蚀性能良好。钢中一般不含沉淀硬化元素，尽管有些牌号中存在沉淀硬化相和δ铁素体相，冷拉过程中产生少量形变马氏体，但它们作用较小，主要强化手段是冷加工变形及随后的去应力退火。

E 沉淀硬化半奥氏体不锈弹簧钢丝

1Cr18Ni9和1Cr18Ni9Ti等形变强化奥氏体不锈弹簧钢丝虽有良好的耐蚀性能，但其强度和弹性较低，抗松弛和蠕变性能较差，弹性模量的温度系数较大，只适用于制作载荷较低或仪器精度要求不太高的静态弹性元件。为此，发展了一种沉淀硬化型半奥氏体不锈弹簧钢丝，0Cr17Ni7Al就是其中一个典型牌号。

0Cr17Ni7Al与1Cr18Ni9和1Cr18Ni9Ti等弹性性能比较见表1-5~表1-7。

表1-5 几种不锈弹簧钢丝性能比较

牌号	拉力弹性极限 σ_b/%	扭转弹性极限 σ_b/%	弹性模量 E/MPa	剪切模量 G/MPa	使用温度 /℃
1Cr18Ni9Ti	65~75	45~55	186000	68400	300
1Cr18Ni9	65~75	45~55	193000	68950	300
0Cr17Ni7Al	75~85	55~60	203400	75840	350

表 1-6 几种钢丝的松弛性能

钢种	钢丝直径/mm	保持时间/h	温度/℃	100		150		200		250	
			初始载荷/MPa	637	784	637	784	637	784	637	784
0Cr17Ni7Al	3.8	16	载荷损失百分率/%	0.1	0.3	0.4	0.5	0.4	0.5	0.4	0.8
1Cr18Ni9	3.8	16		1.0	1.5	1.2	2.4	1.5	3.1	2.3	4.2
琴钢丝	3.8	16		3.0	4.8	6.4	9.5	13.3	17.3		

表 1-7 0Cr17Ni7Al 扭转模量随温度的变化

温度/℃	-76	-54	-17.8	26.7	121	177	232	288	343	399
变化率/%	+2.4	+1.8	+1.5	0	-2.4	-4.8	-6.9	-9.2	-11.4	-15.4

1.3.3 不锈易切削钢丝

一般来说，不锈钢的切削和磨削性能较差，在高速自动机床上，很难加工出高表面光洁度的不锈钢零件。若在不锈钢中加入硫、硒或铅，其切削（磨削）性能可得到显著改善，为此研制出一批易切削不锈钢，Y1Cr18Ni9 和 Y1Cr13 是国内常用的典型牌号。这两个牌号的特点是在 Y1Cr18Ni9 和 Y1Cr13 中加入一定量的硫（0.15%～0.4%），并适当提高磷含量（≤0.20%和 0.06%）。硫在不锈钢中以硫化锰和硫化铁形式独立存在，压力加工过程中，硫化物夹杂沿金属延伸方向拉长，呈细条状或纺锤状，相当于在钢中形成无数微小的缺口，破坏了钢的连续性，在随后的切削和磨削加工中，切屑和磨屑很容易折断和脱落，机械加工就能顺利进行。硫化物是软的，具有自润滑性能，能降低金属和刀具（磨轮）之间的摩擦，提高刀（磨）具的使用寿命，加工件的尺寸精度和表面光洁程度也可相应提高。

1.3.4 不锈钢焊丝

奥氏体不锈钢的焊接性能优于铁素体不锈钢和马氏体不锈钢，焊缝和焊接热影响区不会产生硬脆组织，但会产生热裂纹。常见裂纹形式有焊缝横向和纵向裂纹，以及热影响区裂纹。奥氏体不锈钢膨胀系数大、导热率小，降温过程中焊接区必然产生较大的拉应力，这是形成各类热裂纹的内在因素。据分析，焊缝及熔接区的磷、硫夹杂和低熔点相（如硼化物）的偏聚是焊缝裂纹的成因。而碳化铬的大量析出、晶粒过分长大是热影响区抗晶间腐蚀性能急剧下降和产生热裂纹的原因。所以焊接用不锈钢钢丝要严格控制磷、硫、硼等有害元素含量，同时对组织成分要做适当调整。以 18-8 不锈钢为例，钢中铬镍比小于 1.61 时容易产生热裂纹，当铬镍比达到 2.3~3.2 时就可有效防止热裂纹的产生。控制铬镍比的实质是保证焊缝中有一定量的铁素体，因为铁素体能溶解更多的磷、硫等微量元素，减少其在晶界的偏聚，同时铁素体将晶界上的低熔点相隔离开来，避免有害夹杂和低熔点相呈连续网状分布，阻碍热裂纹的扩展。少量铁素体还可起到抑制奥氏体晶粒长大的作用，奥氏体焊丝中一般含有 3%~8%的 δ 铁素体。为解决晶间腐蚀问题，焊丝一般选用低碳或超低碳不锈钢。

铁素体不锈钢焊接存在的主要问题是热脆，产生热脆的原因有两点：（1）铁素体钢从熔融到室温不产生相变，无法通过相变细化晶粒，焊接时极易造成焊口和热影响区晶粒不可逆转的粗化。（2）高铬铁素体在 700℃~室温区间会产生 σ 相和 475℃脆性反应。现普遍使用加钛和铌的方式，抑制晶粒长大，采用焊后退火、快冷的工艺，解决热脆问题。

马氏体不锈钢焊接时生成硬脆的马氏体组织，焊缝残余应力很高，冷却到 200℃以下时极易产生裂纹。为避免冷裂纹，焊接前要将焊丝充分烘干，并对母材进行预热。为避免焊缝硬度高于母材，消除残余应力，焊后应及时进行退火处理。

1.3.5 不锈钢细丝

不锈钢细丝一般指直径不大于 0.50mm 的钢丝。不锈钢细丝主要用在织网、制绳和弹簧三个方面。织网用细丝多以软态或轻拉状态交货，常用规格为 ϕ0.05~0.5mm。制作筛网用细丝，主要考虑耐磨性能，一般选用铬不锈钢 2Cr13、3Cr13 和铬锰镍不锈钢 1Cr17Mn6Ni5（201）。化工过滤网用细丝，主要考虑耐蚀性能，一般选用耐蚀性能好的铬镍钢和铬镍奥钼钢 0Cr18N9Cu2（304HC）和 0Cr17Ni12Mo2（316）等。在高温条件下使用的金属网一般选用耐热性能好的铬镍含量最高的钢（0Cr25Ni20 和 0Cr23Ni13）。制绳用细丝以冷拉状态交货，其抗拉强度合格范围比冷拉不锈钢钢丝高，比不锈弹簧钢丝低，常用规格为 ϕ0.025~0.5mm。

1.4 不锈钢钢丝的发展与应用现状

1.4.1 开发和推广 200 系奥氏体不锈钢钢丝

201、202 和 205 等不锈钢钢丝主要用于制作弹簧、筛网和精密轴等。

为提高 200 系列不锈钢在各种介质中的耐蚀性能，改善钢的冷加工和冷顶锻性能，达到用 200 系列不锈钢代替 304 的目标，近年来主要从以下几方面着手开发新牌号：（1）以氮代替碳，稳定奥氏体，在提高强度同时提高耐蚀性能，如 204、211、216；（2）适量添加钼、铌等元素，改善钢的抗点蚀、晶间腐蚀和抗应力腐蚀性能，如 216、223；（3）加铜降低钢的冷加工硬化率，改善冷顶锻和冷成形性能，如 204Cu、211、223。

1.4.2 超级奥氏体不锈钢钢丝

超级奥氏体不锈钢钢丝指铬、钼、氮含量显著高于常规不锈钢的奥氏体不锈钢钢丝，其中比较著名的是含 6%Mo 的钢（254SMo），这类钢具有非常好的耐局部腐蚀性能，在海水、充气、存在缝隙、低速冲刷条件下，具有良好的抗点蚀性能（$PI \geqslant 40$）和较好的抗应力腐蚀性能，是镍基合金和钛合金的代用材料。

超级奥氏体不锈钢钢丝的热加工难度较大，一般认为杂质和低熔点金属在晶界富集、沉淀是造成热脆性的主要原因，控制 Mn ≈ 0.5%，Cu ≤ 0.7%，Si ≤ 0.30%，S≤0.005%，Bi≤5×10^{-6}，Pb≤15×10^{-6}有利于热加工。超级奥氏体不锈钢钢丝的冷加工性能良好，其抗拉强度偏高，与一般奥氏体不锈钢钢丝相比，要达到相同的软化效果，固溶温度应提高到 1150~1200℃。

1.4.3 超级铁素体不锈钢钢丝

铁素体不锈钢钢丝具有良好的耐蚀性能和抗氧化性能，其抗应力腐蚀性能优于奥氏体不锈钢钢丝，价格比奥氏体不锈钢钢丝便宜，但存在可焊性差、脆性倾向比较大的缺点，生产和使用受到限制。20 世纪 60 年代初期的研究已经证明，铁素体不锈钢的高温脆性、冲击韧性、可焊性都与钢中的间隙元素含量有关，通过降低钢中的碳和氮的含量，添加钛、铌、锆、钽等稳定化元素，添加铜、铝、钒等焊缝金属韧化元素这三种途径制备超级铁素体不锈钢，使可焊性和脆性得到有效改善。

1.4.4 超级马氏体不锈钢钢丝

传统的马氏体不锈钢钢丝（2~4)Cr13 和 1Cr17Ni2 缺乏足够的延展性，在冷顶锻变形过程中对应力十分敏感，冷加工成形比较困难。加之马氏体不锈钢的可焊性比较差，使其使用范围受到了限制。为克服马氏体不锈钢的上述不足，近年人们已找到一种有效途径：通过降低钢的含碳量，增加镍含量，开发了一个新系列合金钢——超级马氏体不锈钢。这类钢抗拉强度高、延展性好，焊接性能也得到改善，因此超级马氏体不锈钢又称为软马氏体不锈钢或可焊接马氏体不锈钢。

超级马氏体不锈钢的典型显微组织为低碳回火马氏体，这种组织具有很高的强度和良好的韧性。随镍含量和热处理工艺的变化，某些牌号的超级马氏体不锈钢显微组织中可能有 10%~40%的细小弥散状残余奥氏体，含铬 16%的超级马氏体不锈钢中可能出现少量的δ铁素体。进一步改善超级马氏体不锈钢性能的途径是获得晶粒更细的回火马氏体组织。

超级马氏体不锈钢钢丝主要用于制作压缩机和阀门的连杆及焊丝。人们越来越多地用超级马氏体不锈钢取代双相不锈钢，原因在于作为结构体用钢，超级马氏体不锈钢具备良好的耐蚀性能和低温冲击性，但其强度比双相不锈钢高得多，制作零件可以减小壁厚、减轻重量、节约成本。作为焊丝用钢，目前多用双相不锈钢焊丝，焊后因焊缝成分与基体成分差别较大，极易出现不均匀腐蚀现象。使用超级马氏体不锈钢焊丝，焊缝同样不需经热处理直接使用，可以选配与基体更接近的成分，减轻不均匀腐蚀。更重要的是使用超级马氏体不锈钢代替双相不锈钢，材料成本可降低30%左右。

1.4.5 抗菌不锈钢钢丝

随着经济的发展，不锈钢在食品工业、餐饮服务业和家庭生活中的应用越来越广泛，人们希望不锈钢器皿和餐具除具有不锈、光洁如新的特点外，最好还具有防霉变、抗菌、杀菌功能。众所周知，有些金属，如银、铜、铋等具有抗菌、杀菌效果，抗菌不锈钢就是在不锈钢中加入适量的具有抗菌效果的元素（如铜），使生产出的钢材经抗菌性热处理后，具有稳定的加工性能和良好的抗菌性能。

铜是抗菌的关键元素，加多少既要考虑抗菌性能，又要保证不锈钢具有良好稳定的加工性能。研究表明，铜与细菌直接接触是抗菌杀菌的先决条件，为此抗菌不锈钢首先要进行热处理，使高浓度的铜从基体中析出，以ε-Cu相均匀弥散分布；再经表面抛光处理，使ε-Cu暴露在金属表面，从而起到抗菌作用。试验结果证明，铁素体和马氏体不锈钢对黄色葡萄球菌和大肠杆菌的减菌率为100%，奥氏体不锈钢的减菌率为99%。抗菌不锈钢使用一段时间后表面ε-Cu相枯竭时，抗菌性能就会降低，此时经抛光等再加工，会重新形成含ε-Cu相的新表面，恢复原有的抗菌性能。

抗菌不锈钢与同类不锈钢相比，耐蚀性能有增无减，物理性能基本相当，力学性能稍有变化：奥氏体钢屈服强度和硬度稍有提高，其他性能相当；铁素体钢的屈服强度与杯突稍有提高，其他性能大致相当；马氏体不锈钢屈服强度、抗拉强度和硬度均有明显提高，伸长率有所下降。不锈钢中加入铜对热加工不利，对冷加工利大于弊。随着含铜量的增加，热加工时要考虑降低加热温度，工艺操作不当极易造成钢坯角裂和表面裂纹。抗菌不锈钢与同类不锈钢相比，拉拔塑性和承受深度冷加工的能力明显改善。

抗菌不锈钢具有不锈钢的优点和良好的抗菌性能，投放市场以来很受欢迎，在厨房设备、食品工业的工作台及器皿、医疗器械、日常生活中的餐具及挂毛巾支架、冷藏柜的托架等领域全面推广使用，公共场所的一些设施如公交汽车的扶手、楼梯扶手、电话亭、护栏等为杜绝交叉感染也应使用抗菌不锈钢。钢丝行业应注重医疗器械用马氏体抗菌不锈钢钢丝、织网用奥氏体抗菌不锈钢钢丝和清洁球用铁素体抗菌不锈钢细丝的开发。

参 考 文 献

[1] 陆世英. 不锈钢概论 [M]. 北京：化学工业出版社，2013.

[2] 徐效谦，等. 特殊钢钢丝 [M]. 北京：冶金工业出版社，2005.

[3] Zhang S C, Jiang Z H, Li H B, et al. Research and development progress of super austenitic stainless steel 654SMO [J]. Journal of Iron and Steel Research, 2019 (2): 132.

[4] Ramkumar K D, Singh A, Raghuvanshi S, et al. Metallurgical and mechanical characterization of dissimilar welds of austenitic stainless steel and super-duplex stainless steel—A comparative study [J]. Journal of Manufacturing Processes, 2015, 19 (8): 212-232.

[5] 屈华鹏，郎宇平，陈海涛. 海洋平台用超级不锈钢和耐蚀合金 [J]. 热加工工艺，2015，44 (10)：23-26，30.

[6] Li J, Xu Y, Xiao X, et al. A new resource-saving, high manganese and nitrogen super duplex stainless steel 25Cr-2Ni-3Mo-xMn-N [J]. Materials Science & Engineering A, 2009, 527 (1-2): 245-251.

[7] 赵金龙，林鸿亮，杨春光，等. 含铜抗菌不锈钢的应用研究现状 [J]. 中国冶金，2022，32 (6)：26-41.

[8] 刘莹，杨俊杰，易艳良，等. 抗菌不锈钢的抗菌原理、常规加工与增材制造 [J]. 材料导报，2021，35 (23)：23097-23105.

2 不锈钢钢丝的拉拔工艺

2.1 拉拔前的原料准备

2.1.1 原料的质量要求

2.1.1.1 内部组织与性能

不锈钢钢丝内部组织与性能是确保质量最重要的内容。金相组织、化学成分、晶粒度大小、各种力学性能及其各项性能在全长方向上的均匀性是评判内部组织与性能的指标。采用传统工艺轧制成卷空冷的不锈钢钢丝，其内部组织通常为粗大的片层珠光体和铁素体组织，晶粒度一般为4~5级，而且内圈与外圈的性能极不均匀。而采用控轧控冷技术生产的不锈钢钢丝，其内部组织为索氏体和细片状珠光体，晶粒大大细化，一般可达到8级以上。其塑性指标可提高20%以上，强度指标平均可提高15%，断面收缩率的波动范围可控制在3.5%左右，同根钢丝抗拉强度差也可控制在35MPa以内，长度方向上性能的均匀性得到了极大改善，为拉丝生产向高速化、连续化、高效化方向发展提供了有力的保证。

2.1.1.2 盘重和尺寸精度

不锈钢钢丝盘重的大小是表征线材轧机生产技术水平高低的重要指标之一。大盘重线卷是拉拔实现高速化、连续化的必要条件，也是降低能耗、提高生产效率的基础。盘重越大，对热轧工艺装备和生产技术的要求也就越高。但随着盘重的增加，也需要相应地对钢丝生产线的拉丝、热处理、清洗、镀层以及起重、运输设备等进行改造。通常认为不锈钢钢丝盘重在1000~1500kg比较适宜。

不锈钢钢丝尺寸精度的要求为：断面尺寸精度和沿全长方向上尺寸的一致性。生产实践经验表明，减少不锈钢钢丝的公差范围，可以实现尺寸精度的提高并降低拉拔过程中的能量消耗以及减少拉丝模的磨损。在长度方向上钢丝尺寸不一致，有的为正偏差，有的为负偏差，拉拔时道次减面率会发生很大的变化，拉拔过程中模具受力不均，磨损加重，处于极不稳定的状态，会造成钢丝性能不均、品质下降以及断头几率明显增多。国内外一直致力于不锈钢钢丝尺寸精度的提高，目前已取得成效，现代化高速线材轧机生产出的不锈钢线卷，尺寸公差已能控制在±0.1~0.12mm 范围内，盘重均在 1.5t 以上，不锈钢钢丝通条尺寸变化也能控制在±0.2mm 以下。

2.1.2 原料的表面处理

由于高线盘条盘卷越重则尺寸越大，从而冷却速度越慢，钢丝长时间在高温下停留会导致严重氧化，氧化铁皮多为难以去除的 FeO，自然冷却的钢丝氧化损失高达 2%~3%，氧化铁皮太厚造成钢丝表面极不光滑，给后续拉拔工序带来很大困难，因此，在拉拔前必须要进行表面处理。

2.1.2.1 钢丝表面的清洁处理

钢丝表面清洁处理的目的是清除热轧线材或中间退火钢丝表面的氧化铁皮和其他污物，以便拉拔顺利进行。通常有机械除鳞、化学除鳞和超声波处理等方式。

机械除鳞是最常见的去除氧化铁皮的方法。在实际生产过程中，弯曲去除氧化铁皮是最常见也是最经济的方法，它是利用氧化铁皮脆且延伸性小的特征，可以通过拉伸、扭转、弯曲或交替延伸去除氧化铁皮。其中关键是采用合适的弯曲轮，生产实际中弯曲滚轮的设计使线材的变形达到伸长率为 8%左右，效果较好。这主要是因为过大的伸长率会造成线材表面损伤，从而影响钢丝质量。

钢丝经过弯曲除鳞后，在表面还保留约 10%~30%的残余氧化铁皮，对于有些延伸性能差、品质要求高的产品还需要进行后处理。后处理的方法一般是用钢丝刷刷除。

2.1.2.2 钢丝表面润滑涂层

钢丝表面润滑涂层即在钢丝的表面涂上一层润滑剂或润滑的载体，主要作用是在拉拔过程中使钢丝表面具有润滑层或者利于带入润滑剂，从而建立起良好的拉拔润滑条件。

通常拉拔前润滑涂层方式有石灰涂层、硼砂涂层、水玻璃涂层、黄化涂层、磷酸盐涂层等，有些钢丝则采用金属涂层，如紫铜或青铜涂层、锌铜合金涂层等。试验结果表明，硼砂涂层具有较低的摩擦系数，硼化钢丝具有较为均匀的通条性能，抗拉强度波动小、韧性好；在拉拔速度方面，采用硼砂涂层的钢丝拉拔速度可以提高到 250~400m/min，并能保证成品钢丝质量；在防腐性能方面，涂硼砂钢丝防腐性能较好。

2.1.2.3 钢丝表面烘干

为使钢丝顺利拉拔，采用热风循环吹入式干燥箱，进行充分干燥，因为任何形式的水分都会对干燥过的润滑拉丝剂起到干扰作用，同时也不利于防锈。干燥工艺为：热风温度150~250℃，干燥时间5~15min。

2.2 拉拔工艺

2.2.1 拉模路线的确定

钢丝生产，从线材到成品要经过数次的拉拔，每次拉拔都需要一只拉丝模，多少次拉拔就需要多少只拉丝模，并按拉拔顺序排好。这些模子的配置路线，就称为拉丝模路线（简称拉模路线）。制订拉模路线，要根据总压缩率、部分压缩率和拉拔道次，也可以根据伸长系数来制订。

钢丝的压缩率也就是钢丝的减面率，通常表示钢丝在拉拔后，截面积减小的绝对值与拉拔之前的截面积之百分比。压缩率与拉丝工艺有直接关系，总压缩率表明钢丝冷拉到什么程度，部分压缩率是计算拉模路线的依据。同一含碳量的钢丝，由于总压缩率的不同，就可判断它的性能和工艺之难易。压缩率的计算方法如下：

$$Q(q)=\frac{D^2-d^2}{D^2}\times 100\% \tag{2-1}$$

式中 $Q(q)$——总压缩率（部分压缩率），%；

D——进线直径，mm；

d——出线直径，mm。

在实际生产中，压缩率的确定，不但要求它能保证拉拔的顺利进行和钢丝的质量，而且还要能合理地减少拉拔道次，增加产量，提高生产效率。

2.2.1.1 总压缩率的确定与计算

总压缩率是指从钢丝盘条到成品总的压缩百分比。低碳钢丝含碳量低，塑性好，力学性能要求不高，成品及半成品大多要经过退火，因此，其总压缩率的确定，总是从能够正常拉拔来考虑。

2.2.1.2 部分压缩率的确定与计算

部分压缩率即道次压缩率，是指在总压缩率不变的情况下，拉拔的道次和压缩量的大小，也即上下相邻的两只模子线径压缩的百分比。部分压缩率的大小对产量、断头率和钢丝的性能都有影响；同时也需考虑拉拔速度、制品的力学性能、金属的硬化和拉拔道次等的影响。

2.2.2 拉丝工艺参数的制定

拉拔的力学性能参数主要是拉拔力，它是表征拉拔变形过程的基本参数。对这一参数进行分析，不仅有利于制定合理的拉拔工艺规程，计算受拉钢丝的强度，选择与校核电动机容量，而且也是分析和研究拉拔过程所必不可少的基本方法和重要手段。

确定拉拔力的方法很多，大致上可以分为两类：一是实际测定法，二是理论公式和经验公式计算法。

实际测定法获得的数据是一个综合值，反映了拉拔过程中各种因素对力学性能参数的影响。这种方法因为简单而又直观，在工程上得到广泛的应用。它的缺点是难以分析拉拔过程中各种单一因素对力学性能参数的影响，以及影响的程度和变化规律。实际测定法是利用装在拉丝机上的测力器测得拉拔力，通过测定电动机本身消耗的功率求得拉拔功率大小。

理论公式和经验公式计算法主要是从理论上求解拉拔力，计算出拉拔功率大小，并分析各种因素对力学性能参数的影响及变化规律。但是由于拉拔力学性能参数不是单一因素的函数，而是所处工作条件多种因素的综合影响，因而即使在工作条件相同的条件下，由于不同公式考虑的因素各有侧重，故它们计算的结果差别也是很大的。

计算拉拔力的公式很多，下面介绍一些比较常用的公式：

（1）贝尔林公式：

$$\sigma_1 = \frac{1}{\cos^2\left(\frac{\alpha + \beta}{2}\right)} K_z \frac{a + 1}{a}\left(1 - \frac{F_1}{F_0}\right) + \sigma_q \left(\frac{F_1}{F_0}\right)^a \tag{2-2}$$

式中 K_z——变形区内金属的平均变形抗力，可以认为 $K_z = \sigma_b$；

a——系数，$a = \cos^2\beta(1 + f\tan\alpha) - 1$；

f——按库仑定律推定的摩擦系数；

α——半模角；

β——摩擦角；

σ_q——在塑性变形区后横界线上施加的反拉力；

F_0——拉拔前钢丝横截面积；

F_1——拉拔后钢丝横截面积。

（2）兹别尔公式：

$$P = K_z F_1 L_n \frac{F_0}{F_1}(1 + f\tan\alpha + \cot\alpha) \tag{2-3}$$

式中 P——拉拔力；

K_z——平均抗拉强度；

f——摩擦系数；

α——半模角；

F_0——钢丝拉拔前截面积；

F_1——钢丝拉拔后截面积。

（3）勒威士公式：

$$P = 43.56d_1^2\sigma_b K_q \tag{2-4}$$

式中 P——拉拔力；

σ_b——钢丝拉拔后抗拉强度；

d_1——钢丝拉拔后直径；

K_q——与减面率（压缩率）有关的系数，见表 2-1。

表 2-1 减面率系数 K_q

减面率/%	系数 K_q	减面率/%	系数 K_q	减面率/%	系数 K_q	减面率/%	系数 K_q
10	0.0054	21	0.0102	32	0.0134	43	0.0195
11	0.0058	22	0.0104	33	0.0139	44	0.0200
12	0.0066	23	0.0107	34	0.0146	45	0.0206
13	0.0070	24	0.0110	35	0.0150	46	0.0214
14	0.0072	25	0.0112	36	0.0155	47	0.0222
15	0.0081	26	0.0115	37	0.0161	48	0.0224
16	0.0082	27	0.0118	38	0.0166	49	0.0227
17	0.0084	28	0.0120	39	0.0172	50	0.0232
18	0.0090	29	0.0121	40	0.0178	51	0.0234
19	0.0092	30	0.0124	41	0.0184	52	0.0238
20	0.0097	31	0.0129	42	0.0190	53	0.0243

（4）加夫利林科公式：

$$P = \sigma_{bcp}(F_0 - F_1)(1 + f\cot\alpha) \tag{2-5}$$

式中 P——拉拔力；

σ_{bcp}——平均抗拉强度，$\sigma_{bcp} = \dfrac{\sigma_{b0} + \sigma_{b1}}{2}$；

σ_{b0}——拉拔前强度；

σ_{b1}——拉拔后强度；

f——摩擦系数；

α——半模角。

由于摩擦系数较难确定且在拉拔的过程中会有所变化，故为计算方便，采用勒威士公式（式（2-4））来计算拉拔力。钢丝抗拉强度的预测计算较为复杂，采用比较具有代表性的波捷姆金公式：

$$\sigma_b = \sigma_B + \Delta\sigma_b \tag{2-6}$$

$$\sigma_B = (100C + 53 - D) \times 9.8 \tag{2-7}$$

$$\Delta\sigma_b = \frac{0.6Q\left(C + \dfrac{D}{40} + 0.01q\right)}{\lg\sqrt{100 - Q} + 0.0005Q} \tag{2-8}$$

$$q = 1 - \sqrt[n]{1 - Q} \times 100\% \tag{2-9}$$

式中 σ_b——钢丝冷拉后的抗拉强度；

σ_B——钢丝冷拉前的抗拉强度；

C——钢丝含碳量,%；

Q——钢丝总压缩率,%；

q——钢丝道次压缩率,%；

D——钢丝拉拔前直径，mm；

n——拉拔道次。

拉拔功由三部分组成，即有效变形功、外摩擦损耗功和附加变形损耗功。有效变形功在拉拔功中所占的比例称为变形效率。

提高变形效率不仅能节省拉拔时的能量消耗，减少模具损耗，而且对提高拉拔产品质量有直接影响。变形效率的高低主要取决于外摩擦损耗功和附加变形损耗功的大小。因此，凡是影响外摩擦损耗功和附加变形损耗功的因素都是影响变形效率的因素。影响变形效率的因素很多，如模角大小、润滑剂种类、变形程度、拉拔速度等，下面对一些影响因素进行讨论：

（1）摩擦系数的影响。在一般拉拔条件下，外摩擦消耗的功约占总功耗的35%~50%。因此减少这部分的能量损失是节约拉拔能量消耗、提高变形效率的主要因素。降低外摩擦损耗功应致力于降低摩擦系数、减小金属对模壁的正压力、实行反拉力拉拔等。拉拔过程中摩擦系数的大小与很多因素有关，如被拉金属材料的种类和表面状态、模具的材质和表面粗糙程度、润滑方式以及润滑剂类别和性质等。例如采用 YG6 硬质合金模具并有良好的加工表面和较好的润滑条件时，摩擦系数可控制在 0.03~0.06 之间，若润滑条件不好，摩擦系数则波动在 0.04~0.16 之间。

值得注意的是，改善摩擦条件、减少外摩擦损耗功要选用合适的模角，模角选用过大，无用功中起主导作用的不是外摩擦损耗功而是附加变形损耗功。

（2）模角大小的影响。在每一个特定拉拔条件下，都存在着一个合适的模角，用这种模角拉拔力最小，钢丝在模孔内的不均匀变形程度最低，此时的模角即为最佳模角。在道次减面率不变的条件下，一方面，增大模孔角度会使工作锥有效长度缩短，从而减小接触面积，使拉拔时的外摩擦力下降并减少外摩擦损耗功；另一方面，增大模角又会加大附加弯曲变形程度，并使横向应力分布更加不均匀，造成钢丝不均匀变形加重，结果导致附加变形损耗功增大，反而抵消了摩擦损耗功下降的好处。因此选择模角要考虑两方面的因素：既要考虑外摩擦损耗功的减少，又要控制不均匀变形的增长，这样才能取得较好的效果。

此外，合适的模角与摩擦系数大小也有一定的关系。在普通拉拔条件下，摩擦系数和钢丝直径增大，合适的模角也稍许增加。因为摩擦系数大时，由外摩擦引起的外摩擦损耗功增加，适当增大模角有助于降低这部分无用功的损耗。至于钢丝直径越大，合适的模角也越大，这是因为钢丝直径大时选用较大的道次减面率的缘故。

2.2.3 拉拔钢丝的组织与性能

2.2.3.1 钢丝拉拔后的组织变化

不锈钢钢丝在拉拔过程中尺寸和外形发生变化，其内部的晶粒尺寸也相应发生改变，即晶粒沿拉拔方向被拉长。在较大变形量的情况下，会出现明显的纤维状组织，如图 2-1 所示，使得制品呈现各向异性，形成变形织构。在拉拔时形成的变形织构称为“丝织构”，如图 2-2 所示，其特征是各个晶粒的某一晶向与拉拔力方向平行或接近平行。冷拔变形还使材料内部产生大量的缺陷，晶格中的原子偏离其平衡位置，即晶格发生畸变。

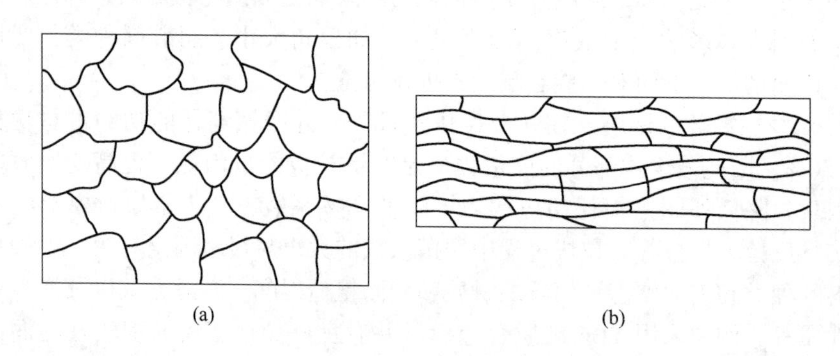

图 2-1 钢丝冷拔后纤维组织示意图

（a）拉拔变形前的组织；（b）拉拔变形后的显微组织

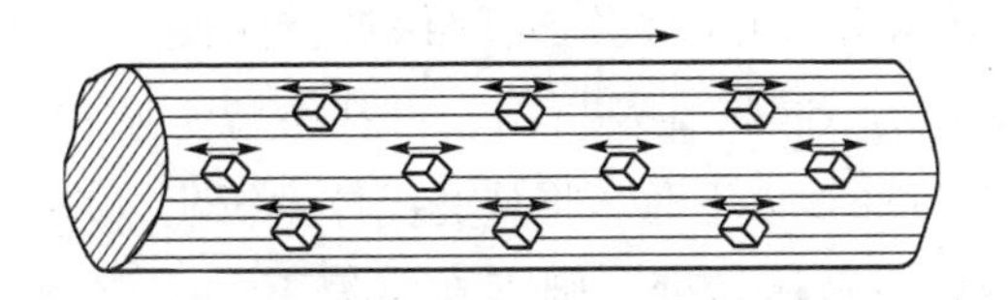

图 2-2 丝织构示意图

2.2.3.2 钢丝拉拔后的性能变化

A 加工硬化

加工硬化是材料在冷变形过程中，随着变形程度的增加，强度和硬度增高、变形阻力增大，而塑性、韧性下降的现象。冷拔过程中会出现明显的加工硬化现象。在生产中可利用加工硬化来提高材料的强度，从而改善其力学性能，但加工硬化会给冷拔带来困难。为能进一步进行冷拔变形，需要进行中间退火。

B 其他性能的改变

经冷拔后，材料的物理与物理化学性质如导电性、导热性、磁性、耐腐蚀性、密度都会发生改变。如不锈钢钢丝在拉拔后，导热性、导电性及透磁率降低，矫顽力、电阻、弹性模量、化学活性略有增加。

2.3 热处理工艺

2.3.1 连续退火工艺的制定

钢丝在冷拉拔以后，金属变形抗力和强度随变形而增加，塑性降低，从微观角度看，滑移面及晶界上将产生大量位错，致使点阵产生畸变。变形量越大时，位错密度越高，内应力及点阵畸变越严重，使其强度随变形而增加，塑性降低(即加工硬化现象)。当加工硬化达到一定程度时，如继续形变，便有开裂或脆断的危险；在环境气氛作用下，放置一段时间后，工件会自动产生晶间开裂（通常称为“季裂”）。所以不管是为了消除残余应力还是使材料软化，在实际生产中，此时都必须进行软化退火（即中间退火），以降低硬度、消除其残余应力、提高材料塑性、消除加工硬化，以便能进行下一道加工。

软化退火可以采用去应力退火方式和完全软化退火方式。304 奥氏体不锈钢虽在 200~400℃加热时便已开始进行应力松弛，但有效去除应力须在 900℃以上。这是由于 304 奥氏体不锈钢没有相变点，高温退火（1000~1150℃）时，由于将钢加热到溶解度曲线以上，并经过短时间保温，能使（$Fe,Cr)_{23}C_6$ 充分溶解，随后的快冷使（$Fe,Cr)_{23}C_6$ 来不及析出，可在室温下获得单相的奥氏体组织；如果随后缓冷至溶解度曲线以下时，将从奥氏体中析出（$Fe,Cr)_{23}C_6$，冷到虚线以下时将发生奥氏体-铁素体转变，则钢在室温下的组织为：奥氏体+铁素体+（$Fe,Cr)_{23}C_6$；304 奥氏体不锈钢经固溶处理后所得到的奥氏体的过饱和固溶体是不稳定的，在室温下就有析出（$Fe,Cr)_{23}C_6$ 的倾向，但由于温度不够高，所以不能实现，而当重新加热到 500～850℃以上时，则可能显著析出，按照固溶相变规律，这些碳化物主要析出在晶界上，当在奥氏体晶界上析出（$Fe,Cr)_{23}C_6$ 时，就会在晶界附近的奥氏体区域中形成贫铬区，容易产生晶间腐蚀倾向，所以在 400～820℃ 进行去应力退火中，常因伴随有碳化物析出而导致晶间腐蚀（650～700℃时最为严重）或形成 σ 相（540～930℃），使脆性增大的同时抗腐蚀性变差。

消除内应力的退火主要有两个目的：

（1）使产生加工硬化后的金属材料基本上保留加工硬化状态的硬度和较高强度。

（2）使内应力消除，以稳定和改善性能，减少变形和开裂，提高耐腐蚀性。退火过程中如果退火温度过高，晶粒会异常长大，过大的晶粒会同时降低材料的塑性及强度，而且钢丝在退火过程中形成的氧化皮在酸洗去除时也非常困难，使得氧化皮的基体金属受到相当的破坏才能去掉，所以光亮退火是值得提倡的。

软化退火工艺方案的制定必须综合考虑“三化”问题，即软化、敏化、氧化。如前所述，要实现完全软化，必须在 900℃以上进行高温退火；退火工艺参数的选择必须避开该合金的敏化区（500～850）℃，并且热处理后的冷却速度必须保证不至于产生敏化热效应。退火过程中的氧化是最难控制的，必须有精密的仪器和高纯度的保护气氛才能实现光亮退火。

2.3.2 退火工艺参数对钢丝组织与性能的影响

连续退火工艺对钢丝力学性能的影响极其显著，尤其是退火温度和走线速度。300 系奥氏体不锈钢因具有优异的冷成形性和耐蚀性，被广泛应用于石油、化工、电力以及核能等工业。为了研究这两个参数对 300 系奥氏体不锈钢钢丝力学性能的影响，本节以 304、304HC、304HC3 奥氏体不锈钢钢丝为例，对不同退火温度、走线速度的试样进行拉伸试验，阐述退火工艺对 300 系奥氏体不锈钢组织和性能的影响。

表 2-2 为 304 奥氏体不锈钢钢丝的退火试验方案。

表 2-2 304 奥氏体不锈钢钢丝试验方案

退火温度/℃	退火速度/m·min^{-1}	直径 D/mm	拉伸试验次数
1050	4	3.45	5
	6		5
	8		5
1080	4		5
	6		5
	8		5
1100	4		5
	6		5
	8		5

通过实验室拉伸试验对不同退火工艺下试样的力学性能进行对比，力学性能数据见表 2-3，工程应力-应变曲线及不同退火温度下钢丝的力学性能变化趋势如图2-3 和图 2-4 所示。钢丝金相组织随退火温度变化的演变特征如图 2-5～图 2-7所示。

表 2-3 钢丝试样拉伸数据

试样编号	试样退火参数		直径 D/mm	最大力 F_m/kN	抗拉强度 R_m/MPa	断后伸长率 A/%
	温度/℃	速度/m·min^{-1}				
1	1050	4	3.50	6.015	625.22	51.88
2	1080	4	3.50	6.075	631.485	50.08
3	1100	4	3.46	6.12	635.935	51.62
4	1050	6	3.50	6.06	629.905	50.6
5	1080	6	3.46	7.85	815.625	48.04
6	1100	6	3.46	6.2	644.265	48.6
7	1050	8	3.44	7.045	731.91	50.9
8	1080	8	3.46	6.49	796.82	49.2
9	1100	8	3.46	6.25	649.56	46.16

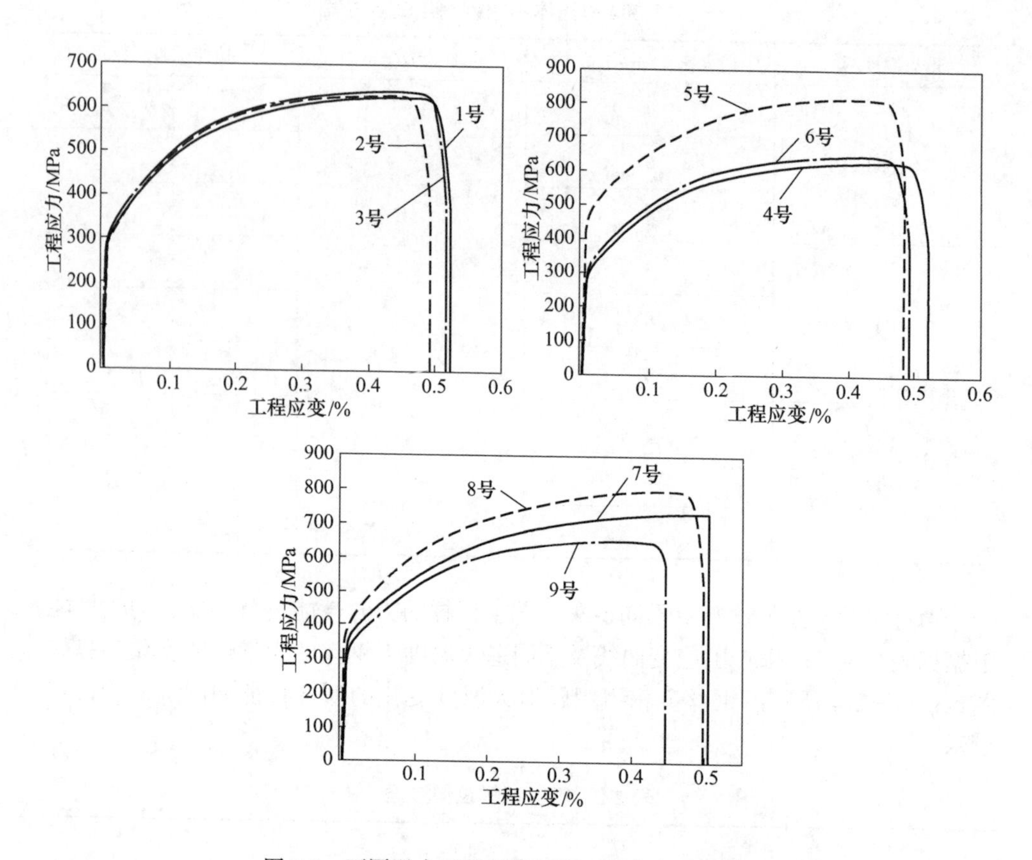

图 2-3 不同退火工艺下钢丝的工程应力-应变曲线

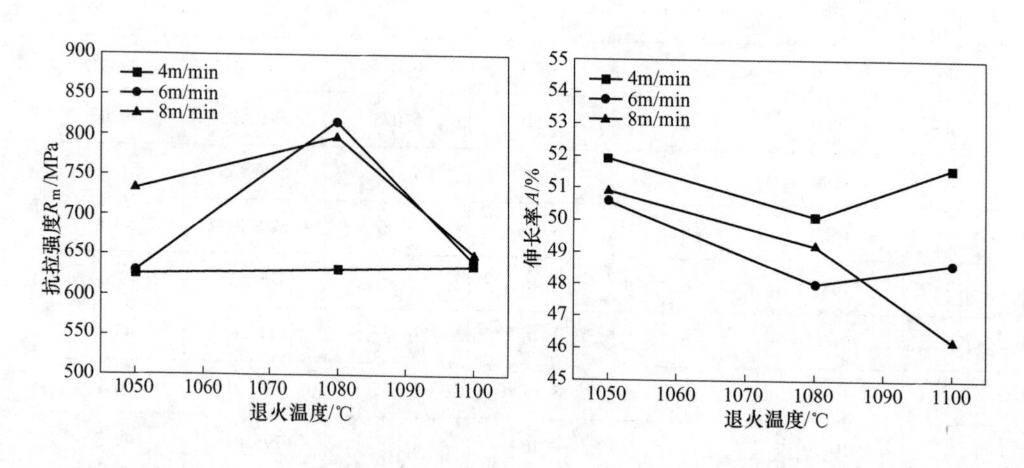

图 2-4 不同退火温度下钢丝的力学性能变化趋势

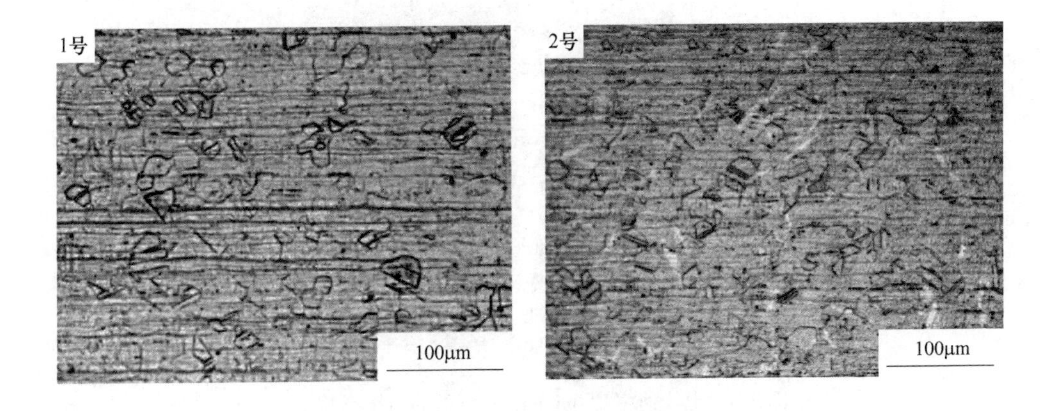

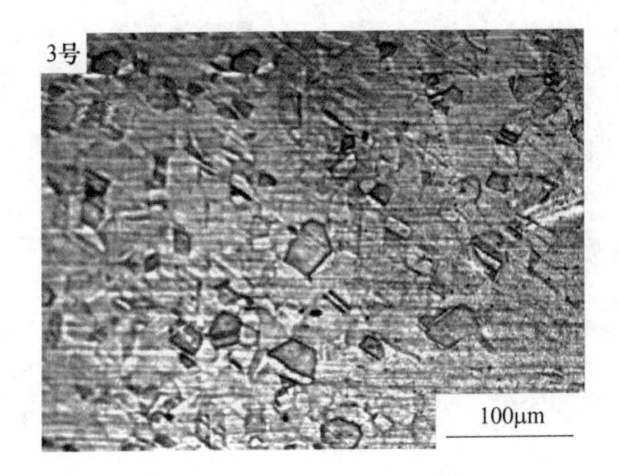

图 2-5 走线速率为 4m/min 时钢丝的组织形貌照片

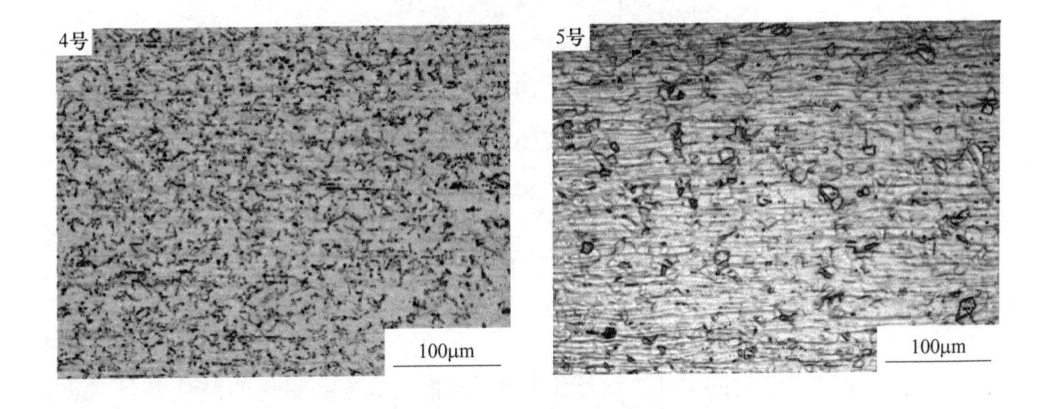

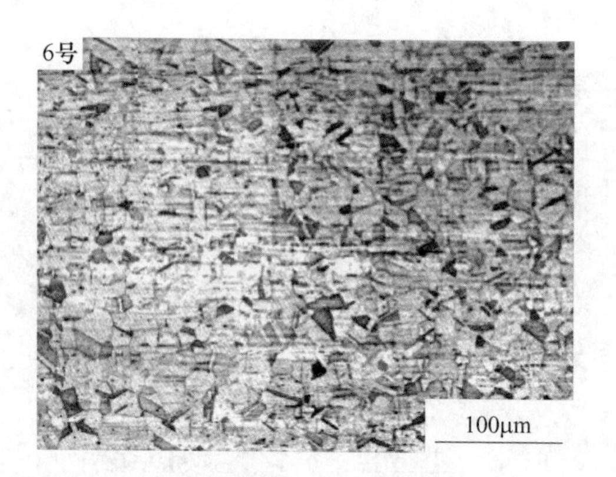

图 2-6 走线速率为 6m/min 时钢丝的组织形貌照片

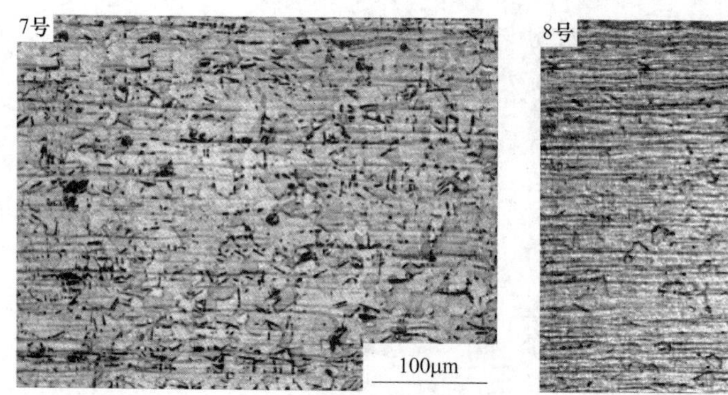

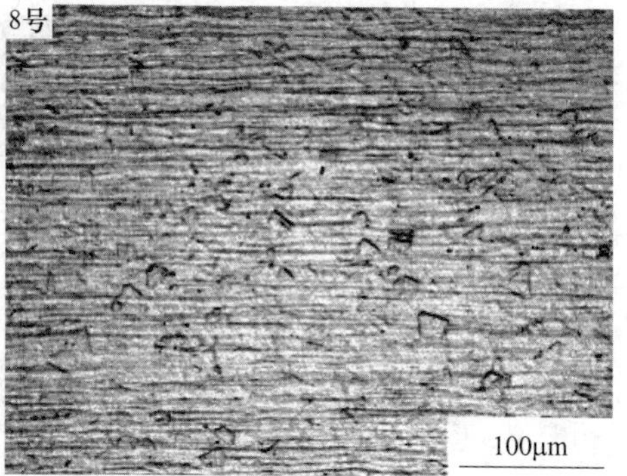

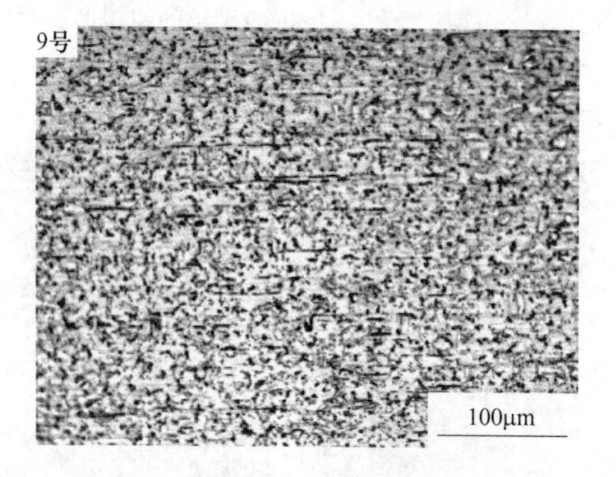

图 2-7 走线速率为 8m/min 时钢丝的组织形貌照片

当走线速率为 4m/min 时，钢丝组织形貌随退火温度变化的演变特征如图 2-5 所示。随着退火温度的上升，钢丝的抗拉强度基本不变，而伸长率先下降后上升。这是因为在低速退火时，钢丝在退火炉中停留时间较长，随着温度的提高钢丝回复及再结晶的程度逐渐提高，使加工硬化逐步降低，塑性增加，而当退火温度为1080℃时伸长率下降是由于部分再结晶时出现混晶，使材料的塑性降低。

当走线速率为6m/min时，钢丝组织形貌随退火温度变化的演变特征如图2-6所示。随着温度的上升伸长率也是先下降后上升，同时抗拉强度呈相反趋势，这是因为在1050℃退火时组织主要以回复为主；1080℃退火时由于部分再结晶出现混晶现象，导致伸长率下降，抗拉强度有所上升；而在1100℃退火时组织充分再结晶，晶粒均匀，协调变形能力加强，伸长率增大，同时组织已经充分软化，抗拉强度下降。

当走线速率为8m/min时，钢丝组织形貌随退火温度变化的演变特征如图2-7所示。由图2-7中可见，随着退火温度的升高，钢丝的加工硬化痕迹（带状组织）逐渐消失，但是由于走线速率过快，组织再结晶不充分，无法完全消除加工硬化痕迹，由于冷加工而产生的残余应力也没有完全消除，导致钢丝的塑性降低。当退火温度为1050℃时，组织中只有回复过程，再结晶未开始，钢丝的伸长率较大；当退火温度升至1080℃时，组织中出现部分再结晶晶粒，导致混晶致使其伸长率下降，抗拉强度则略有增加，可见在一定范围内提高退火温度可以改善钢丝的抗拉强度以及伸长率。而当退火温度继续升高至1100℃时，由钢丝的工程应力-应变曲线（图2-3）中可见，钢丝的屈服强度、抗拉强度和伸长率均达到最低值。这是由于随着退火温度的升高，晶粒粗大，粗大的晶粒间协调变形能力减弱，塑性恶化。因此，对于该奥氏体不锈钢钢丝而言，1100℃的退火温度是不适用的。

图2-8所示为不同退火速度下钢丝的工程应力-应变曲线，图2-9所示为不同退火速度下钢丝的力学性能变化趋势，钢丝金相组织随走线速度变化的演变特征如图2-10~图2-12所示。

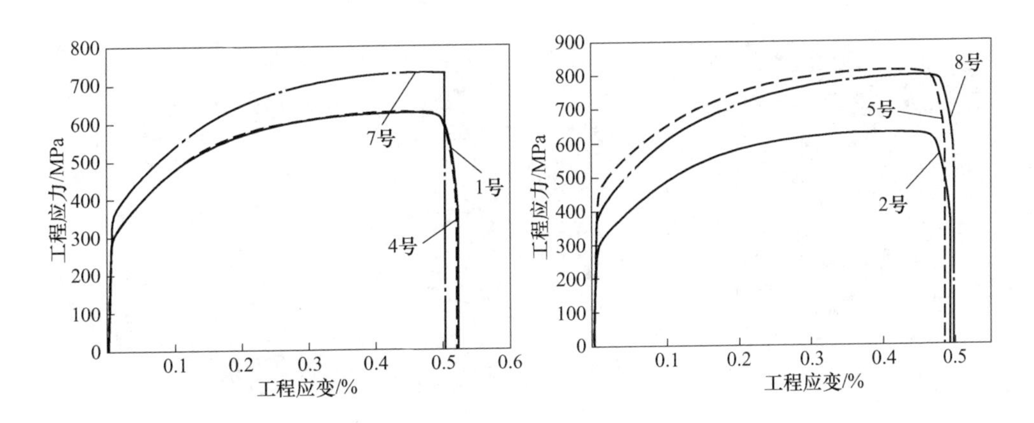

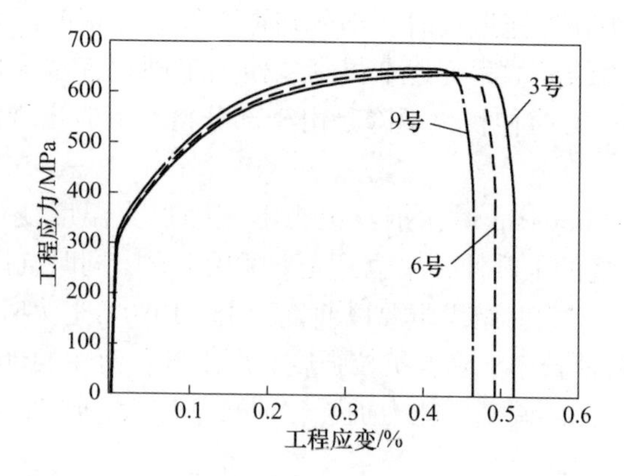

图 2-8 不同退火速度下钢丝的工程应力-应变曲线

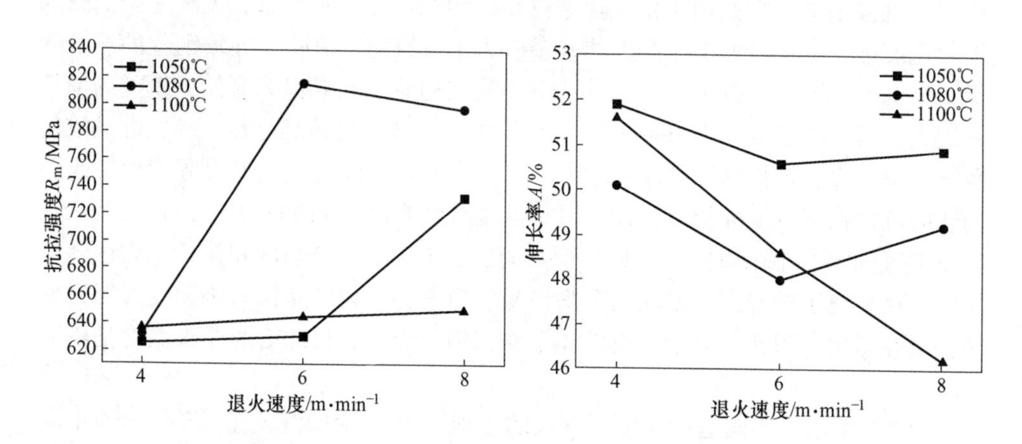

图 2-9 不同退火速度下钢丝的力学性能变化趋势

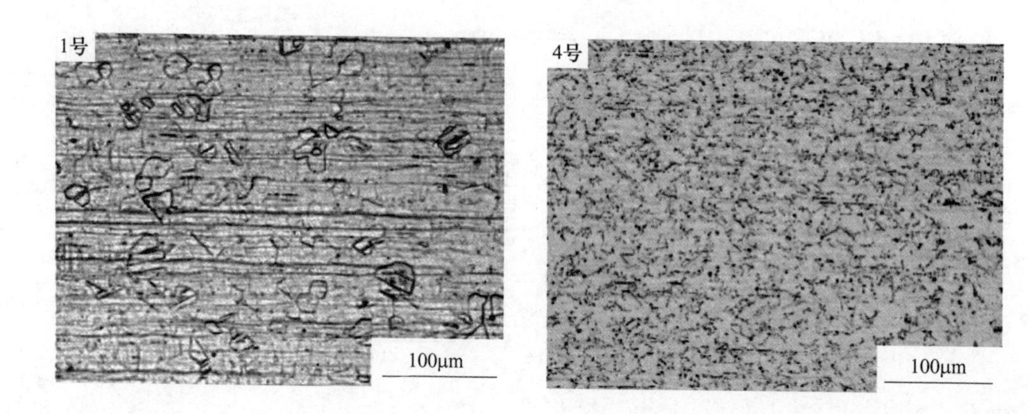

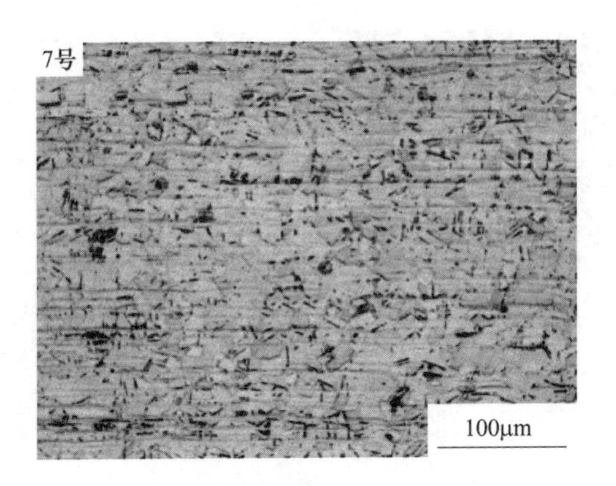

图 2-10 1050℃退火后钢丝的金相组织形貌照片

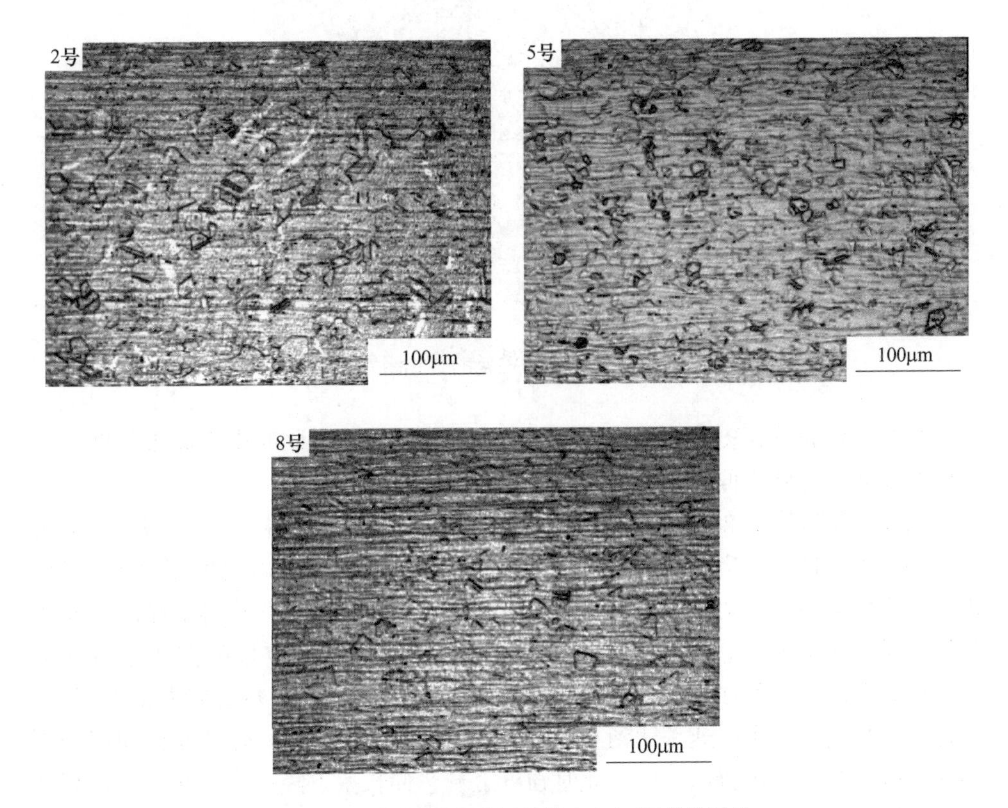

图 2-11 1080℃退火后钢丝的金相组织形貌照片

当退火温度为1050℃时，钢丝组织形貌随走线变化的演变特征如图 2-10 所示。随着走线速率的增大，钢丝的抗拉强度显著提高，伸长率呈降低趋势。这是因为在1050℃退火时，钢丝在退火炉中走线速率的降低有利于提高钢丝的回复程

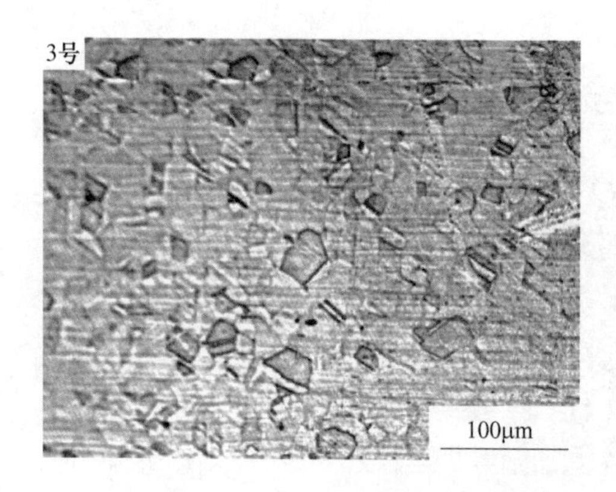

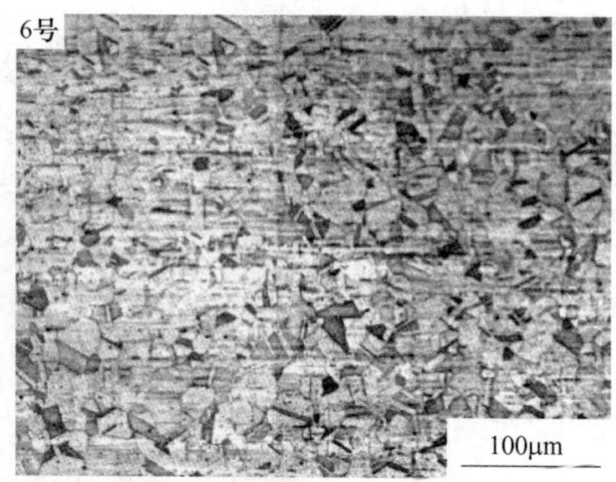

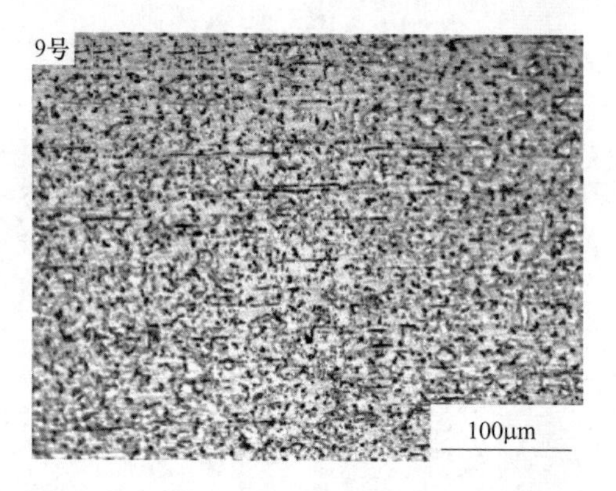

图 2-12 1100℃退火后钢丝的金相组织形貌照片

度，第二相较充分地奥氏体化，使得抗拉强度逐步降低，同时由于原来的针状铁素体的固溶，有利于伸长率的提高。

当退火温度为 1080℃时，钢丝组织形貌随走线变化的演变特征如图 2-11 所示。随着走线速率的增加，抗拉强度先上升后下降，伸长率呈相反的变化趋势。走线速率为 4m/min 时，第二相 α 铁素体奥氏体化较充分，并且再结晶晶粒开始长大，由 Hall-Petch 关系可知，材料的强度与晶粒尺寸平方根的倒数呈线性关系，所以此时钢丝的强度较低，而由于组织奥氏体较充分，残余应力得到消除，故伸长率较高；当走线速率达到 6m/min 时，因在炉中的时间降低而出现部分再结晶，碳化物沿晶界析出，所以此时强度上升、伸长率下降；当走线速率提高到 8m/min 时，钢丝在炉中停留的时间过短，不能使针状铁素体奥氏体化，同时在短时间的退火过程中，晶界也会遭到碳化物钉扎而很难迁移，而碳化物溶解也需要一定时间，此时未发生再结晶，只有比较充分的回复，使得抗拉强度下降，但是伸长率较走线速率为 6m/min 的钢丝的伸长率高，这是因为当走线速率为 6m/min 时，组织发生混晶，钢丝的塑性降低。

退火温度为1100℃时，钢丝组织形貌随走线变化的演变特征如图2-12所示。随着走线速率的降低，材料的屈服强度、抗拉强度降低，伸长率增加。这是因为随着走线速率的降低，钢丝再结晶充分，残余应力消除，塑性提高。综上所述，降低走线速率可以较为明显地改善钢丝的塑性。

304奥氏体不锈钢钢丝加工条件较复杂，要求钢丝较低的变形抗力和较好的塑性。综上所述，选用退火温度为1050℃，走线速率为4m/min，并快速冷却的退火工艺，可使材料发生再结晶，并抑制晶粒的长大和碳化物的沿晶析出，使材料中的位错密度降低，残余应力得到消除，材料的塑性恢复，从而获得最佳的软化效果。

表2-4为304H奥氏体不锈钢钢丝的退火工艺参数及力学性能。与304相似，当走线速度为17m/min时，退火温度由1050℃增加至1080℃，钢丝的强度降低，韧性增加（断后伸长率增加），硬度值降低，硬度与强度保持相同的变化趋势。当退火温度相同时，走线速度加快，钢丝的力学性能整体较稳定，如图2-13所示。

表2-4　304H奥氏体不锈钢钢丝的退火工艺参数及力学性能

试样编号	退火工艺参数		钢丝直径 D/mm	抗拉强度 /MPa	屈服强度 /MPa	断后伸长率 /%	显微硬度 HV
	温度 /℃	走线速度 /m·min^{-1}					
304H	1050	13	1.96	1167	1021	24.4	379
		15		1157	1007	24.5	380
		17		1155	1005	23.7	388
		18		1161	1015	25.2	384
	1080	13	1.385	832	374	56.1	192
		15		834	384	55.7	189
		17		842	388	55.2	191
		18		850	392	52.9	194
		20		847	397	57.2	199
		25		844	394	55.2	192
	1100	13	2.38	613	252	58.5	142
		15		610	240	60.0	153
		17		613	246	58.9	155
		18		606	244	60.3	149

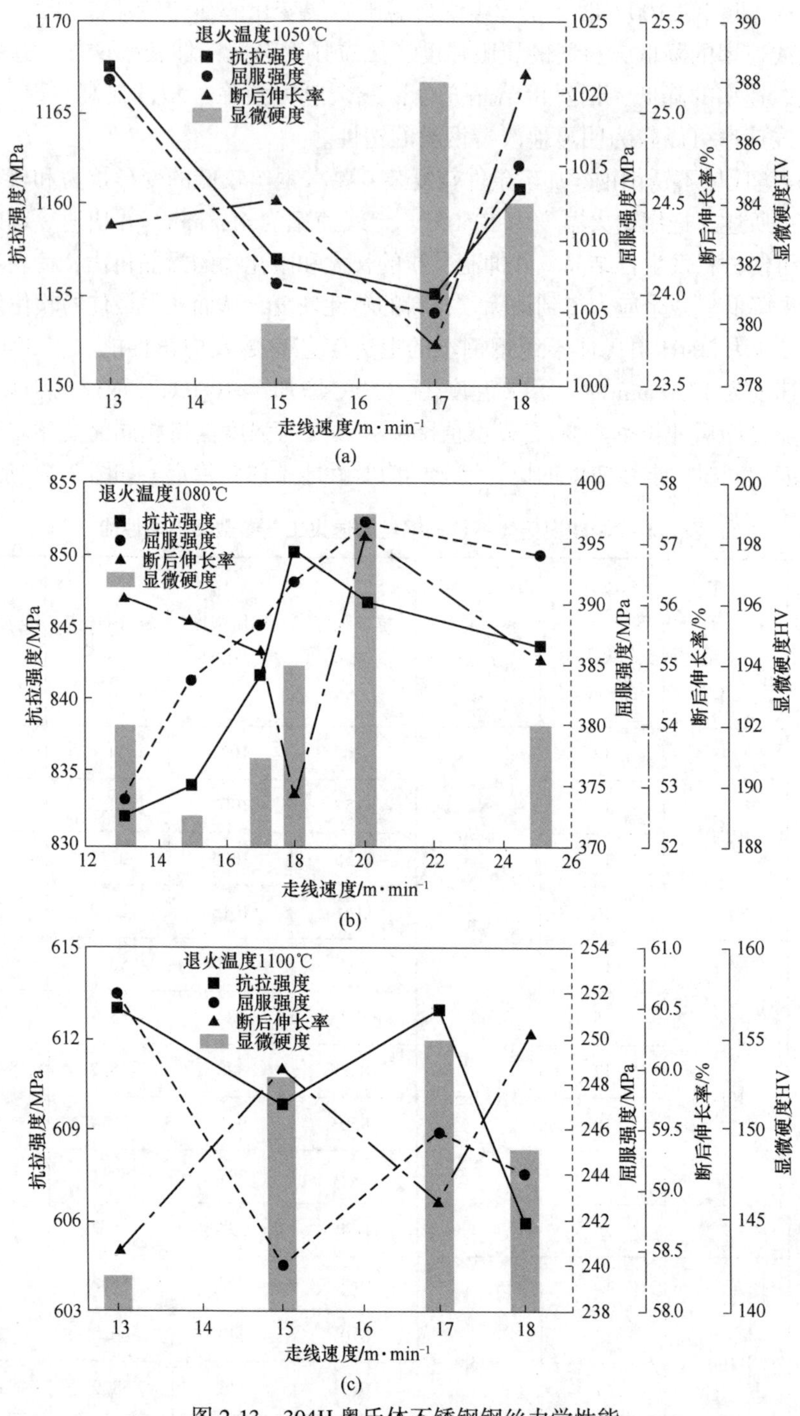

图 2-13　304H 奥氏体不锈钢钢丝力学性能

（a）1050℃；（b）1080℃；（b）1100℃

表 2-5 为 304HC3 奥氏体不锈钢钢丝的退火工艺参数及力学性能。与 304、304H 相似，在 1050℃退火时，走线速度加快，钢丝的强度和硬度越高，伸长率越低，但钢丝的力学性能整体较稳定，如图 2-14 所示。

表 2-5　304HC3 奥氏体不锈钢钢丝的退火工艺参数及力学性能

试样编号	退火工艺参数		钢丝直径 D/mm	抗拉强度 /MPa	屈服强度 /MPa	断后伸长率 /%	显微硬度 HV
	温度 /℃	走线速度 /m·min^{-1}					
304HC3	1050	8	2.75	560	227	54.8	130
		10		559	225	54.0	131
		12		568	235	51.8	135
		15		580	246	50.7	144

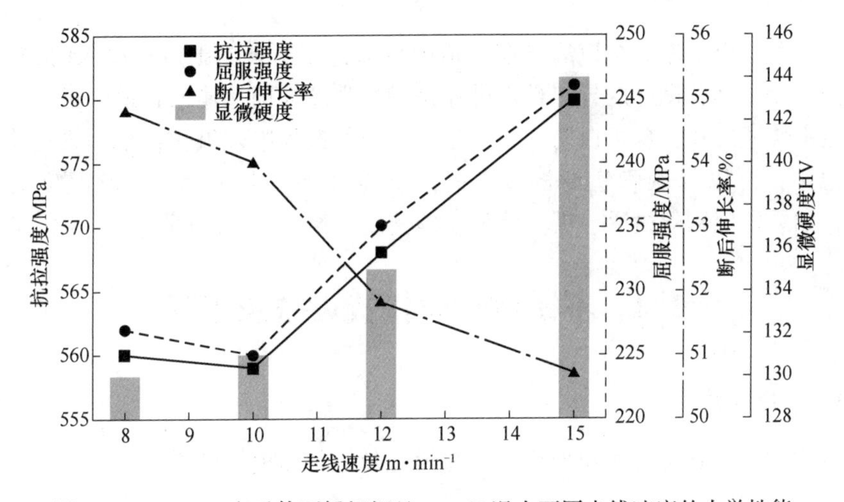

图 2-14　304HC3 奥氏体不锈钢钢丝 1050℃退火不同走线速度的力学性能

根据以上实验结果，最终选择预热炉温度为 450～500℃，退火温度为 1050℃。生产用预热炉和退火炉如图 2-15 所示。

退火炉中为了防止钢丝氧化以及维持炉管中正压，必须不间断地输入高纯度的保护气体。保护气输入位置和炉管中气体流向对钢丝性能有很大影响，该设计的生产线是在退火炉的出口端通入氨分解气（$3H_2+N_2$）的保护气。这样可以使保护气体在炉管中流动方向与钢丝运动方向相反，高纯度的保护气对刚离开高温区的钢丝实施强制冷却，不致产生“低温氧化”。在退火炉的入口端，保护气受钢丝带进的潮气和附着有害物质的影响，纯度降低，但此时钢丝处于较冷状态，也不至于产生氧化，即使有轻微氧化，进入高温区后也可还原。如果气体流动与钢丝运行方向相同，则低纯度气体与热状态钢丝接触，很容易产生“低温氧化”。另外需在退火炉入口端点燃废气，以防止废气污染空气。

(a)

(b)

图 2-15 预热炉及退火炉
（a）预热炉；（b）退火炉

钢丝出了退火炉以后，在管道中冷却，在退火炉出口端通入的 $3H_2+N_2$ 的保护气除了具有良好的导热性以外还是一种强冷却剂，输入管道中可以使钢丝在管道中快速冷却，也可以防止不锈钢在降温的过程中被氧化；全部管道均浸泡入水池中，可以降低管道的温度，提高空冷效果。空冷后，钢丝温度要低于 50℃，如果发现钢丝烫手，就要降低走线速度，增加空冷时间。

2.4 不锈钢钢丝拉拔设备及工具

2.4.1 拉丝设备

按拉拔工作制度可将拉丝机分为单模拉丝机与多模拉丝机。

2.4.1.1 单模拉丝机

不锈钢钢丝在拉拔时只通过一个模的拉丝机称为单模拉丝机，也称一次拉丝机。根据其卷筒轴的配置又分为立式与卧式两类。一次拉丝机的特点是结构简单，制造容易，但它的拉拔速度慢，一般在 0.1～3m/s 的范围内，生产率较低，且设备占地面积较大。一次拉丝机的技术性能见表 2-6。

表 2-6 一次拉丝机的技术性能

项目	拉丝机类型							
	卧式		立式					
收线锥形绞盘直径/mm	750	650	550	450	350	300	250	200
成品线材直径范围/mm	12～8	10～6	6～3	4～2	2～1	1.5～0.8	1.0～0.6	0.6～0.4

续表 2-6

项目	拉丝机类型							
	卧式		立式					
成品线材断面积范围/mm^2	120~50	80~25	25~10	12~3	3~1	2~0.5	0.8~0.5	0.3~0.2
线毛料直径范围/mm	20~10	16~8	8~5	6~3	3~2	2.5~1.6	2~1.2	1.6~1.0
拉伸力/kg	4000	2000	1000	500	250	120	60	30
锥形绞盘所需功率/kW	25	16	12	6	3	1.5	0.8	0.4
拉丝速度/$m \cdot s^{-1}$	0.6~1.8	0.6~1.8	0.7~2.0	0.6~2.4	0.6~2.4	0.7~2.8	0.8~3.2	0.8~3.2
锥形绞盘的收线量/kg	200	120	80	80	60	60	40	25

2.4.1.2 多模连续拉丝机

多模连续拉丝机又称为多次拉丝机。在这种拉丝机上，不锈钢钢丝在拉拔时连续同时通过多个模子，每两个模子之间有绞盘，钢丝以一定的圈数缠绕于其上，借以建立起拉拔力。根据拉拔时钢丝与绞盘间的运动速度关系可将多模连续拉丝机分为滑动式多模连续拉丝机与无滑动式多模连续拉丝机。

滑动式多模连续拉丝机的特点是除最后的收线盘外，钢丝与绞盘圆周的线速度不相等，存在着滑动。用于粗拉的滑动式多模连续拉丝机的模子数目一般是5、7、11、13、15个，用于中拉和细拉的模子数为9~21个。根据纹盘的结构和布置形式可将滑动式多模连续拉丝机分为下列几种：

(1) 立式圆柱形绞盘连续多模拉丝机。立式圆柱形绞盘连续多模拉丝机的结构形式如图2-16所示。在这种拉丝机上，绞盘轴垂直安装，所以速度受到限制，一般在2.8~5.5m/s。

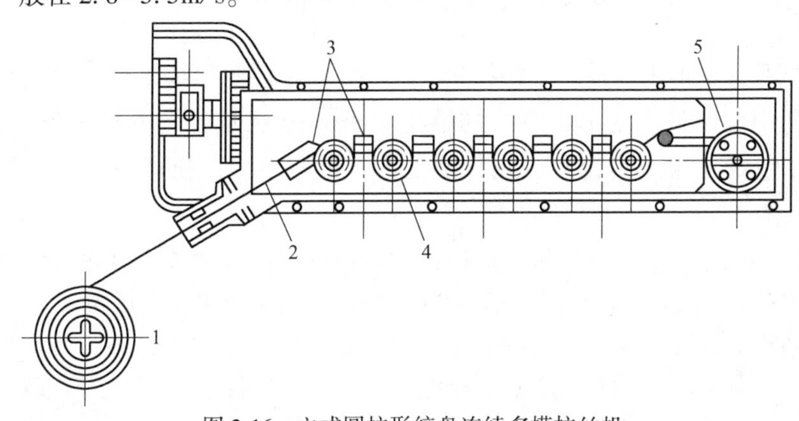

图 2-16 立式圆柱形绞盘连续多模拉丝机

1—坯料卷；2—线；3—模盒；4—绞盘；5—卷筒

(2) 卧式圆柱形绞盘连续多模拉丝机。卧式圆柱形绞盘连续多模拉丝机的结构如图 2-17 所示。圆柱形绞盘连续多模拉丝机机身长，其拉拔模子数一般不宜多于 9 个。为克服此缺点，可以使用两个卧式绞盘，将数个模子装在两个绞盘之间的模座上。另外也可将绞盘排列成圆形布置，如图 2-18 所示。

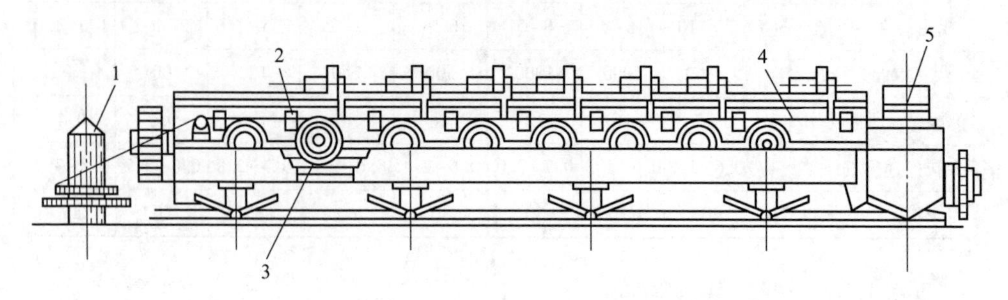

图 2-17 卧式圆柱形绞盘连续多模拉丝机
1—坯料卷；2—线；3—模盒；4—绞盘；5—卷筒

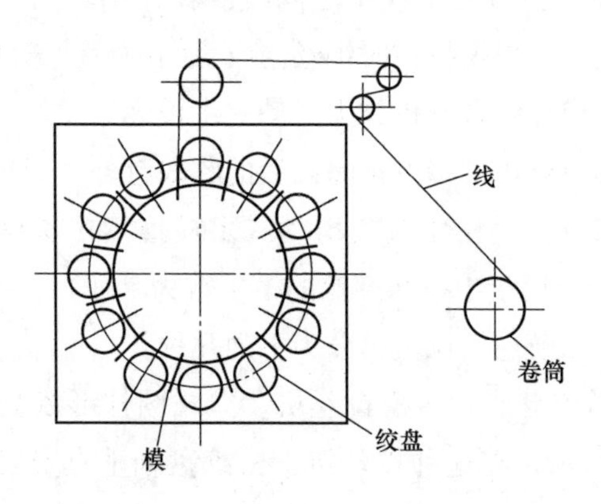

图 2-18 圆环形串联连续 12 模拉丝机

(3) 卧式塔形绞盘连续多模拉丝机。卧式塔形绞盘连续多模拉丝机是滑动式拉丝机中应用最广泛的一种，其结构如图 2-19 所示。它主要用于拉细线。立式塔形绞盘连续多模拉丝机在长度上占地面积较大，拉丝速度低，故很少使用。

(4) 多头连续多模拉丝机。这种拉丝机可同时拉几根线，且每根线通过多个模连续拉拔，其拉拔速度最高可达 25~30m/s，使生产率大大提高。

滑动式多模连续拉丝机的特点是：第一，总延伸系数大；第二，拉拔速度快，生产率高；第三，易于实现机械化、自动化；第四，由于线材与绞盘间存在着滑动，绞盘易受磨损。

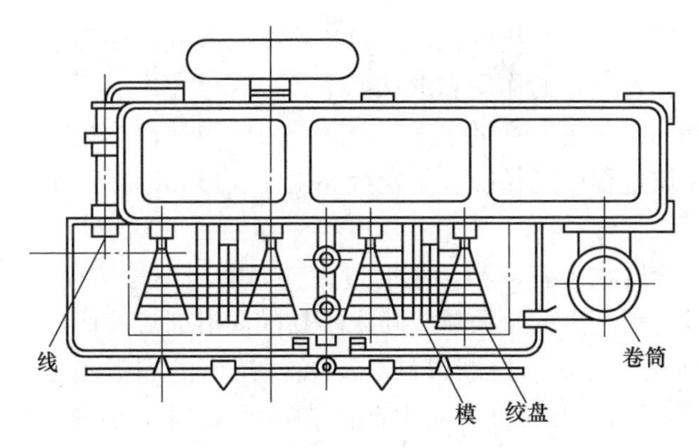

图 2-19 卧式塔形绞盘连续多模拉丝机

无滑动多模连续拉丝机在拉拔时线与绞盘之间没有相对滑动。实现无滑动多次拉拔的方法有两种：一种是在每个中间绞盘上积蓄一定数量的钢丝以调节线的速度及绞盘速度，另一种通过绞盘自动调速来实现钢丝速度和绞盘的圆周速度完全一致。

无滑动的连续式多次拉丝机拉拔绞盘的自动调整范围大，延伸系数允许在 1.26~1.73 的范围内变动。由于在拉拔过程中存在反拉力，模子的磨损和钢丝的变形热大大减少，可提高拉拔速度，制品质量也较好。但活套式无滑动多模连续拉丝机的电器系统比较复杂，且在拉拔大断面高强度钢丝时在张力轮和导向轮上绕线困难。

2.4.2 拉丝模

2.4.2.1 普通拉模

A 模子的结构与尺寸

根据模孔纵断面的形状可将普通拉模分为弧线形模和锥形模，如图 2-20 所示。

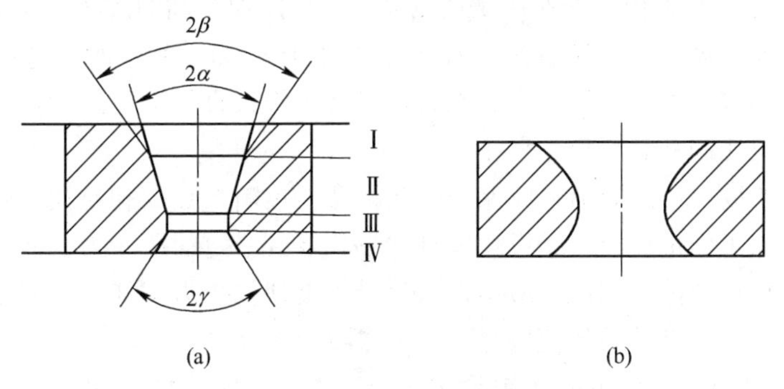

图 2-20 模孔的几何形状

(a) 锥形模；(b) 弧线形模

弧线形模一般只用于细线的拉拔，拉拔粗线时普遍采用锥形模。锥形模的模孔可分为 4 个带，各个带的作用和形状如下：

（1）润滑带（入口锥、润滑锥）。润滑带的作用是在拉拔时使润滑剂容易进入模孔，减少拉拔过程中的摩擦，带走金属由于变形和摩擦产生的热量，还可以防止划伤坯料。

润滑锥角的角度大小应适当。角度过大，润滑剂不易储存，润滑效果不佳；角度太小，拉拔过程产生的金属屑、粉末不易随润滑剂流掉而堆积在模孔中，会导致制品表面划伤、夹灰、拉断等缺陷。线材拉模的润滑角 β 一般等于 40°～60°，并且多呈圆弧形，其长度 l_r 可取制品直径的 1.1～1.5 倍；管、棒制品拉模的润滑锥常用半径为 4～8mm 的圆弧代替，也可取 $\beta=(2\sim3)\alpha$。

（2）压缩带（压缩锥）。金属在此段进行塑性变形，并获得所需的形状与尺寸。

压缩带的形状有两种：锥形和弧线形。弧线形的压缩带对大变形率和小变形率都适合，在这两种情况下被拉拔金属与模子压缩锥面都有足够的接触面积。锥形压缩带只适合于大变形率。当变形率很小时，金属与模子的接触面积不够大，从而导致模孔很快磨损。在实际生产中，弧线形的压缩带多用于拉拔直径小于 1.0mm 的钢丝。拉拔较大直径的制品时，变形区较长，将压缩带做成弧线形有困难，故多为锥形。

压缩带的模角 α 是拉模的主要参数之一。α 角过小，坯料与模壁的接触面积增大；α 角过大，金属在变形区中的流线急剧转弯，导致附加剪切变形增大，从而使拉拔力和非接触变形增大。因此，α 角存在一个最佳区间，在此区间拉拔力最小。

在不同的条件下，拉拔模压缩带 α 角的最佳区间也不相同。变形程度增加，最佳模角值增大。这是因为变形程度增加使接触面积增大，继而摩擦增大。为了减少接触面积，必须相应地增大模角 α。金属与拉拔工具间的摩擦系数增加，最佳模角增大。

（3）工作带。工作带的作用是使制品获得稳定而精确的形状与尺寸。

工作带的合理形状是圆柱形。在确定工作带直径（D_1）时应考虑制品的公差、弹性变形和模子的使用寿命，在设计模孔工作带直径时要进行计算，实际工作带的直径应比制品名义尺寸稍小。

工作带长度（l_d）的确定应保证模孔耐磨、拉断次数少和拉拔能耗低。金属由压缩带进入工作带后，由于发生弹性变形仍受到一定的压应力，故在金属与工作带表面间存在摩擦。因此，应增加工作带长度使拉拔力增加。对于不锈钢钢丝制品，其工作带长度的数值范围是 $l_d=(0.5\sim0.65)d_1$。

（4）出口带。出口带的作用是防止金属出模孔时被划伤和模子定径带出口端因受力而引起剥落。出口带的角度 2γ 一般为 60°～90°。对拉制不锈钢钢丝用的模子，有时将出口部分做成凹球面的。出口带的长度 l_{ch} 一般取（0.2～0.3）D_1。

为了提高拉拔速度，近年来国外的一些企业对拉丝模的构造进行了一些改进。将润滑锥（β）减少到20°～40°，使润滑剂在进入压缩带之前在润滑带内即开始受到一定的压力，有助于产生有效的润滑作用。同时，加长压缩带，使压缩带的前半部分仍然提供有效润滑，提高润滑的致密度，而在压缩带的后半部分才能进行压缩变形。这样，润滑带和压缩带前半部分建立起楔形区，在拉拔时能更好地获得"楔角效应"，造成足够大的压力，将润滑剂牢固地压附在表面，达到高速拉拔的目的。

B 拉模的材料

在拉拔过程中，拉模受到较大的摩擦。尤其在拉制不锈钢钢丝时，拉拔速度很高，拉模的磨损很快。因此，要求拉模的材料具有高的硬度、高的耐磨性和足够的强度。常用的拉模材料有以下几种：

（1）金刚石。金刚石是目前世界上已知物质中硬度最高的材料，其显微硬度可达 1×10^6～1.1×10^6MPa。金刚石不仅具有高的耐磨性和极高的硬度，而且物理、化学性能极为稳定，具有高的耐蚀性。虽然金刚石有许多优点，但它非常脆且仅在孔很小时才能承受住拉拔金属的压力。因此，一般用金刚石模拉拔直径小于0.3～0.5mm的钢丝，有时也将其使用范围扩大到1.0～2.5mm的钢丝拉拔。加工后的金刚石模镶入模套中，如图2-21所示。

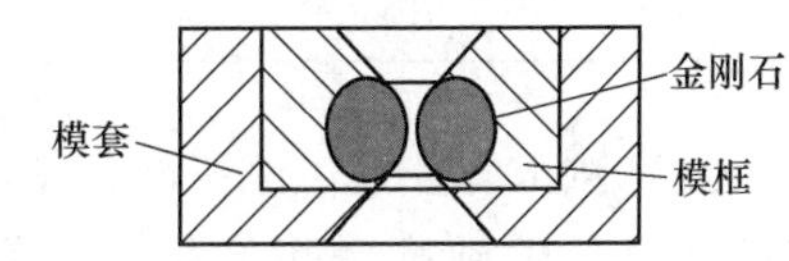

图2-21 金刚石模

在金属拉拔行业用金刚石制造拉丝模已有悠久的历史，但天然金刚石在地壳中储量极少，因此价格极为昂贵。科学工作者在很早以前就致力于开发性能接近天然金刚石的材料。近年来，相继研制出聚晶和单晶人造金刚石。人造金刚石不仅具有天然金刚石的耐磨性，而且还兼有硬质合金的高强度和韧性，用它制造的拉模寿命长，生产效率高，经济效益显著。小粒度人造金刚石制成的聚晶拉拔模一般用于中间拉拔，用大颗粒人造金刚石制成的单晶模作为最后一道成形模。

（2）硬质合金。在拉制 ϕ2.5～4.0mm 的钢丝制品时，多采用硬质合金模。硬质合金具有较高的硬度，足够的韧性和耐磨性、耐蚀性。用硬质合金制作的模具寿命比钢模高百倍以上，且价格也较便宜。

拉模所用的硬质合金以碳化钨为基，用钴为黏结剂在高温下压制和烧结而成。硬质合金的牌号、成分、性能列于表2-7。为了提高硬质合金的使用性能，有时在碳化物硬质合金中加一定量的Ti、Ta、Nb等元素，也有的添加一些稀有金属的碳化物，如 TiC、TaC、NbC 等。含有微量碳化物的拉拔模硬度和耐磨性有所提高，但抗弯强度降低。

虽然硬质合金具有高的耐磨性和抗压强度，但它的抗张和抗冲击性能较低。在拉拔过程中拉模要承受很大的张力，因此必须在硬质合金模的外侧镶上一个钢质外套，给它以一定的预应力，减少或抵消拉拔模在拔制时所承受的工作应力，增加它的强度。

表 2-7 硬质合金的牌号、成分、性能

合金牌号	成分/%		密度 /g · cm^{-3}	性能	
	WC	Co		抗弯强度 /MPa	硬度 HRC
YG3	97	3	14.9~15.3	1030	89.5
YG6	94	6	14.6~15.0	1324	88.5
YG8	92	8	14.0~14.8	1422	88.0
YG10	90	10	14.2~14.6		
YG15	85	15	13.9~14.1	1716	86.0

（3）刚玉陶瓷模。刚玉陶瓷是 Al_2O_3 和 MgO 混合烧结制得的一种金属陶瓷，它具有很高的硬度和耐磨性，但它材质脆，易碎裂。刚玉陶瓷模可用来拉拔 ϕ0.37~2.00mm 的不锈钢钢丝。

2.4.2.2 辊式拉模

辊式拉模是一种摩擦系数很小的拉模，如图 2-22 所示。辊式拉模的两个辊子上都有相应的孔型，且均是被动的。在拉拔时坯料与辊子没有相对运动，辊子随坯料的拔制而转动。

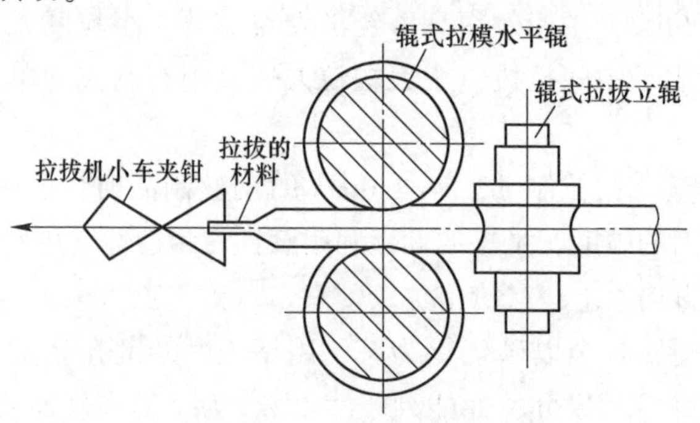

图 2-22 辊式拉模拉拔示意图

用辊式拉模进行拉拔有以下优点：

（1）拉拔力小，消耗少，工具寿命长；

（2）可采用较大的变形量，道次压缩率可达 30%～40%；

（3）拉拔速度较高。

2.4.2.3 旋转模

旋转模如图 2-23 所示，模子的内套中放有模子，外套与内套之间有滚动轴承，通过涡轮机构带动内套和模子旋转。使用旋转模以滚动代替滑动接触，既可使模孔均匀磨损，又可使沿拉拔方向上的摩擦力减小。用旋转模拉拔还可以减少不锈钢钢丝的椭圆度，近年来多应用于连续拉丝机的成品模上。

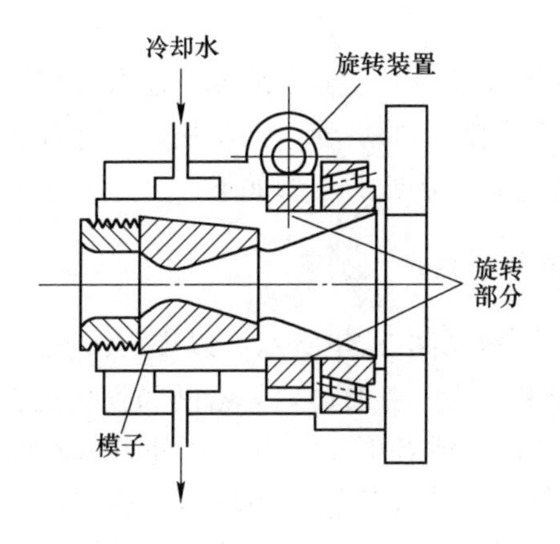

图 2-23 旋转模示意图

2.4.3 润滑剂

2.4.3.1 拉拔润滑剂的要求

性能优良的润滑剂必须兼有润滑性能和工艺性能，在各种恶劣的拉丝条件下都能形成稳定的润滑膜。因此优良的拉丝润滑剂应具有如下性能：

（1）附着性好，能充分覆盖新旧表面，形成连续、完整并有一定厚度的润滑膜。

（2）充分利用低的摩擦系数。

（3）耐热性好，软化温度与变形区温度相适应，高温（300～400℃）下仍能保持良好的润滑性能。

（4）在高压下具有不造成润滑膜破断的高负荷能力。

（5）性能稳定，不易发生物理或化学变化，对钢丝和模具不腐蚀。

（6）不会对后处理加工带来不好的影响。

（7）对人体和环境无害。

2.4.3.2 拉丝润滑剂的分类与使用

润滑剂的选择尚无明确的理论依据，一般是按拉拔的钢种、产品的最终用途和拉丝条件，结合润滑剂的特性及使用状态进行综合考虑。因此选择润滑剂之前，首先应考虑拉丝过程的各种因素。

拉拔润滑剂分为干式、湿式和油质润滑剂三大类，其中对于不锈钢钢丝多经酸洗、涂层处理，可选钙皂、钡皂为基的含二硫化钼、硫黄等极压添加剂的润滑剂干拔或采用湿式或油质润滑剂，具体使用方法是将润滑剂放入模具内或用循环方式注入模具中。

2.4.4 热处理设备

钢丝热处理除部分品种采用上述退火炉外，还有许多钢丝采用连续炉进行加热，连续加热炉就是连续性操作的炉子。钢丝从炉口连续进入，经过炉膛加热从出口不断地被收线机所卷取，常见的炉型如下。

2.4.4.1 马弗式连续加热炉

马弗式连续加热炉结构如图 2-24 所示。以煤气或天然气为燃料的马弗式连续加热炉在我国使用较多，该炉由加热炉、铅槽和收线机 3 部分组成，从长度来看有 8m、10m、15m、20m，或者更长一点；从处理钢丝的根数来看，有 14 根、16 根、24 根、28 根不等，炉膛分预热、加热和均热三段。马弗式连续加热炉的热容量大，导热性差，从室温升到 1000℃大约需要 20h，钢丝加热是间接的，它是借助于马弗砖的辐射来加热的，因而热效率较低。

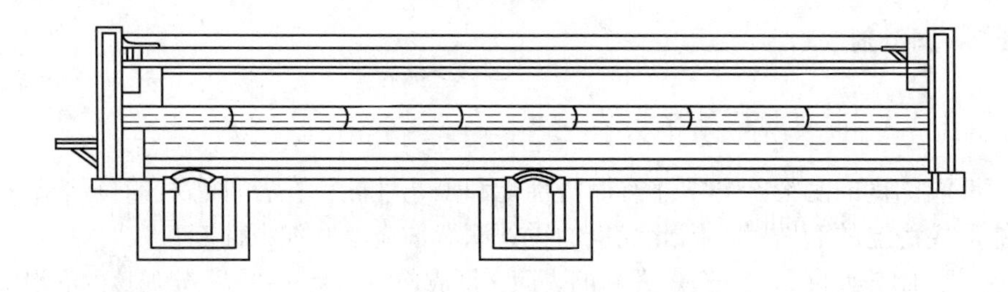

图 2-24 马弗式连续加热炉示意图

该炉适用于奥氏体不锈钢钢丝的正火，若炉子采用低温也可对碳素结构钢、合金结构钢、碳素工具钢、合金弹簧钢、冷顶锻钢等钢丝进行再结晶退火。

2.4.4.2 电接触热处理炉

电接触热处理炉结构如图 2-25 所示，电接触热处理炉又名电阻热处理炉，我国在20世纪50年代就已将该炉应用于低碳钢丝生产。由于当时采用接触辊导电易产生电火花，有损钢丝表面，影响了它的推广和使用。目前这种热处理方法在我国使用较多，适用于生产不锈钢钢丝。

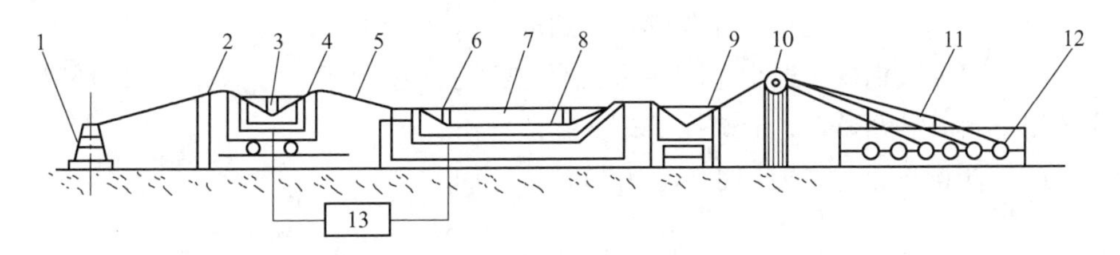

图2-25 电接触热处理炉示意图

1—放线架；2—导线轮；3，6—压辊；4—预热铅槽；5—加热段钢丝；7—铅槽；8—钢丝；9—水冷槽；10—桥架（过线辊）；11—钢丝（加热后）；12—收线卷筒；13—电源（低压）

该炉主要由预热铅锅、铅锅和收线机三部分组成，优点是加热速度快，产生的游离铁素体少，表面氧化也少，脱碳轻，占地面积小等；缺点是穿线困难，钢丝尺寸公差不均。因加热时间短，钢中奥氏体均匀化不够充分，极易导致拉拔脆断，又因网路电压波动会导致加热电压波动，极易引起强度波动，难以满足高级弹簧钢丝的要求，为此不适合弹簧钢丝生产。

2.5 异形钢丝的生产技术

2.5.1 异形钢丝的产品形状及主要用途

异形钢丝是指截面非圆形的钢丝。异形钢丝的截面形状和尺寸通常与所加工成形的零件相同或相近似，使用时可以实现少切削、无切削加工，减少金属的消耗。同时异形钢丝具有优异的力学性能，具有尺寸精度高、表面光洁度好、加工成形性好等特点，可以提高机械加工效率和零件的使用寿命。

根据异形钢丝的断面形状，可以分为规则形状和非规则的复杂形状。图2-26所示为部分异形钢丝断面形状示意图。相对来说，规则形状的异形钢丝的用途更为广泛，而复杂形状的异形钢丝往往为某种仪器设备所专用，具体用途如下：

（1）正方形钢丝主要用于锁链、工具、结构件或小弹簧等弹性构件。

（2）矩形钢丝主要用于汽车软轴、柴油机轴承大锁簧，高速柴油机止推环、锁环、制动环、活塞环及涡轮叶片锁尖等构件。

（3）扁形钢丝主要用于玻璃升降器、雨刷、内燃机组合油环、机械软轴、模具用强力弹簧、螺旋卡圈金属外套、锁尖等结构件。

（4）梯形钢丝，正梯形钢丝主要用于制造弹簧垫圈，也用于制造新型车辆上的传动软轴；高梯形钢丝主要用于制造各类弹簧，因其具有特殊的力学性能，广泛用于制造模具簧、电子设备减振簧、武器激发器簧等。

（5）六角钢丝主要用于制作螺栓、螺母及其他结构件。

（6）SDS 型钢丝，即扁丝，一边为直边，另一边为弧边，俗称“门洞形”，主要用于制造强力弹簧、卡簧等。

（7）半圆形钢丝主要用于制造开口销。

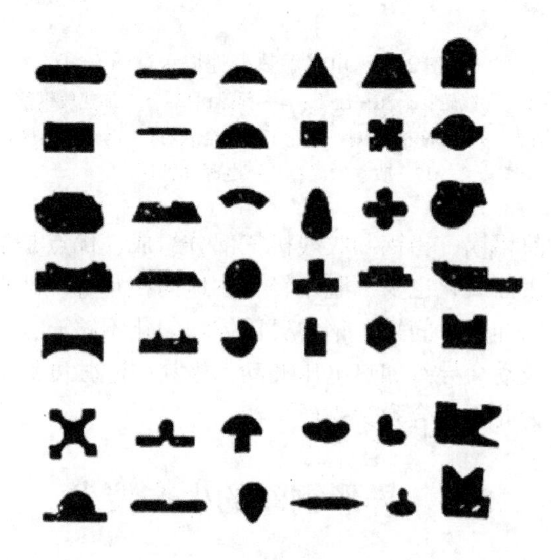

图 2-26 异形钢丝断面形状示意图

非规则的复杂形状异形钢丝也广泛用于工业生产的各个方面，代表性的用途有以下几种：

（1）用于满足力学性能要求的异形钢丝。诸如核能反应堆用材、涡轮叶片、各种制动轮材料等。

（2）用于满足设备中精密细小、形状复杂、尺寸较长又难于切削加工成形构件等要求的异形钢丝。诸如照相机的卷取装置、显微镜的导轨和单向离合器的支杆等。

（3）用于满足需求量大，可代替切削品的异形钢丝。如复印机导轨、滚珠轴承座圈、不可逆轴承的滚珠、汽车摩托车的制动片等。

生产异形钢丝所用钢种极为广泛，凡能进行冷加工的钢种均可根据需要生产异形钢丝。不锈钢钢丝因具有优异的力学性能和耐腐蚀性能，是生产异形钢丝的主要钢种之一。

2.5.2 异形钢丝的生产技术

异形钢丝的生产，除冷加工成形外，其他的生产工序，如热处理、酸洗、涂层、圆丝拔制及涂油包装与同钢种圆钢丝基本相同，原则上采用同一工艺。

异形钢丝的冷加工成形一般分为模拉、辊拉和轧制，有时需要3种成形技术结合使用，以完成其成形工艺。

2.5.2.1 模拉生产异形钢丝

模拉是异形钢丝早期采用的成形方法。在生产一些具有复杂的断面形状的钢丝方面具有特殊的优越性，如带有圆弧或曲线过渡的非规则断面钢丝，要求具有高精度和高表面质量的钢丝。

模拉生产异形钢丝的工艺流程如图2-27所示。

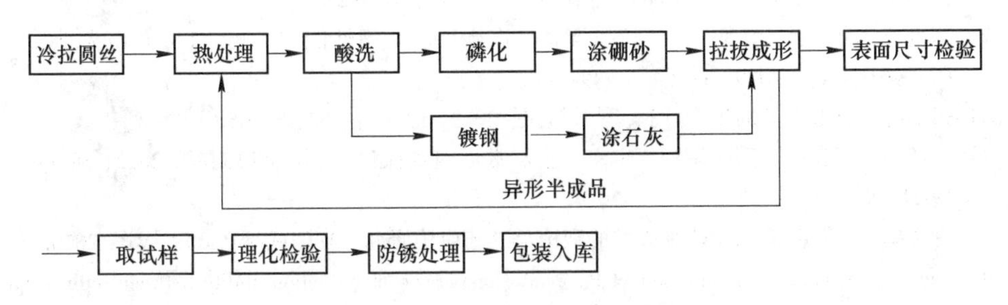

图2-27 模拉生产异形钢丝的工艺流程

模拉生产异形钢丝对酸洗和涂层质量要求比较高，通常两道次以上拔制采用磷化+硼砂涂层，两道次以内拔制可采用镀铜或硼砂涂层。拔制时润滑也应采取导入或强制导入措施，以减缓不均匀变形引起的模具异常损耗。

2.5.2.2 辊拉生产异形钢丝

辊拉是金属在两个以上的模辊所组成的孔型内，通过拉丝机的牵引使钢丝向前运动，产生变形。在辊拉模中，钢丝与模辊之间的滚动摩擦力明显小于常规拉拔中的摩擦力，在摩擦力的作用下，模辊均匀转动，进入稳定拉拔状态。

辊拉生产异形钢丝的工艺流程如图2-28所示。

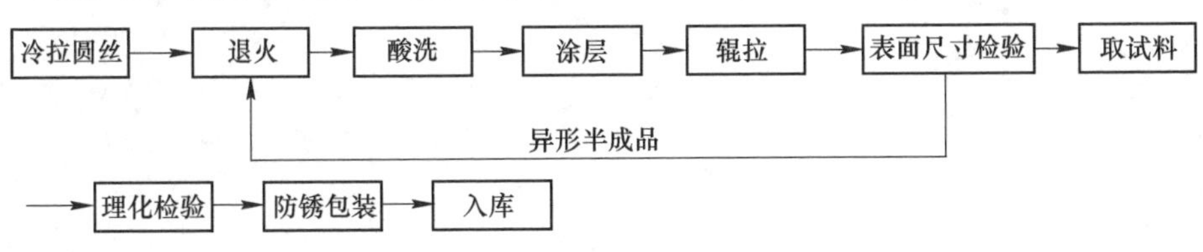

图2-28 辊拉生产异形钢丝的工艺流程

2.5.2.3 轧制生产异形钢丝

在异形钢丝的生产中，对于一些薄宽型，用模拉和辊拉都很难成形的钢丝，可通过小型轧机冷轧来进行生产。冷轧和辊拉主要区别在于前者轧辊是主动的，后者轧辊是被动的，以拉丝机为牵引动力。

参考文献

[1] 韩观昌，袁康，等．钢丝生产工艺与理论［M］．北京：北京科技大学，1984.

[2] 徐效谦，等．特殊钢钢丝［M］．北京：冶金工业出版社，2005.

[3] 周耀华．金属加工润滑剂［M］．北京：中国石化出版社，1998.

[4] Felder E, Levrau C, Mantel M, et al. Experimental study of the lubrication by soaps in stainless steel wire drawing [J]. ARCHIVE Proceedings of the Institution of Mechanical Engineers Part J—Journal of Engineering Tribology, 2011, 225 (9): 915-923.

[5] 陈得友，闵学刚，李龙，等．拉拔方式对高碳钢丝组织性能的影响［J］．东南大学学报（自然科学版），2019，49（4）：749-756.

[6] 张学辉．异形钢丝的生产［J］．科技资讯，2019，17（7）：62-63，65.

[7] 武怀强．高强度异型弹簧钢丝生产工艺及常见问题探讨［J］．金属制品，2012，38（4）：19-21.

[8] 肖文凯．非圆截面钢丝轧制成型的理论与工艺应用研究［D］．武汉：武汉大学，2010.

[9] Cao T S, Vachey C, Montmitonnet P, et al. Comparison of reduction ability between multi-stage cold drawing and rolling of stainless steel wire—Experimental and numerical investigations of damage [J]. Journal of Materials Processing Technology, 2015, 217: 30-47.

3 不锈钢钢丝的质量缺陷

3.1 表面裂纹和凹坑

钢丝表面各种缺陷，如裂纹和凹坑，对钢丝随后的冷镦或在交变应力下服役的疲劳寿命影响很大。由弹簧钢丝制成的螺旋形弹簧主要的破坏形式是疲劳断裂，而表面缺陷又极易成为疲劳裂纹的萌生源，从而降低弹簧的疲劳寿命。

凹坑在钢丝表面分别呈现为点状、坑状和凹状粗糙面，图 3-1 所示为表面凹坑扫描电镜下的形貌示例。凹坑产生原因主要有：

（1）坯料上有麻点，因拉拔时总压缩率过小或拉拔道次少，未能消除掉。

（2）坯料或中间料停放时间过长，造成严重锈蚀。

（3）坯料或中间料在酸洗时，由于酸液温度、浓度过高或酸洗时间过长等原因而产生过酸洗，造成局部或全面的酸洗麻点或麻坑。

（4）坯料或中间料在酸洗时，由于酸洗温度、浓度过低或酸洗时间过短等原因造成欠酸洗，使氧化皮未完全除掉，残留的氧化皮经拔制压入表面，然后脱落所致。

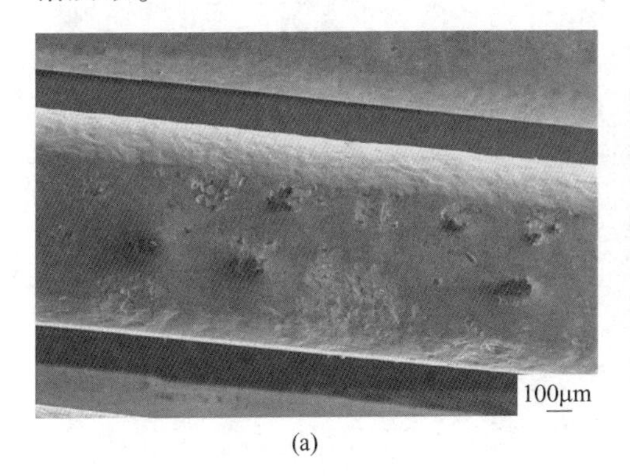

(a)

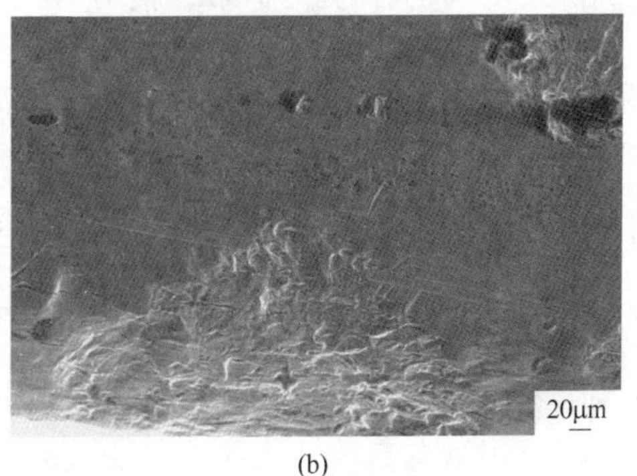

(b)

图 3-1　表面凹坑扫描形貌

（a）50×；（b）200×

表面裂纹主要分为横裂和裂纹两种。图 3-2 所示为表面裂纹扫描电镜下的形貌示例。横裂是钢丝表面肉眼可见的横向开裂，主要有三种形态：（1）垂直于钢丝轴向，分布较规律，裂口较整齐；（2）呈人字形或舌状；（3）与钢丝轴向呈一定交角，裂口排列呈搓衣板状。产生原因主要有：（1）冷拉时压缩率过大或拔制速度过快；（2）模具入口锥度太大，使变形区太短；（3）润滑条件不良；（4）钢质和组织不良或有酸洗氢脆等。

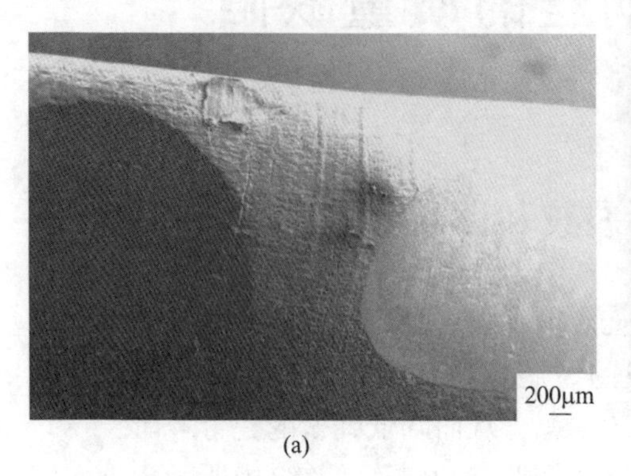

(a)

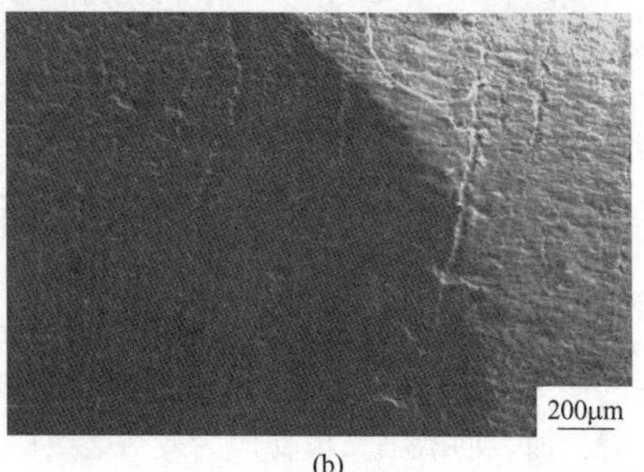

(b)

图 3-2 表面裂纹扫描形貌

（a）20×；（b）50×

平行于钢丝轴向的一条或多条开裂现象，称为裂纹。产生原因多是盘条本身存在裂纹而遗传给钢丝；冷拔时也可能产生应力裂纹。在钢丝裂纹处取横向金相试样，观察结果表明，肉眼观察统称的裂纹实际为三种情况：第一种实为折叠；第二种实为划伤；第三种实为真正的裂纹。其中主要是折叠和划伤，真正的裂纹很少。第一种裂纹：肉眼观察为一条或多条平行于钢丝轴线的裂缝或黑线，这与肉眼观察的折叠有明显的差别，但横截面试样在显微镜下观察，其与折叠的特征相同。因此这种裂纹实为折叠。第二种裂纹：其宏观形貌与第一种裂纹完全相同，但在显微镜下观察却相差很大。第一种裂纹往往伴有严重的脱碳的夹杂，端部较钝，一般深度较深；而第二种裂纹周围无脱碳，也无夹杂，底部较秃，深度较浅，一般为 0.02～0.08mm。产生原因：盘条表面残留的划伤或钢丝在前道拉拔过程中形成的划伤，在后道的拉拔过程中变成不见沟底的裂纹。因而这种裂纹实为划伤。第三种裂纹：肉眼观察多为一条细线状裂纹。在显微镜下观察裂纹端部尖锐，有继续深入基体的趋势，一般深度较深，这种裂纹缺陷很少出现。

3.2 断　　裂

不锈钢钢丝在拉拔过程中的断裂问题一直影响生产的正常进行，影响产品质量，影响人身安全。尤其是在现代化生产过程中，加工的连续性非常关键，在拉拔或其他加工过程中出现断裂将直接影响生产的连续性，导致生产成本提高，降低生产效率。材料的断裂是一个很复杂的过程，受到材料本身的性质、环境因素、工作应力状态、构件的形状及尺寸、材料的结构及缺陷等很多因素的影响，并且通常是上述多种因素综合作用的结果，这就使得对材料断裂过程的分析增加了很多不确定的因素。

3.2.1 断裂的分类

断裂过程包括裂纹的形成和扩展。从不同的角度，断裂有不同的分类方法：

（1）按断裂前材料的断裂应变分类，可分为脆性断裂和韧性（或延性）断裂：

1）脆性断裂。材料（或构件）断裂前没有宏观塑性变形或塑性变形很小，即断裂应变很小。

2）韧性断裂。材料（或构件）断裂前有明显的塑性变形，即断裂应变较大。

在工程上，人们常常对脆性及延性的含义加以界定：一般规定，当该材料的光滑拉伸试样的断面收缩率小于5%时为脆性断裂；大于5%时为韧性断裂。也有的国家使用光滑圆柱拉伸试样的伸长率$\delta=10\%$作为脆性、延性断裂的判据。

（2）按断口形貌分类，可分为解理断裂（对应解理断口）、准解理断裂（对应准解理断口）、沿晶断裂（对应沿晶断口）、纯剪切断裂及微孔聚集型断裂（对应韧窝断口）。在大多数情况下，断裂面显示混合断口，宏观断口的不同区域显示不同的微观断口形貌。

（3）按断裂路径分类，一般可分为穿晶断裂、沿晶断裂和混合断裂：

1）穿晶断裂。裂纹穿过晶粒内部而延伸的断裂。

2）沿晶断裂。裂纹沿晶粒边界扩展的断裂。

3）混合断裂。同一裂纹体中的裂纹既可能发生穿晶，也可能发生沿晶，呈混合状，从而成为混合断裂。

一般说来，穿晶断裂可以是韧性的，也可以是脆性的，这主要取决于晶体材料本身的塑性变形能力、外部环境条件及力学约束条件。沿晶断裂主要是由于杂质元素的晶界偏聚或其他原因弱化了晶界，使晶界强度低于晶内强度，在大多数情况下，沿晶断裂是脆性的，但是也有晶界相发生塑性变形而表现出韧性的情况。

（4）按断裂原因分类，可以分为过载断裂、疲劳断裂、蠕变断裂、环境断裂等：

1）过载断裂。这是由于载荷不断增大或工作载荷突然增加从而导致试样或构件的断裂，按加载速率可分为静载断裂和动载断裂（如冲击、爆破）。

2）疲劳断裂。这是在变动载荷作用下，材料经过一定的循环周次后裂纹生核，扩展后引起的断裂。

3）蠕变断裂。这是在中高温条件下加恒定应力，经过一定时间的变形后导致材料的断裂。

4）环境断裂。如应力腐蚀、氢致开裂、液态金属脆性等。由于存在腐蚀介质、氢或液体金属吸附，经过一定时间后在低的外应力（远低于材料的屈服强度）下就能导致裂纹的形核和扩展，直至断裂，这就称为环境断裂。

3.2.2 影响断裂的外部因素

（1）受力状态的影响。缺口对材料的应力状态有重要的影响，在缺口处有应力约束，导致同种材料光滑试样与带缺口试样的受力状态不同。另外，试样的厚度也会改变其受力状态（平面应力和平面应变），从而影响材料的断裂行为。显而易见，加载方式也是影响试样受力状态的重要因素。

（2）形变温度的影响。形变温度对断裂有着十分重要的影响，韧脆转移、蠕变持久等现象都是有力的证明。图3-3所示为形变温度与各种材料屈服强度关系的示意图，可以看出金属中以体心立方结构的屈服强度与形变温度的关系最密切（斜率绝对值最大）。

（3）形变速率的影响。一般说来，形变速率与温度有相同的效应，提高形变速率相当于降低温度。图3-4所示为材料的屈服强度与形变速率的关系，显而易见，形变速率对金属中体心立方结构材料的屈服强度影响最大。

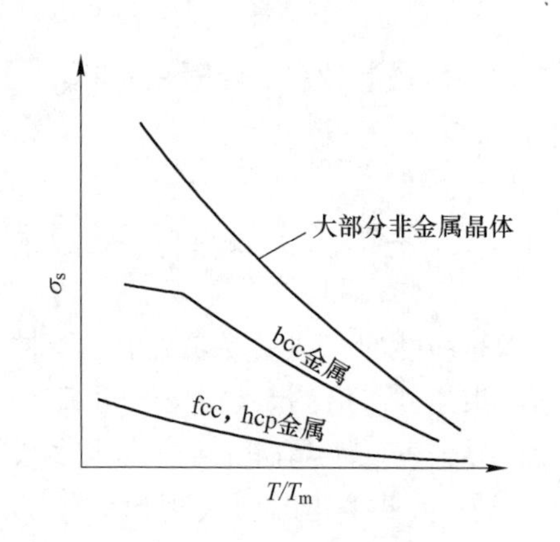

图3-3 形变温度与屈服强度关系示意图

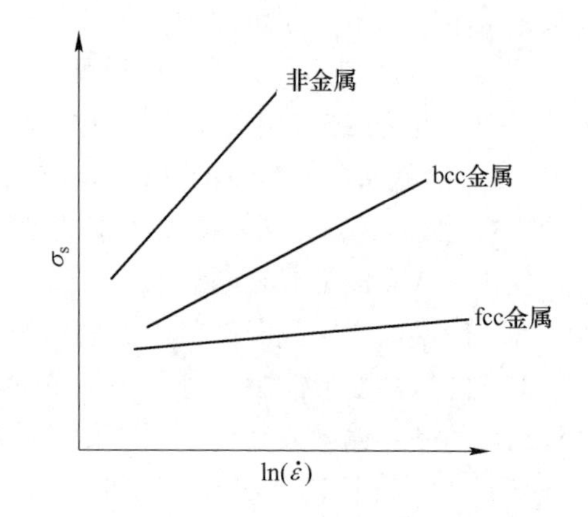

图3-4 不同结构材料屈服强度与形变速率关系示意图

（4）试样几何形状的影响。试样的几何形状如缺口尖端曲率半径、厚度、宽度等对试样的断裂也有相当的影响。

3.2.3 韧性断裂的断口及其分析

韧性断裂又称为延性断裂、塑性断裂，是指断裂前发生明显宏观塑性变形的断裂。当韧性较好的材料所承受的载荷超过了该材料的强度极限时，就会发生韧性断裂。杯锥状宏观断口的微观形貌为韧窝断口。对某些单晶体，拉伸时可沿滑移面分离而导致剪切断裂，如图 3-5 所示。这种断裂是在切应力作用下位错沿滑移面滑移，最终沿滑移面断裂，故断裂的表面是金属的滑移面。这种韧断过程与孔洞的形核长大无关，故在断口上看不到韧窝。对高纯金属多晶体，产生缩颈后试样中心三向应力区孔洞不能形核长大，故通过不断缩颈使试样变得很细（圆柱试样或薄板试样），最终断裂时断口接近一个点或一条线。

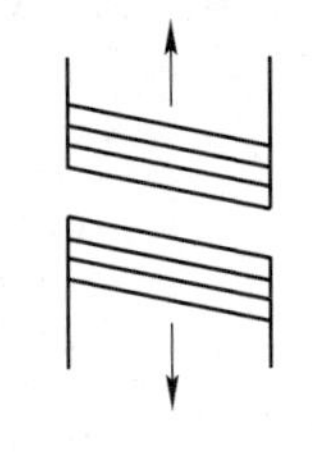
图 3-5 纯剪切断口

韧性材料光滑圆柱拉伸试样断裂的宏观形貌为杯锥状断口，这种断口一般由纤维区、放射区及剪切唇三部分构成，如图 3-6 所示。

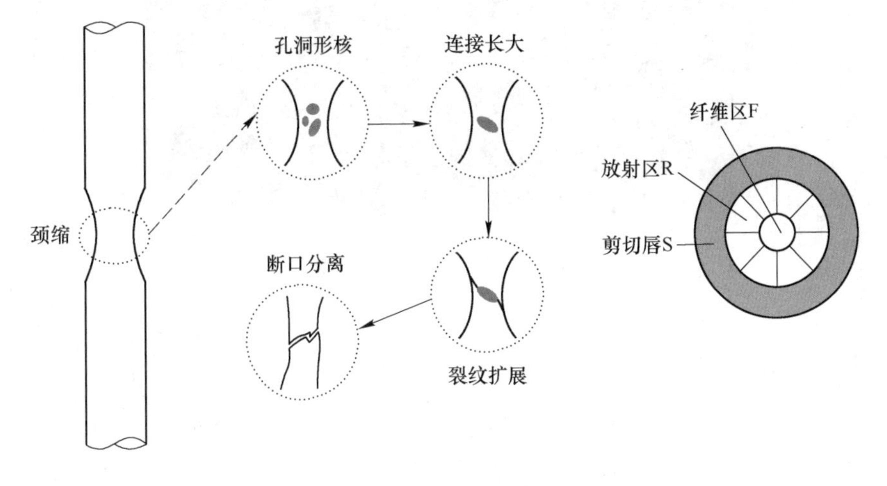

图 3-6 杯锥状宏观断口

纤维区、放射区、剪切唇通常称为断口的三要素。韧性材料光滑圆柱拉伸试样拉伸时，材料屈服后产生宏观的塑性变形，就会出现缩颈，由于缺口效应产生应力集中，并在试样中出现三向应力，从而导致孔洞在夹杂或者第二相边界处形核、长大和连接。在试样中心形成很多很小的裂纹，它们扩展并互相连接就形成锯齿状的纤维区。中心裂纹向四周放射状快速扩展就形成放射区。在放射区中往往存在平行于裂纹扩展方向的放射线（如材料韧性好则不在放射区）。当裂纹快速扩展到试样表面时，由于试样剩余厚度很小，变为平面应力状态，从而剩余的表面部分剪切断裂，断裂面为最大剪切应力面，故与拉伸轴呈 45°。对于板状试样，中心纤维区呈椭圆，放射区呈人字纹花样，其尖端指向裂纹源，最外面是45°的剪切唇。如存在缺口，孔洞和微裂纹就从缺口处形核，试样中心则是断裂区，这时不可能获得理想的杯锥状断口。

孔洞形核长大并连接导致韧断，在断口上就显示出韧窝结构，如图 3-7 所示。对实际的材料，往往存在夹杂、碳化物和第二相，孔洞择优在这些粒子处形核，故在断口上有很多韧窝的底部存在这些粒子。微孔洞也可在基体上形核，这时韧窝的底部就不存在第二相，韧窝的形状、大小和深浅受很多因素的影响，如成核粒子的大小及分布、材料的形变能力以及外界因素，如应力大小、温度、变形速度等。

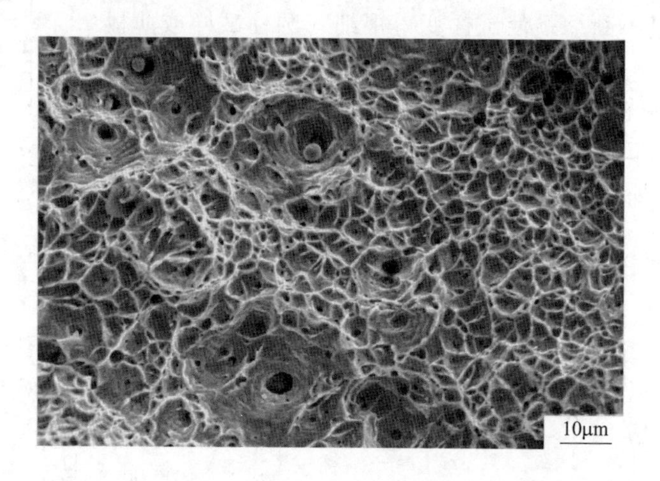

图 3-7 纤维区的韧窝形貌

3.2.4 脆性断裂的断口及其分析

脆性断口的宏观特征如下：断口上没有明显的宏观塑性变形；断口相对齐平并垂直于拉伸载荷方向；如果没有被腐蚀产物或脏物污染，表面经常呈现晶体学平面或晶粒的外形；断口的颜色有时比较光亮，有时相对暗灰一些；光亮的断口表面有时有放射状台阶，在一定条件下放射状台阶会发展为人字纹花样；较灰暗的脆性断口呈现无定型的粗糙表面，有时也呈现出晶粒外形。

脆性断裂从微观基体破坏的方式上可分为两类：穿晶（解理）断裂和沿晶断裂。解理断裂是金属或合金在外加应力作用下沿某些特定低指数结晶学平面（解理面）发生的一种低能断裂现象，一般呈脆性特征，很少塑性变形，断面呈结晶状，有许多强烈反光的小平面。解理断口的微观特征有解理台阶、河流花样和“舌头”花样等，图 3-8 所示为一个典型的解理断口形貌，从图中可以看到解理台阶、河流花样、“舌头”花样等。

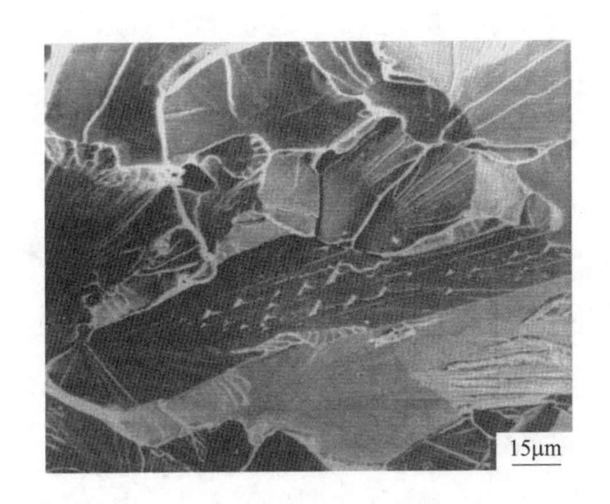

图 3-8 典型解理断口

准解理断口是一种基本上属于脆性断裂范围的微观断口，是介于解理断裂和韧窝断裂之间的一种过渡断裂形式。准解理的特征为：大量高密度的短而弯曲的撕裂棱线条、点状裂纹源由准解理断面中部向四周放射的河流花样、准解理小断面与解理面不存在确定的对应关系、二次裂纹等。图 3-9 所示为典型的准解理断口图像，从图中可以看到撕裂棱和解理面同时存在。

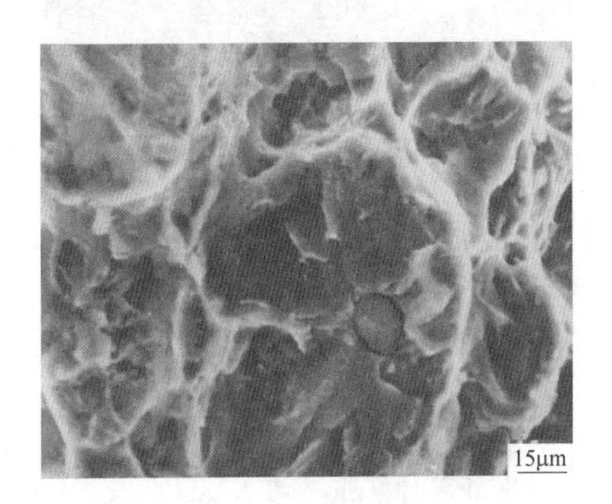

图 3-9 典型准解理断口

在很多情况下，不论是冲击载荷还是缓慢加载，不论是低温还是高温，金属都会沿晶界发生断裂，生成的断口称为沿晶断口。沿晶断口分两类：一种是常见的沿晶分离，断口呈现出不同程度的晶粒多面体外形的岩石状花样或冰糖状花样，晶粒明显，且立体感强，晶界面上多显示光滑无特征形貌，如图 3-10 所示；另一种是沿晶韧窝断口，断口表面的晶界上有大量的小韧窝，如图 3-11 所示，这是晶界显微孔洞生核、长大、连接的结果。

图 3-10　沿晶分离断口

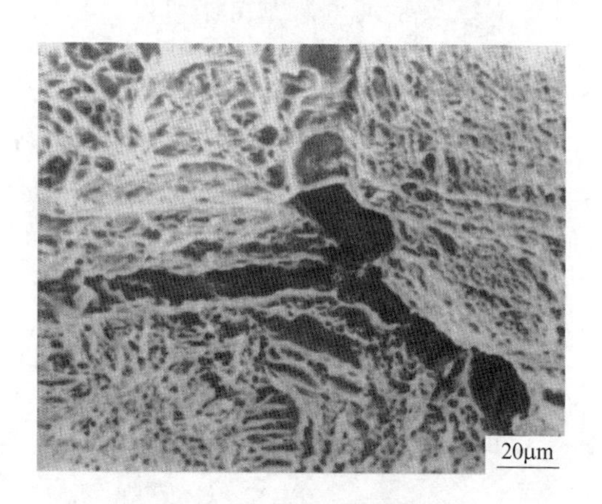

图 3-11　沿晶韧窝断口

3.3　表面锈蚀

不锈钢的“不锈”能力是靠其表面形成的一层极薄而又坚固细密的稳定的富铬氧化膜（防护膜），防止氧原子继续渗入继续氧化，而获得的抗锈蚀能力。但是，氧化膜保护性的好坏，首先取决于膜的完整性；其次，还受氧化膜的晶体结构、电子结构及力学性能的影响。不完整的氧化膜使金属表面电化学腐蚀加快，氧化膜中新的氧化物的形成，由于体积差异，会在金属表面产生新的应力，氧化物与基体的热膨胀系数不同，由此也会产生相应的应力。表面应力的存在加快了表面的应力腐蚀。因此，当在一些特殊环境或特殊条件下表面氧化膜受到破坏或影响时，空气或液体中氧原子就会不断地渗入，或金属中铁原子不断析离出来，形成不致密完整的氧化膜，金属表面也就不断锈蚀，不锈钢也会产生不同程度的锈蚀，如图 3-12 所示。

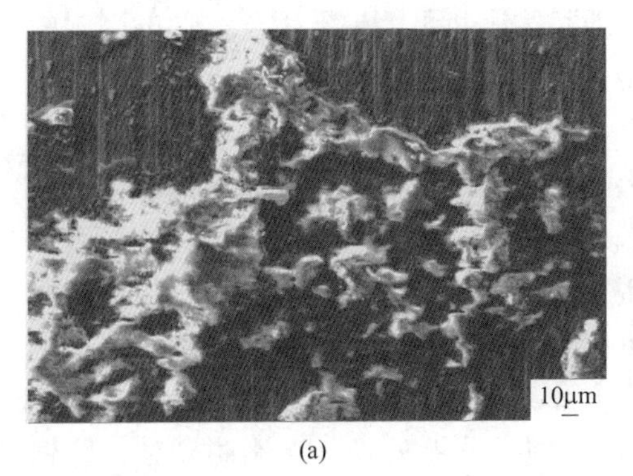

(a)

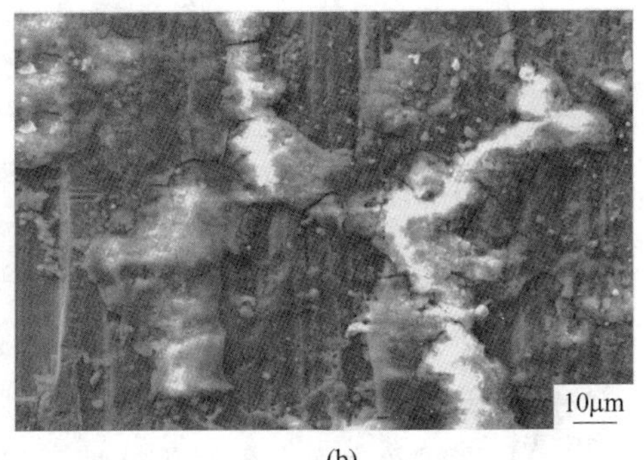

(b)

图 3-12 表面锈蚀氧化物形貌
(a) 300×；(b) 800×

常见的不锈钢锈蚀一般分为以下几类：一是由于固溶处理不充分或者在碳化物析出温度范围内使用，导致碳化物在晶界析出，材料局部贫铬引起晶界腐蚀；二是由于材料表面夹杂物破坏了材料表面的均匀性，从而引发局部锈蚀；三是在氯离子等穿透能力较强离子存在下发生应力腐蚀。

对于不同的不锈钢钢种发生锈蚀可通过相应的检测确定其锈蚀产生的原因，要综合考虑不锈钢的使用环境、化学成分、工艺流程等各方面，最终确定其锈蚀的原因并给出相应的合理建议，防止进一步发生锈蚀；对于已经发生锈蚀的产品要采取一定的机械加工手段去除表面的锈蚀层，阻止其进一步扩展。

在实际生产过程中可以导致钢丝产生表面锈蚀的原因分为内部因素和外部因素两种：

(1) 影响钢丝锈蚀的内部因素主要指的是钢丝的自身特征和性状，包括钢丝的材质、型号、表面特征等方面。一般情况下，碳钢的耐锈蚀性较差，而低合金钢由于含有铬元素，耐锈蚀性比碳钢强。材料在加工过程中表面的变形均匀性、粗糙度、热加工后表面能否形成致密的氧化膜、拉拔后表面是否有划痕等都会对钢丝的锈蚀造成影响。

(2) 影响钢丝锈蚀的外部因素主要指的是钢丝在储存和运输过程中的环境因素，包括空气的湿度、温度，大气中的有毒气体、尘埃，空气中的氧的作用等。具体的作用方式为：在一定空气相对湿度条件下，钢铁表面吸水形成水膜，使锈蚀速度成倍增长；较高的气温也会加速锈蚀反应，尤其是在湿度也很高的环境，温度的影响会更明显；雨水本身是腐蚀介质，雨水中溶解的大气中的有害物质都会导致钢铁材料的锈蚀；空气中的二氧化硫、氯化钠以及尘埃等有害物质都会促进锈蚀的速度。因此，钢丝在存放和运输过程中的包装和存放状态尤为重要。

在实际生产过程中的钢丝防锈措施一般是为了将可能导致钢丝锈蚀的因素的影响降到最低，具体做法主要有以下几个方面：

（1）保证钢丝材料的本身特性。常见的不锈钢由于其 Cr、Ni 含量较高，可以在材料表面形成致密的氧化膜防止材料锈蚀，因此首先要保证材料的成分不出差错；可以通过退火工艺，溶解组织中碳化物析出，增强材料的抗腐蚀性；对于特殊材质的钢丝还可以采用去氢热处理工艺，使吸收或溶解的氢能缓慢析出，避免氢脆；对于有特殊性能要求的钢丝，可以从炼钢、轧制和拉拔等各环节通过相应的工艺增加材料表面压应力，提高抗应力或疲劳腐蚀能力等。

（2）在钢丝表面进行氧化处理、磷化处理、电镀处理，涂刷防锈油、防锈水等，通过防护层作用减少钢丝锈蚀。氧化、磷化和电镀属于永久性的防护，可以使用在深加工产品的制成品上，但对于钢丝制品的中间环节产品则不适用。而防锈油和防锈水则可以根据需要选择合适的溶液涂刷，并可以在后续加工中去除涂层。

（3）合理包装，控制存放环境。对于精密的深加工制品可以存放在密闭容器中，充入干燥氮气或空气等，使钢铁制品处于低湿度或无氧环境中。对于一般性的钢丝制品可以选用绒布、橡胶等衬垫缓冲材料包装，防锈包装可以起到较好的保护作用，且本身不含水溶性酸和碱；也可以采用增加包装的材料重叠度以及多层缠绕的方式改善包装气密性；在运输过程中要覆盖雨布，要垫铺料或支架，尽量避免露天运输；在仓储时要保持良好的通风条件，避免潮湿，也尽量避免露天存放。

3.4 组织与性能不合

不锈钢钢丝中出现的组织与性能不合主要有以下两种情况：无磁性不锈钢钢丝出现磁性和不同部位退火后性能不同。

无磁性奥氏体不锈钢钢丝出现磁性的原因很多。不锈钢钢丝在拉拔过程中发生马氏体相变，马氏体含量高于普通值，而马氏体磁性较强，使得无磁性不锈钢表现出磁性特征。无磁钢丝中 Cr/Ni 值较小，在冷变形时，钢丝磁性强度随着 Cr/Ni 值增加而增加，随 Ni 含量的增加而下降。结合实际工艺，当不锈钢钢丝中 Ni 的含量较低或退火时间较短，会导致磁性增加。

影响不锈钢试样两种力学性能的主要因素为退火温度和走线速度。不锈钢钢丝不同部位在退火处理后体现出力学性能上的差异，主要原因为退火处理过程中退火温度和走线速度不一致。例如在退火过程中，退火初期钢丝走线速度较慢，在退火过程中提高了走线速度，导致尾部钢丝退火时间较短；或是在退火过程中，在头部钢丝退火时加热温度正常，在退火后期，炉温被人为调低或加热炉内某一加热炉区发生故障，退火温度变低，这些都会导致同一批次不同位置的不锈钢钢丝在退火处理后的力学性能表现出差异。

3.5 孔　　洞

冷加工过程中在金属内部的夹杂物周围会形成附加应力，形成裂纹源，裂纹源沿夹杂物方向迅速扩展，形成内部孔洞，如图 3-13 所示。目前针对孔洞没有明确的解决办法，并且也很少有关于拉拔钢丝产生心部孔洞的报道和研究，而在实际生产过程中要生产出完全没有孔洞的钢丝非常困难。

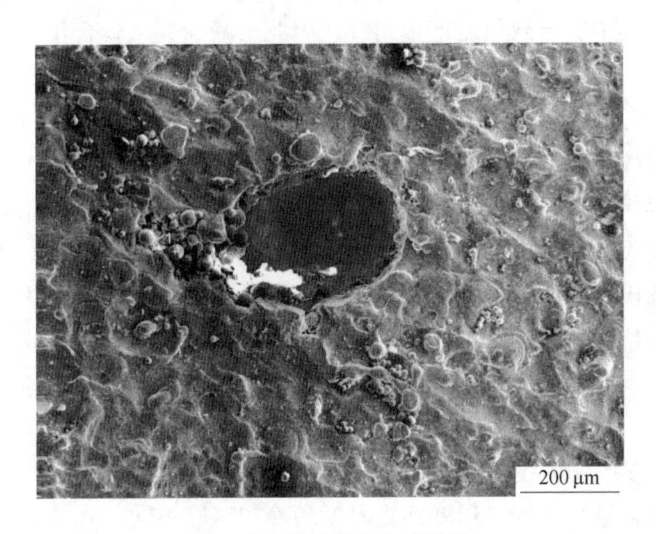

图 3-13　钢丝孔洞实例形貌

引起产生孔洞的因素很多，诸如构成材料的成分、组织、受力状态、形变速率、形变温度、冷却速度等。微观上，实验表明，晶界、孪生晶界、夹杂物或第二相变点的界面等位错易于塞积的地方，往往是内部裂纹的发源地，进而形成孔洞：

(1) 位错运动。金属和合金的实际点阵结构并非是完美无缺的，而是存在大量的点缺陷、线缺陷和面缺陷，后两者在晶界、第二相界等界面处更为严重。金属的塑性变形主要由位错即线缺陷的滑移产生，位错运动、塞积易破坏钢机体的连续性、整体性，宏观上表现为内部裂纹的发源地。位错运动需要驱动力即能量。钢材料的工艺温度不均匀即材料内部各点温度不均，或因材料宏观外形结构特点导致导热散热能力不同，都会使材料各部分之间存在能量差，能量差使各部分位错运动能力存在差别，在滑移过程中导致机体变形一致性被破坏，即内部裂纹产生。

（2）温度。从热力学角度来说，一定范围内，温度越高内能就越高，位错滑移驱动力越大，塑性越好。因此，在一定温度范围内，形变量过大易造成材料不同部分被迫撕裂。当然，并不是温度高就一定好，温度过高容易导致高温烧裂。

（3）合金元素、杂质、晶界、相界、夹杂物、组织等对位错的塞积作用。合金元素或杂质的存在，对位错运动起钉扎作用或与钢中其他元素结合形成第二相，第二相的性质不同，对塑性变形的影响也不同。一般而言，合金元素含量越高，金属塑性越差。

（4）非金属夹杂物可以破坏基体的连续性，当材料承受外部载荷时，夹杂物会引起应力集中，导致材料产生裂纹。因此，减少夹杂物含量，改善夹杂物形态（如球化处理），对提高塑性、改善裂纹扩展与孔洞有重要意义。

（5）魏氏组织。在亚共析钢中，当从奥氏体相区缓慢冷却通过 $A_{r_3} \sim A_{r_1}$ 温度范围时，铁素体沿奥氏体晶界析出，呈块状。如冷却速度过快时，则铁素体不仅沿奥氏体晶界析出生长，而且还形成许多铁素体片，长向奥氏体晶粒内部，铁素体片之间的奥氏体最后转变为珠光体。这些分布在原奥氏体内部呈片状的先共析铁素体称为魏氏组织铁素体。这种沿原奥氏体晶界析出的块状片状铁素体在晶体学上有严格的位向关系，这种组织会降低钢的塑性。实验指出，亚共析钢只是在冷却速度过大、能达到相当的过冷度时才形成魏氏组织。采用合理的冷却速度对减少魏氏组织、减少裂纹有益。

（6）网状碳化物。过共析钢在冷却过程中，沿奥氏体晶界析出先共析渗碳体。根据钢的含碳量不同，形变终止温度和冷却速度不同，先共析渗碳体呈半连续或连续网状。而渗碳体塑性极差，将连续的基体分隔成网状，从而破坏基体连续性，是内部裂纹和孔洞产生的重要原因之一。

3.6 非金属夹杂物

随着现代工程技术的发展，对钢的综合性能要求日趋严格，相应地对钢的材质要求也越来越高。非金属夹杂物作为独立相存在于钢中，破坏了钢基体的连续性，加大了钢中组织的不均匀性，降低了钢的塑性、韧性和疲劳寿命，使钢的冷热加工性能乃至某些物理性能变坏，对钢的强度、延伸性、韧性、切削性、抗腐蚀性能、表面光洁度、焊接性能等各方面的性能有着直接的影响。例如，非金属夹杂物导致应力集中，引起疲劳断裂；数量多且分布不均匀的夹杂物会明显降低钢的塑性、韧性、焊接性以及耐腐蚀性；钢中呈网状存在的硫化物会造成热脆性。图 3-14 所示为夹杂物扫描电镜下的形貌示例。

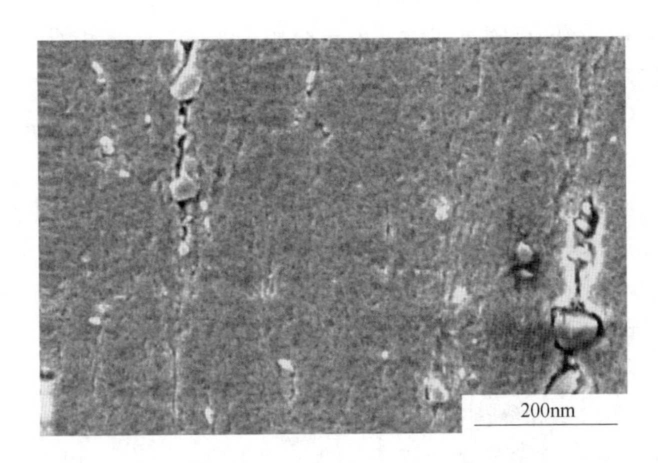

图 3-14 非金属夹杂物 SEM 扫描形貌

夹杂物对钢的性能影响的具体程度取决于一系列因素，比如夹杂物的数量、颗粒大小、形态及分布等。常见的对夹杂物的分类主要从来源、成分、变形性能和尺寸大小四个方面进行：

（1）按来源不同，可分为内生夹杂物和外来夹杂物两类。

内生夹杂物：钢在冶炼过程中，脱氧反应会产生氧化物和硅酸盐等产物，若在钢液凝固前未浮出，将留在钢中。溶解在钢液中的氧、硫、氮等杂质元素在降温和凝固时，由于溶解度的降低，与其他元素结合以化合物形式从液相或固溶体中析出，最后留在钢锭中，它是金属在熔炼过程中各种物理化学反应形成的夹杂物。内生夹杂物分布比较均匀，颗粒也较小，正确的操作和合理的工艺措施可以减少其数量和改变其成分、大小和分布情况，但一般来说是不可避免的。

外来夹杂物：钢在冶炼和浇注过程中悬浮在钢液表面的炉渣，或由炼钢炉、出钢槽和钢包等内壁剥落的耐火材料或其他夹杂物在钢液凝固前未及时清除而留于钢中。它是金属在熔炼过程中与外界物质接触发生作用产生的夹杂物。如炉料表面的砂土和炉衬等与金属液作用，形成熔渣而滞留在金属中，其中也包括加入的熔剂。这类夹杂物的一般特征是外形不规则，尺寸比较大，分布也没有规律，称为粗夹杂。这类夹杂物通过正确的操作是可以避免的。

（2）按夹杂物的化学成分，可分为氧化物系、硫化物系和氮化物三类。

氧化物系夹杂：简单氧化物有 FeO、Fe_2O_3、MnO、SiO_2、Al_2O_3、MgO 和 Cu_2O 等。在铸钢中，当用硅铁或铝进行脱氧时，夹杂比较常见。在钢中常常以球形聚集呈颗粒状成串分布。复杂氧化物包括尖晶石类夹杂物和各种钙的铝酸盐等，以及钙的铝酸盐。硅酸盐夹杂也属于复杂氧化物夹杂，这类夹杂物有 $2FeO \cdot SiO_2$（铁硅酸盐）、$2MnO \cdot SiO_2$（锰硅酸盐）和 $CaO \cdot SiO_2$（钙硅盐）

等。这类夹杂物在钢的凝固过程中，由于冷却速度较快，某些液态的硅酸盐来不及结晶，其全部或部分以玻璃态的形式保存于钢中。

硫化物系夹杂：主要是 FeS、MnS 和 CaS 等。由于低熔点的 FeS 易形成热脆，所以一般均要求钢中要含有一定量的锰，使硫与锰形成熔点较高的 MnS 而消除 FeS 的危害。因此钢中硫化物夹杂主要是 MnS。铸态钢中硫化物夹杂的形态通常分为三类：1）呈球形，这种夹杂物通常出现在用硅铁脱氧不完全的钢中；2）在光学显微镜下观察呈链状的极细的针状夹杂；3）呈块状，外形不规则，在过量铝脱氧时出现。

氮化物夹杂：当钢中加入与氮亲和力较大的元素时形成 AlN、TiN、ZrN 和 VN 等氮化物。在出钢和浇铸过程中钢液与空气接触，氮化物的数量显著增加。

（3）按夹杂物的变形性能，即当钢进行热加工时夹杂物是否变形，把夹杂物分为三类：脆性夹杂、塑性夹杂和球形（点状）夹杂。

脆性夹杂：这类夹杂物完全没有塑性，在热加工时尺寸和形状都没有变化，属于这一类的主要是 Al_2O_3、Cr_2O_3 等，它们属于高熔点的夹杂物。

塑性夹杂：钢在加工变形时，夹杂物也能随之变形，形成条状，属于这类的有硫化物以及含 SiO_2 含量较低（40%~60%）的铁、锰硅酸盐。

球状（或点状）不变形夹杂：SiO_2 及 SiO_2 含量高于 70%的硅酸盐。

（4）按夹杂物的尺寸大小分类，可分为三类：

大型：尺寸大于 100μm；

中型：也称显微型，尺寸为 1~100μm；

小型：也称超显微型，尺寸小于 100μm。

夹杂物对钢的性能影响的具体程度取决于一系列因素。在考虑钢中夹杂物对钢的性能影响的时候，应当注意夹杂物的数量、颗粒大小、形态及分布，不同夹杂物与钢基体的连接能力的大小，夹杂物的塑性和弹性系数的大小，以及热膨胀系数、熔点、硬度等几何、化学和物理学方面的因素：

（1）夹杂物对强度的影响。当夹杂物颗粒比较大（>10μm），特别是夹杂物含量较低时，明显降低钢的屈服强度，且同时降低钢的抗拉强度；当夹杂物颗粒小到一定尺寸（<0. 3μm）时，钢的屈服强度和抗拉强度都将提高。当钢中弥散的小颗粒的夹杂物数量增加时，钢的屈服强度和抗拉强度都有所提高，但伸长率有很小的下降。

（2）夹杂物对延伸性的影响。通常夹杂物对钢材的纵向延伸性的影响不大，对横向延伸性的影响很显著。横向断面收缩率随夹杂物总量和带状夹杂物数量的增加而显著降低，且带状夹杂物多为硫化物。

（3）夹杂物对韧性的影响。随硫化物夹杂数量和长度的增加，钢材的纵向、横向冲击韧性、断裂韧性都明显下降。由于圆柱坯中夹杂物在截面上的分布极为不均，且硫化物夹杂多为带状，因此夹杂物明显降低了管坯的韧性。

（4）夹杂物对切削性能的影响。球状的硫化物夹杂能显著提高钢材的切削性能，且硫化物颗粒越大，钢材切削性越好。Al_2O_3、Cr_2O_3、$MnO \cdot Al_2O_3$ 和钙铝酸盐类氧化物夹杂在很大程度上降低了钢材的切削性，但 $MnO\text{-}SiO_2\text{-}Al_2O_3$ 系和 $CaO\text{-}SiO_2\text{-}Al_2O_3$ 系中某些成分范围内的夹杂物却能提高钢材的切削性。

（5）夹杂物对疲劳性能的影响。夹杂物都使钢材的抗疲劳性能下降，脆性夹杂比塑性夹杂的影响更大，外来大型氧化物夹杂更明显。钢中非金属夹杂物对疲劳性能的影响一方面取决于夹杂物的类型、数量、尺寸、形状和分布，另一方面受到钢的基体组织和性质制约，与基体结合力弱的、尺寸大的脆性夹杂物和球状不变形夹杂物的危害最大；而且，钢的强度水平越高，夹杂物对疲劳极限的有害影响也越显著。

（6）夹杂物对抗腐蚀性能的影响。硫化物和硫化物复合的某些氧化物夹杂物是钢材造成腐蚀的根源，复合夹杂物的影响更大，而单独的氧化物夹杂不会造成点蚀现象。

（7）夹杂物对表面光洁度的影响。夹杂物都使钢的表面光洁度下降，氧化物夹杂是最主要的，钢的表面光洁度随夹杂物数量的增加而下降，夹杂物的本性影响不是很大。

（8）夹杂物对焊接性能的影响。硫化物夹杂和大型氧化物夹杂都使钢材的焊接性能下降。

参考文献

[1] 郑川川．钢丝表面缺陷和钢丝断裂分析［C］. 2011 金属制品行业技术信息交流会，贵阳，2011.

[2] 肖英龙，唐明珠．拉拔不锈钢丝表面横裂的生长与消除［J］. 金属制品，2006，32（1）：29-33.

[3] Lojewski C, Boillot P, Peultier J. Atmospheric corrosion resistance of duplex stainless steels: Results of a field exposure program [J]. Revue de Métallurgie, 2011, 108 (4): 191-201.

[4] 于晓飞．304、316 不锈钢晶间腐蚀的实验与理论研究［D］. 济南：山东大学，2010：150.

[5] 程晓波．304 不锈钢表面锈蚀原因分析［J］. 腐蚀与防护，2010（12）：946-948.

[6] 赵中英．宝钢线材产品锈蚀问题探讨［D］. 沈阳：东北大学，2009：43.

[7] Atkinson H V, Shi G. Characterization of inclusions in clean steels: A review including the statistics of extremes methods [J]. Progress in Materials Science, 2003, 48 (5): 457-520.

[8] Yang Z G, Yao G, Li G Y, et al. The effect of inclusions on the fatigue behavior of fine-grained high strength 42CrMoVNb steel [J]. International Journal of Fatigue, 2004, 26 (9): 959-966.

[9] 吕士忠．钢中夹杂物的来源及性质研究［D］. 长沙：中南大学，2007：98.

[10] Yu H, Liu X, Bi H, et al. Deformation behavior of inclusions in stainless steel strips during multi-pass cold rolling [J]. Journal of Materials Processing Technology, 2009, 209 (1):

455-461.

[11] Saada G, Kruml T. Deformation mechanisms of nanograined metallic polycrystals [J]. Acta Materialia, 2011, 59 (7): 2565-2574.

[12] Zhang C, Xia Z, Yang Z, et al. Influence of prior austenite deformation and nonmetallic inclusions on ferrite formation in low-carbon steels [J]. Journal of Iron and Steel Research, International, 2010, 17 (6): 36-42.

[13] 杨金艳, 凌晨, 汤建忠, 等. 非金属夹杂物对钢帘线盘条抗拉强度及断裂行为影响 [J]. 金属热处理, 2012 (2): 32-36.

[14] 钟群鹏, 赵子华. 断口学 [M]. 北京: 高等教育出版社, 2006.

4 不锈钢钢丝表面裂纹成因分析及控制

4.1 304B2 奥氏体不锈钢钢丝表面裂纹缺陷分析

304B2 奥氏体不锈钢是在原 304 不锈钢的基础上添加了 1.1%铜的一种新的不锈钢材料，其化学成分见表 4-1。铜对不锈钢的作用与镍相似，可以增强不锈钢的耐腐蚀性能，降低奥氏体不锈钢的强度、提高塑性，改善不锈钢的冷成形性。企业拉拔加工后的 304B2 不锈钢钢丝，部分产品表面出现了裂纹，而且裂纹只出现于半个圆周面，来料如图 4-1 所示。现根据企业提供的原料，从裂纹形貌、EDS 能谱和金相组织方面进行分析。

表 4-1　304B2 不锈钢化学成分　(wt.%)

成分	C	Si	Mn	P	S	Cr	Ni	Cu
含量	0.07	0.046	1.29	0.03	0.053	18.56	8.05	1.10

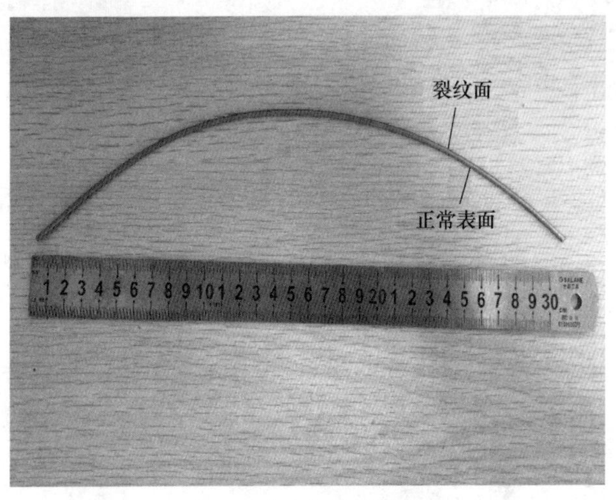

图 4-1　缺陷试样实物图

4.1.1　微观形貌和金相组织观察

对 304B2 不锈钢表面缺陷试样，利用超声波清洗机在丙酮试剂中进行清洗，吹干，然后在扫描电镜下分别观察裂纹面和正常面形貌特征。图 4-2 所示为试样裂纹表面的形貌，图 4-3 所示为试样正常表面的形貌。从图 4-2 中可以看出，表面存在大量形状不规则的凹坑和裂纹，较深的凹坑和裂纹处还有亮白色夹杂物。裂纹大部分与钢丝周向平行，而且出现明显的分离现象。在高倍扫描电镜下，裂纹附近的表面存在大量沿拉拔方向的微小裂纹，还有明显的摩擦痕迹。图 4-3 为正常表面的微观形貌，从图中可以看出，正常表面仍然可以看到明显的摩擦痕迹，而且存在大量沿拉拔方向的微小裂纹。

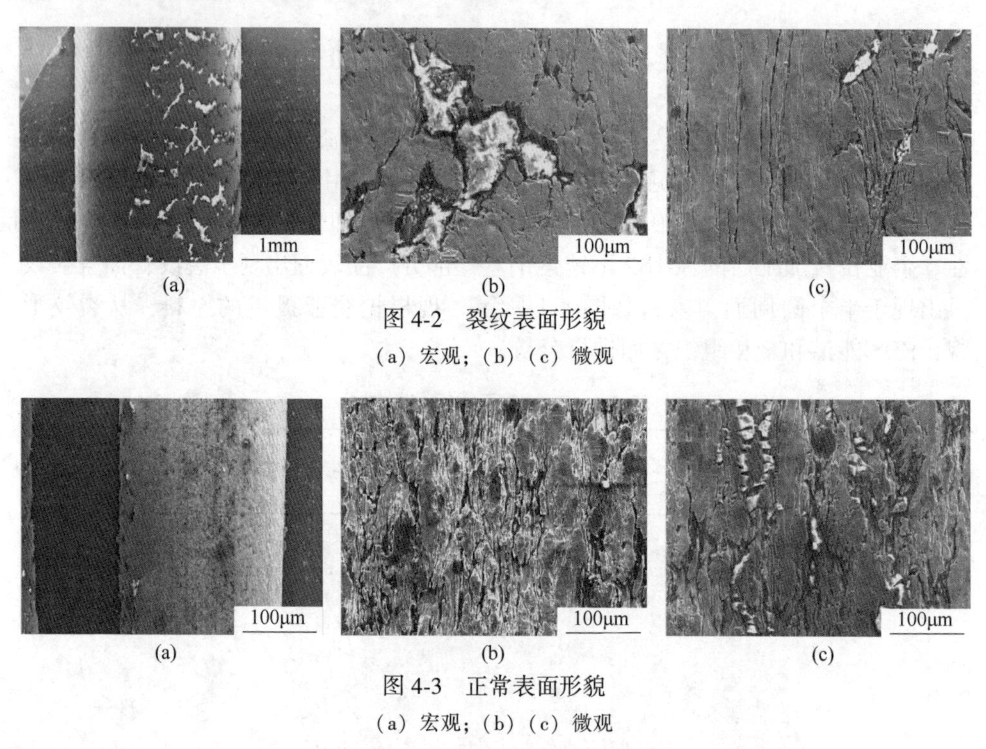

图 4-2 裂纹表面形貌

(a) 宏观；(b)(c) 微观

图 4-3 正常表面形貌

(a) 宏观；(b)(c) 微观

图 4-4 所示为 304B2 不锈钢钢丝金相显微镜下的横向金相组织形貌。试样边部晶粒较粗大，可以看到明显的形变孪晶和马氏体。裂纹附近晶粒非常不均匀，

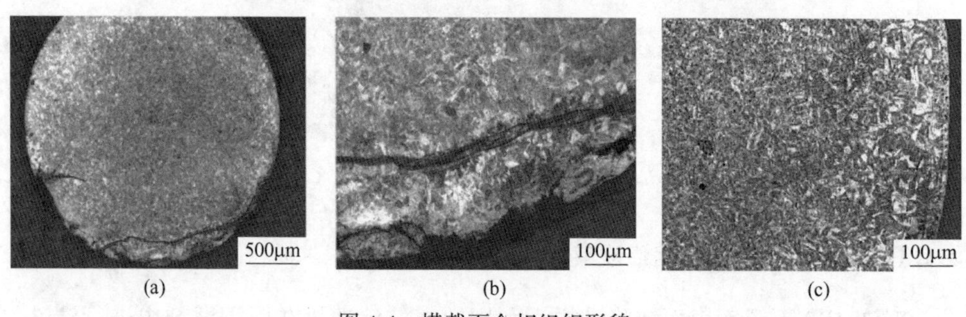

图 4-4 横截面金相组织形貌

(a) 宏观形貌；(b) 裂纹处；(c) 正常处

破碎严重。形变孪晶使金属强度升高，塑性降低，在后续的塑性变形过程中，产生明显的加工硬化。

4.1.2 EDS 能谱分析

将不锈钢钢丝试样洗净，在扫描电镜下观测表面夹杂物形貌特征，并对基体和夹杂物进行 EDS 能谱分析。图 4-5 所示为试样夹杂物和基体 EDS 能谱图，表 4-2 为夹杂物的化学成分，表 4-3 为基体的化学成分。夹杂物中主要含有 O、C、Ca 等元素。因此可以推断，夹杂物主要为氧化钙和碳酸钙等。基体表面化学成

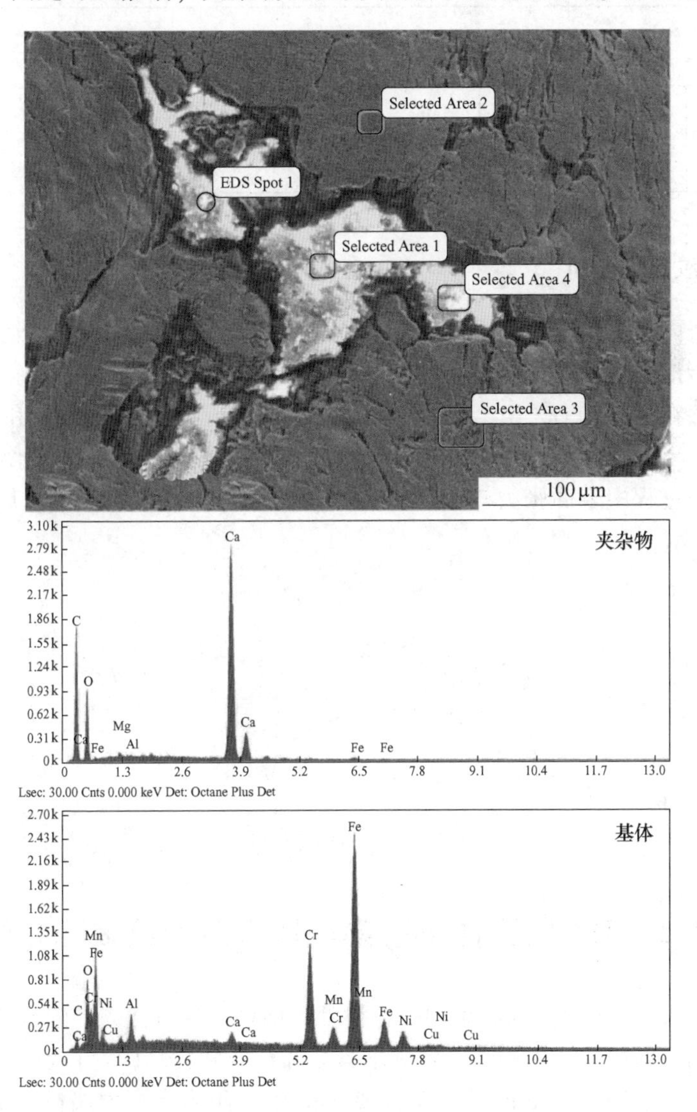

图 4-5 夹杂物和基体形貌及 EDS 能谱图

分C、O、Ca、Al含量偏高，表明基体表面还是存在Al_2O_3、CaO等夹杂物。Al_2O_3、CaO这类夹杂物完全没有塑性，在热加工时，尺寸和形状都没有变化，它们属于高熔点的夹杂物，在变形过程中与基体不协调。数量多且分布不均匀的夹杂物会明显降低钢的塑性和韧性，在之后的变形过程中容易出现缺陷。

表 4-2 夹杂物化学成分 (wt. %)

成分	C	O	Ca	Fe
含量	30.61	37.69	30.59	0.57

表 4-3 基体化学成分 (wt. %)

成分	C	O	Mn	Ca	Al	Cr	Ni	Cu
含量	5.78	5.54	1.93	0.91	2.46	16.34	6.67	1.11

4.1.3 裂纹原因分析

钢丝表面在高倍电镜下可以看到较多的裂纹，裂纹面出现了大量亮白色夹杂物，根据能谱分析结果显示夹杂物主要是氧化铝和氧化钙等脆性夹杂物。正常基体表面也存在少量的O、Al、Ca夹杂物，表明试样表面的缺陷可能和基体夹杂物较多有关。出现表面裂纹的试样表面夹杂物较多，根据钢丝来料的形貌，分析可能是在弯曲过程中表面张力较大而且表面塑性较差，所以出现了沿周向的裂纹，如图4-6所示。

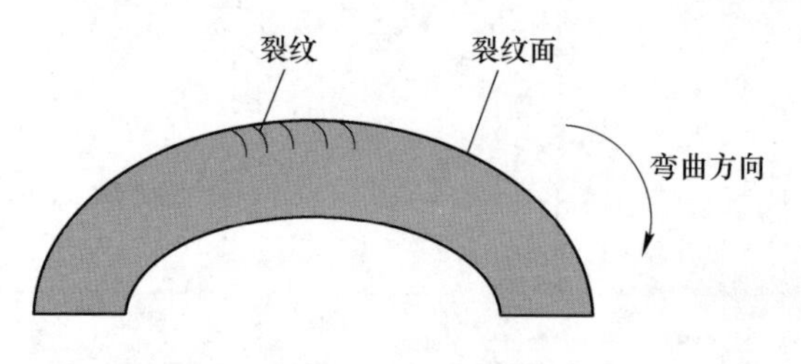

图 4-6 裂纹示意图

4.2 316奥氏体不锈钢钢丝表面裂纹缺陷分析

316奥氏体不锈钢是300系列的一种常见钢种，具有优秀的耐点蚀、耐高温、抗蠕变性能，因此广泛使用于工业和家具装饰行业和食品医疗行业，同时作为一种通用性的不锈钢也广泛地用于制作要求良好综合性能（耐腐蚀和成形性）的设备和机件。

对5组不同退火工艺参数的316不锈钢钢丝进行组织形貌观察及性能检测，并对不锈钢钢丝表面裂纹成因进行分析。五组不同的退火工艺见表4-4。

表4-4　五组退火工艺参数

品名	线径/mm	工艺编号	退火温度/℃	走线速度/m · min^{-1}
316	1.6	A	1050	7
		B	1050	9
		C	1070	7
		D	1070	9
		E	1050	4.5

4.2.1　表面形貌和金相组织观察

对钢丝进行取样观察，样品经超声波清洗后用吹风机吹干，采用金相显微镜对其表面进行观察，结果见表4-5。

表4-5　五组不同退火工艺316不锈钢钢丝表面形貌

工艺	100×	200×
A	200μm	严重划伤 连续裂纹 100μm
B	200μm	裂纹 100μm

续表 4-5

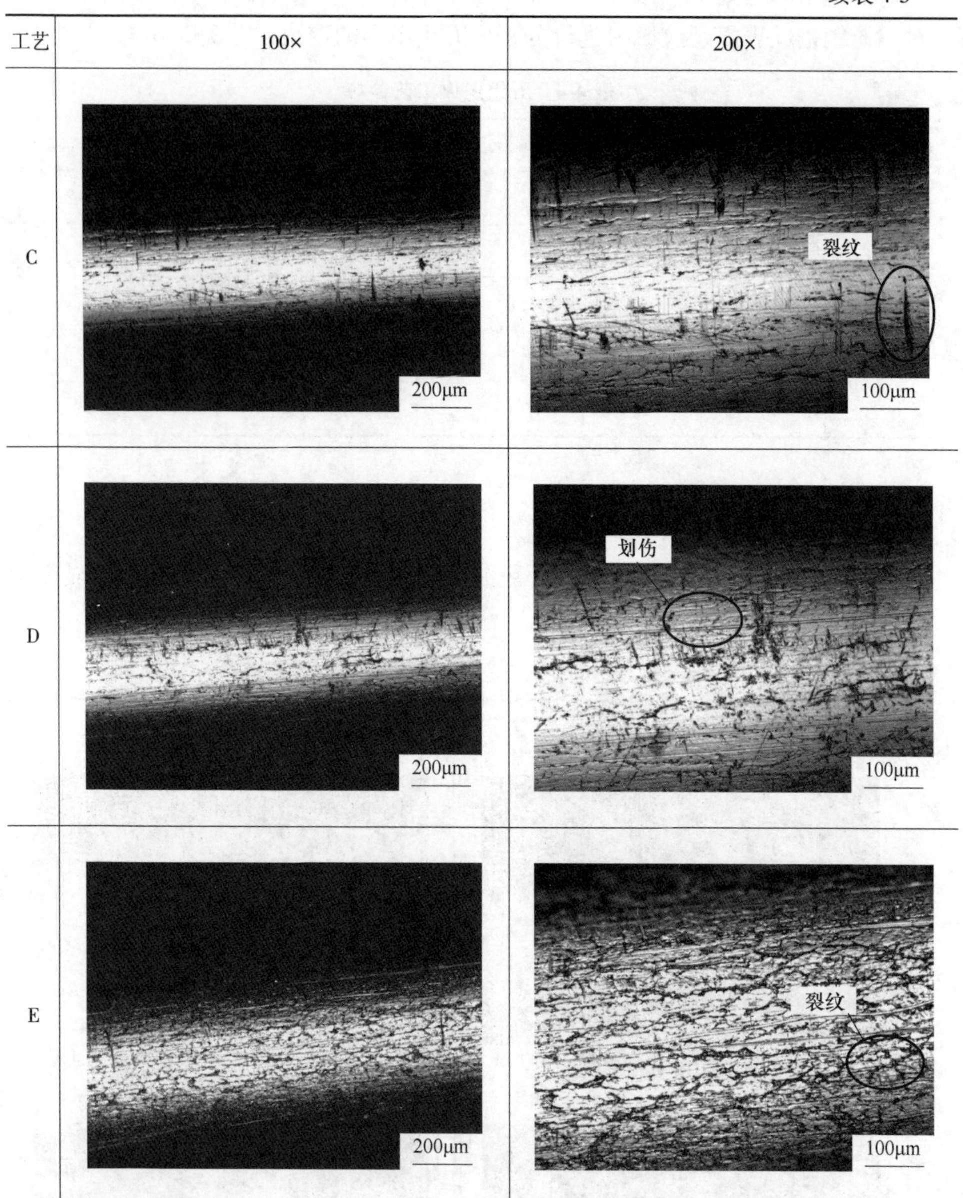

在不同的放大倍数下，对 5 组不同退火生产工艺 316 不锈钢钢丝的表面形貌（表 4-5）观察后发现：

工艺 A 表面划伤严重，划痕贯穿整个显微镜视场且深度较深，并且表面存在区域性的连续裂纹；工艺 B 表面虽然无较深的划伤存在，但表面凹坑及横向的轻微划痕较多；工艺 C 的表面裂纹较少且划痕较轻，但显微镜视场边部发现存在横向的划伤；工艺D的表面有明显的横向擦伤痕迹，沿拉拔方向存在划痕以及较多的裂纹；工艺E的表面存在大量裂纹，且存在翘皮的现象，有较深的划伤存在。

将5组不同退火工艺生产的316不锈钢钢丝线切割后镶嵌制成金相样品，用王水和甘油的混合溶液进行浸蚀，观察其横截面的金相组织，探究表面裂纹成因，结果见表4-6。

表4-6 5组退火工艺316不锈钢钢丝金相组织形貌

工艺	200×	500×
A	 100μm	 50μm
B	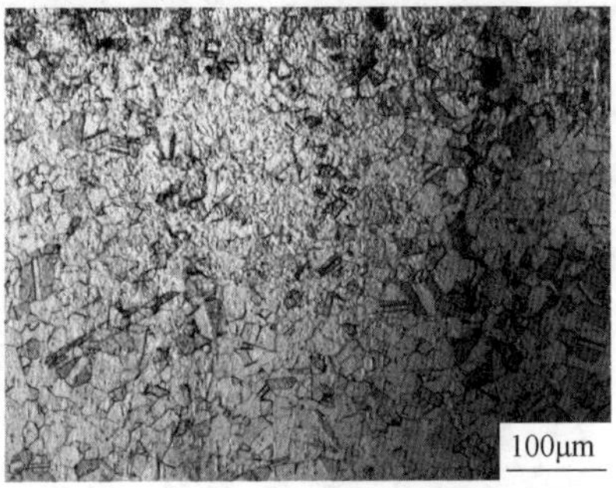 100μm	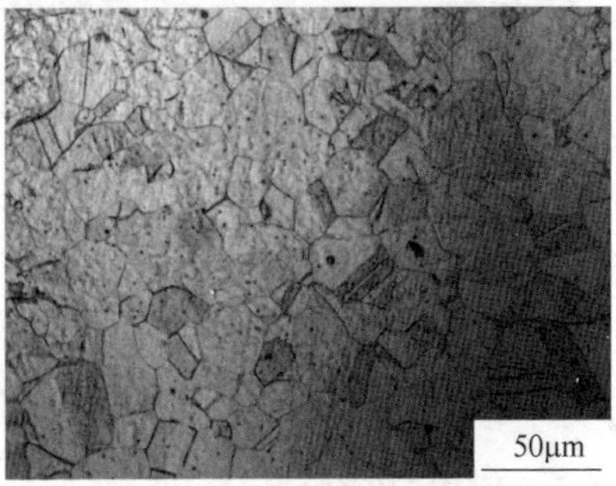 50μm
C	 100μm	 50μm

续表 4-6

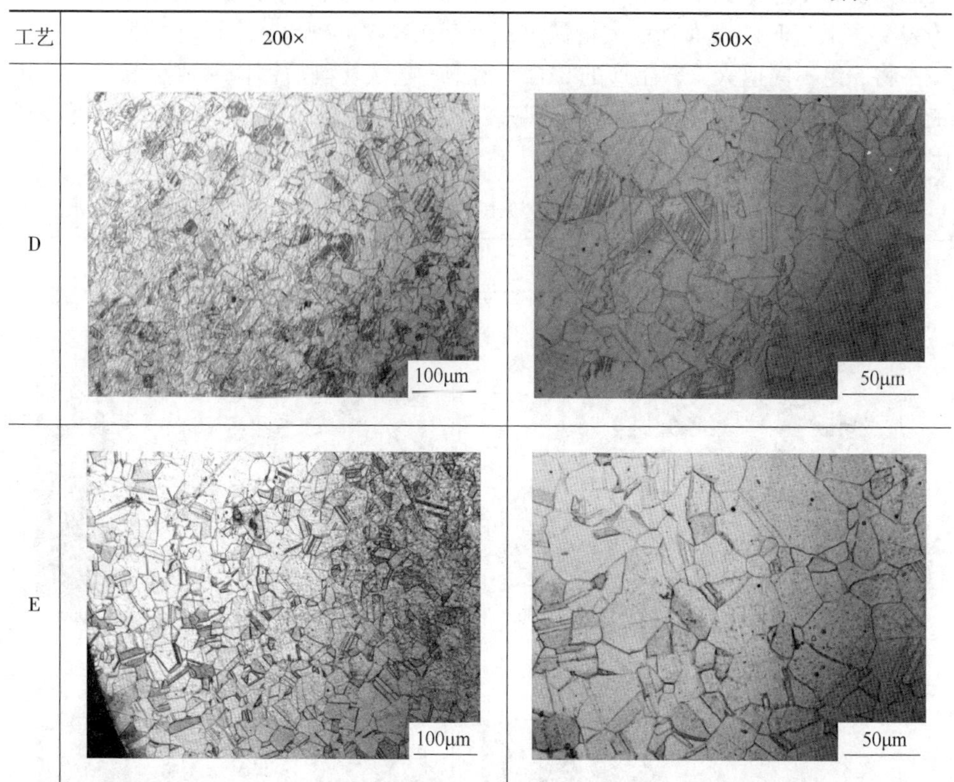

工艺	200×	500×
D	100μm	50μm
E	100μm	50μm

5 组试样的横向组织均为均匀的奥氏体组织，呈块状分布，同时存在一定数量的孪晶。经计算可知，5 组试样横截面平均晶粒尺寸分别为 36. 9μm、31. 1μm、28. 0μm、46. 3μm、44. 1μm，晶粒平均尺寸的变化规律符合退火温度越高，走线速度越慢、晶粒尺寸越大的规律。

4. 2. 2 EDS 能谱分析

对 5 组不同退火工艺的 316 不锈钢钢丝进行 EDS 能谱分析，进一步探究表面裂纹的形成原因。

图 4-7~图 4-11 所示分别为 5 组 316 不锈钢钢丝试样基体中的典型夹杂物。夹杂物在表面集中分布，呈椭球形，颜色呈暗灰色。夹杂物尺寸约为 15~20μm。根据 5 组样品夹杂物的 EDS 能谱分析结果可知，夹杂物中主要含有 O、S、Al、Ca、Si 等元素。夹杂物周围样品的加工硬化痕迹更加明显，且夹杂物的形变方向与加工变形方向大致相同。因此可以初步推断，夹杂物主要为 Al_2O_3、CaO、SiO_2、钙基硅酸盐及硫化物等，表明基体还是存在 Al_2O_3、CaO 等夹杂物。Al_2O_3、CaO 这类夹杂物完全没有塑性，在热加工时尺寸和形状都没有变化，它

们属于高熔点的夹杂物，在变形过程中与基体不协调。数量多且分布不均匀的夹杂物会明显降低钢的塑性和韧性，在之后的变形过程中容易出现缺陷，成为裂纹形核中心，导致后续表面裂纹的出现。

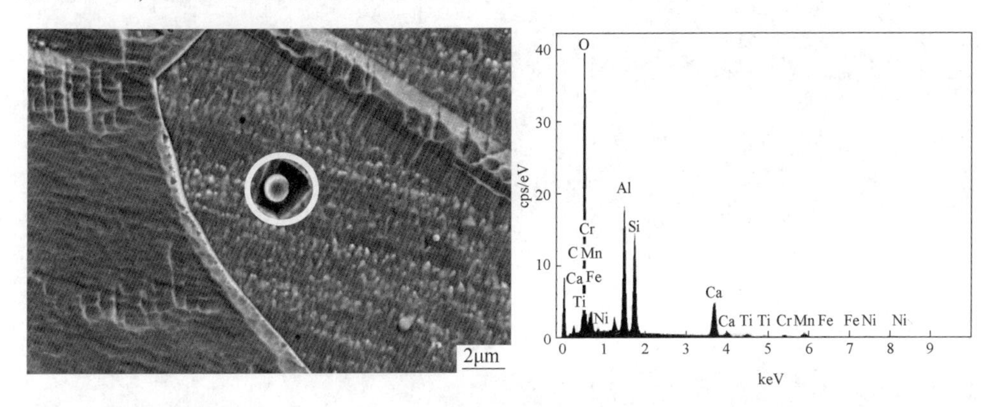

图4-7 工艺A钢丝夹杂物形貌及能谱分析

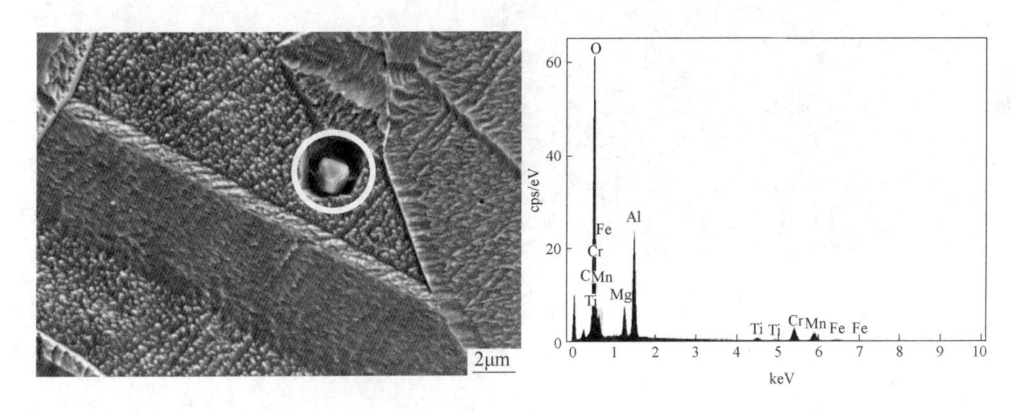

图4-8 工艺B钢丝夹杂物形貌及能谱分析

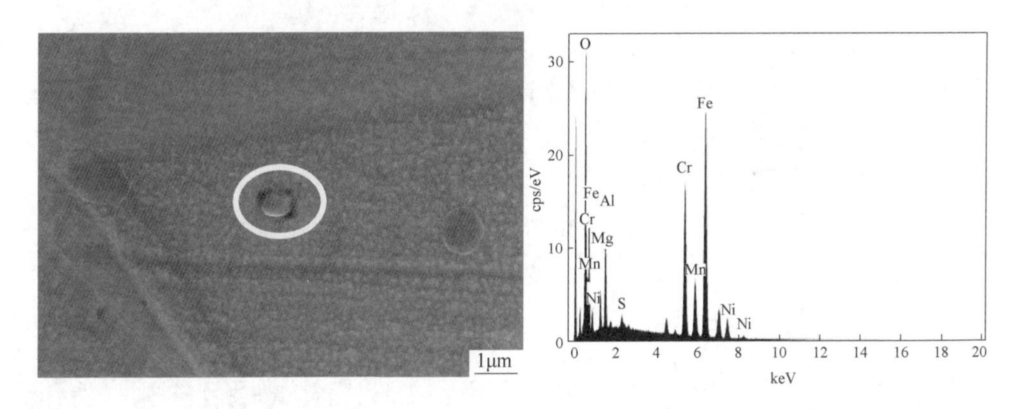

图4-9 工艺C钢丝夹杂物形貌及能谱分析

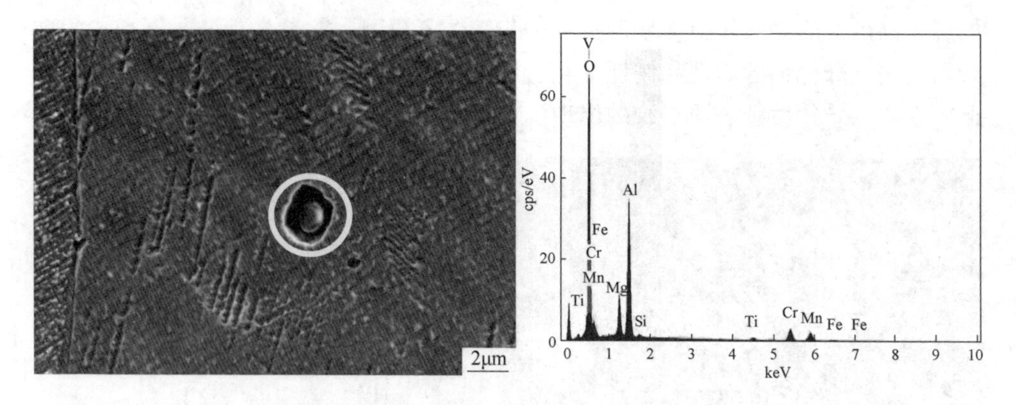

图 4-10 工艺 D 钢丝夹杂物形貌及能谱分析

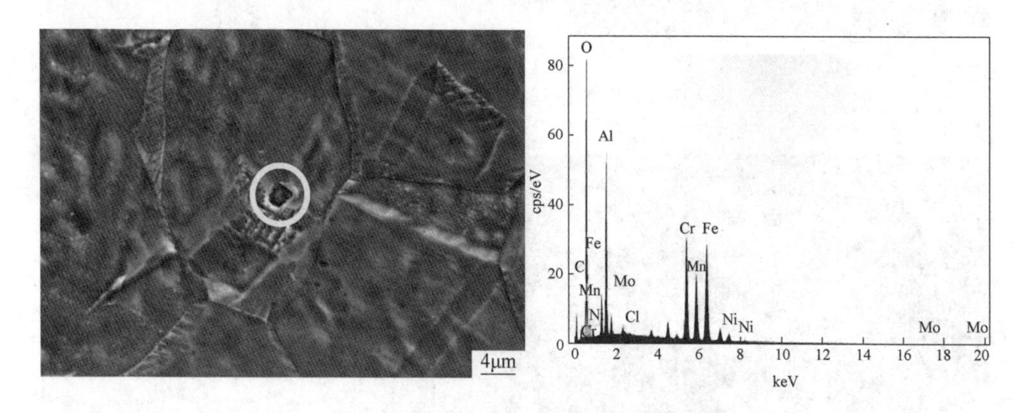

图 4-11 工艺 E 钢丝夹杂物形貌及能谱分析

4.2.3 硬度性能检测

对 5 组 316 不锈钢钢丝试样进行维氏硬度检测，压力载荷为 200gf（约 1.96N），加载时间为 15s。每个样品分别测量 10 个点，不同位置的维氏硬度数据见表 4-7，其中 D 工艺生产的不锈钢钢丝硬度最高，其他工艺生产出的线材硬度较低，与前期不锈钢钢丝表面形貌观察结果相对应，其他组硬度较低的不锈钢钢丝表面更易产生裂纹、擦伤、划伤等表面缺陷。

表 4-7 5 组退火工艺 316 不锈钢钢丝显微硬度数据（HV）

编号	1	2	3	4	5	6	7	8	9	10	平均
A	162	157	162	160	169	152	165	167	165	165	162.4
B	142	148	158	155	153	149	148	145	150	149	149.7

续表 4-7

编号	1	2	3	4	5	6	7	8	9	10	平均
C	174	159	164	157	161	159	170	166	163	154	162.7
D	292	346	340	237	267	275	274	284	268	291	287.4
E	161	150	162	173	155	168	171	163	164	170	163.7

4.3 430 铁素体不锈钢钢丝表面裂纹研究

4.3.1 金相组织观察

通过对 430 铁素体不锈钢钢丝采用王水浸蚀，在金相显微镜下观察其微观组织形貌，结果如图 4-12 所示。430 不锈钢钢丝拉拔后进行退火处理，发生完全再结晶，晶粒尺寸大小均匀，铁素体晶粒尺寸为 20~30μm。

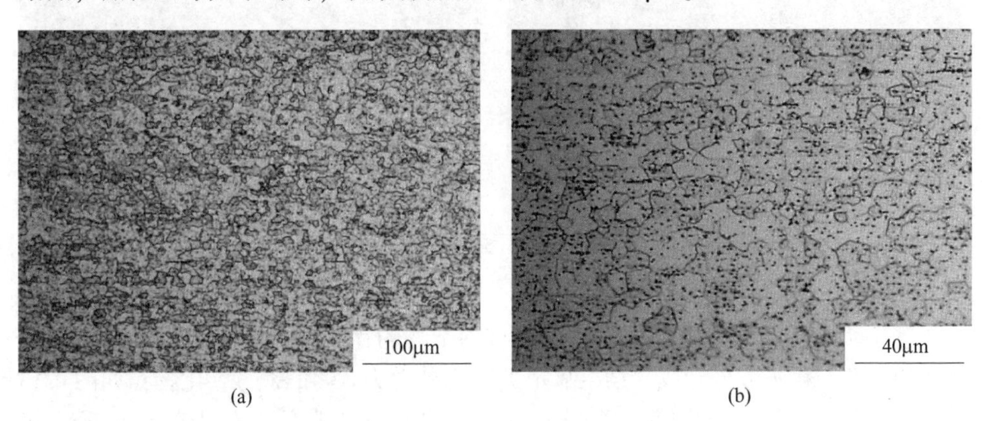

(a) (b)

图 4-12 430 铁素体不锈钢钢丝试样金相显微组织形貌
(a) 200×；(b) 500×

4.3.2 扫描电镜观察

在扫描电镜下观察试样的组织形貌，在铁素体晶粒内部发现大量的颗粒或球状碳化物，分布比较均匀，如图 4-13 所示。碳化物在铁素体不锈钢中的存在是无法完全避免的，对不锈钢耐蚀性、韧性、缺口敏感性等的影响很大。

通过扫描电镜观察钢丝表面裂纹的形貌，结果如图 4-14 所示，在图 4-14（a）的裂纹区域可以清楚观察到一条较长的裂纹，同时在图 4-14（b）的非裂纹区域观察到一些不连续细微裂纹的存在。

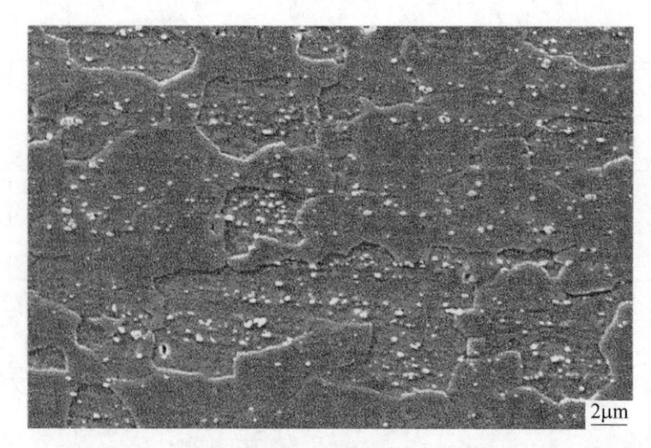

图 4-13 430 铁素体不锈钢钢丝试样基体组织形貌

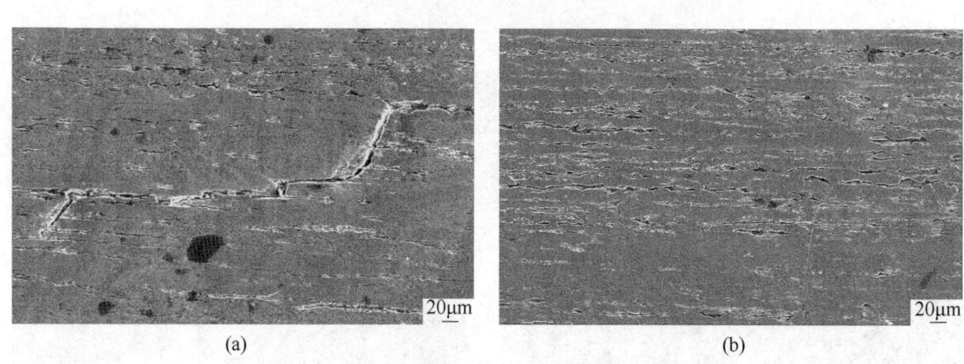

图 4-14 430 铁素体不锈钢钢丝试样裂纹形貌
（a）裂纹区图像；（b）非裂纹区形貌

进一步观察基体和裂纹区域，发现有夹杂物的存在，通过能谱分析裂纹区域出现的夹杂物粒子成分构成，结果显示夹杂物种类为 Al 和 Si 的氧化物，如图 4-15 和图 4-16 所示。可以判断裂纹的产生是由于非金属夹杂物在外力的作用下无法与周围组织协同变形，形成裂纹源，扩展形成裂纹。

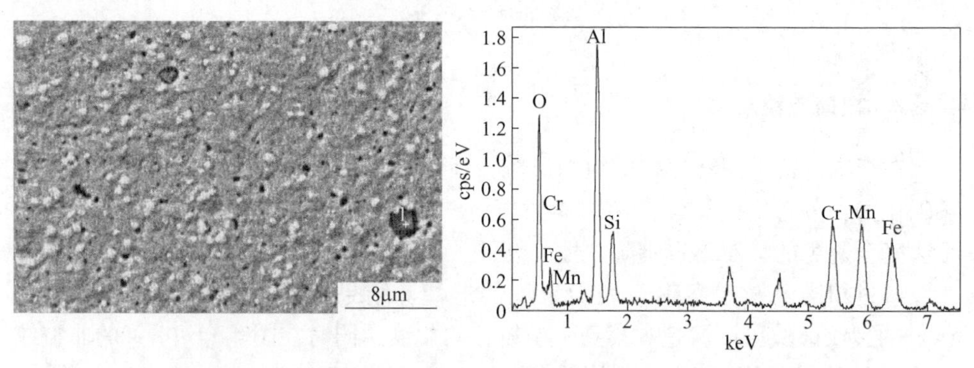

图 4-15 430 铁素体不锈钢钢丝试样夹杂物粒子成分（1）

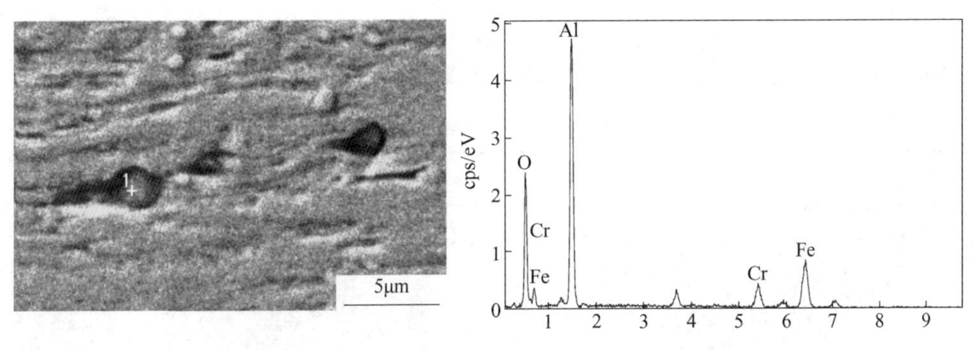

图 4-16　430 铁素体不锈钢钢丝试样夹杂物粒子成分（2）

4.4　446 铁素体不锈钢钢丝表面裂纹研究

4.4.1　宏观形貌和金相组织观察

446 铁素体不锈钢钢丝试样为 ϕ8.0mm 的原料钢丝、ϕ3.2mm 和 ϕ2.3mm 的成品钢丝。ϕ8.0mm 的原料钢丝未经过酸洗、去皮等工艺处理，ϕ3.2mm 和 ϕ2.3mm 的成品钢丝经过 10%盐酸酸洗处理。观察试样表面形貌，可以清晰观察到两种表面裂纹的存在，一种是单条裂纹均匀分布在试样表面，如图 4-17 所示；另一种是两条平行的裂纹相邻，如图 4-18 所示。

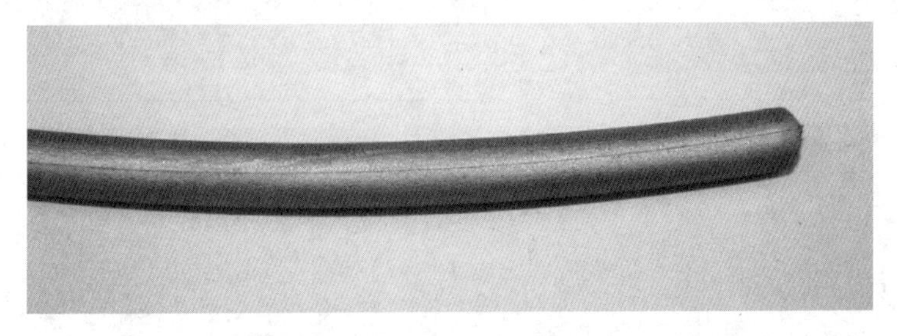

图 4-17　446 铁素体不锈钢钢丝试样表面单条裂纹形貌

图 4-18　446 铁素体不锈钢钢丝试样表面平行裂纹形貌

通过对 446 铁素体不锈钢钢丝试样采用醋酸硝酸盐酸混合溶液（醋酸 5mL+硝酸 5mL+盐酸 15mL），在金相显微镜下观察其微观组织形貌，结果见表 4-8。

表 4-8 446 铁素体不锈钢钢丝试样金相组织形貌对比

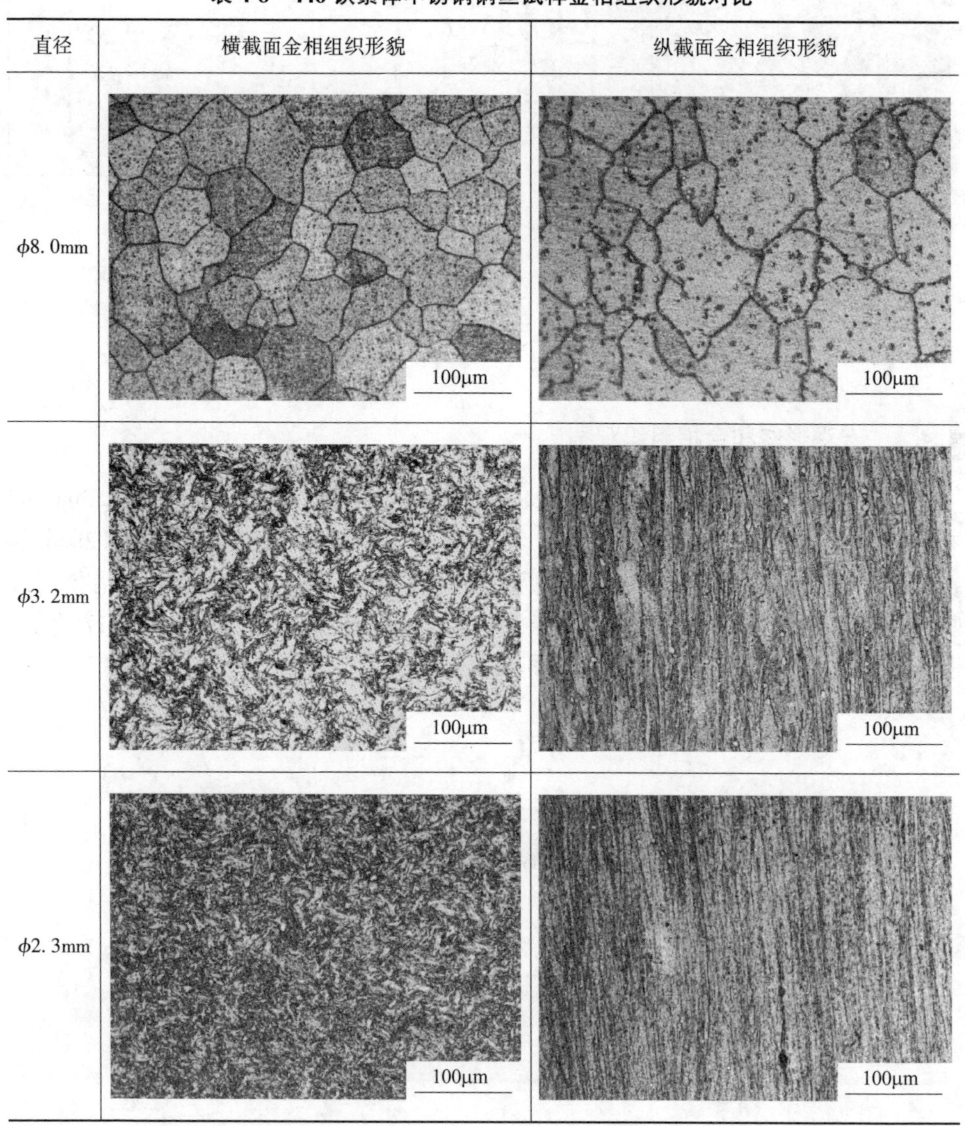

直径	横截面金相组织形貌	纵截面金相组织形貌
ϕ8. 0mm	100μm	100μm
ϕ3. 2mm	100μm	100μm
ϕ2. 3mm	100μm	100μm

通过观察金相组织的形貌可以看出，ϕ8. 0mm 的原料钢丝的横纵截面金相组织为等轴的铁素体晶粒，晶粒尺寸为 55. 4μm。钢丝经过多道次拉拔后晶粒被明显拉长，最终沿加工方向呈现纤维组织，纤维组织的存在对钢丝的性能产生影响，使其强度提高、塑性降低。经过多道次拉拔至 ϕ3. 2mm 和 ϕ2. 3mm 后，晶粒变形明显，晶粒尺寸明显变小，最终沿加工方向呈现为纤维状组织。

4.4.2 表面横向裂纹对比

图4-19所示为在显微镜下观察到的 ϕ8.0mm 原料钢丝表面的横向裂纹。经过对多张金相照片的裂纹深度进行测量，得到原料表面的横向裂纹深度最深为76.3μm，最浅为17.2μm，平均为33.1μm。

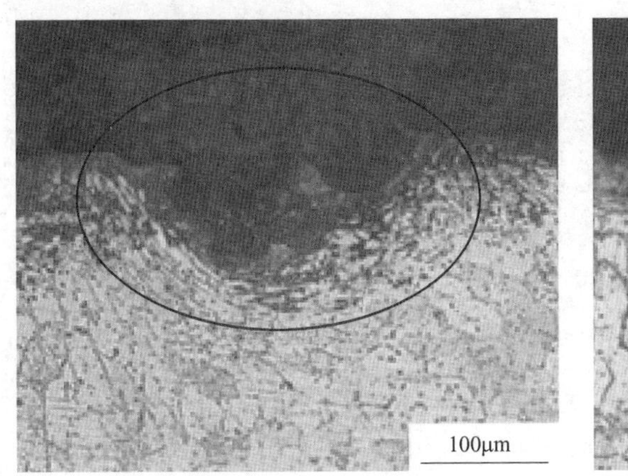

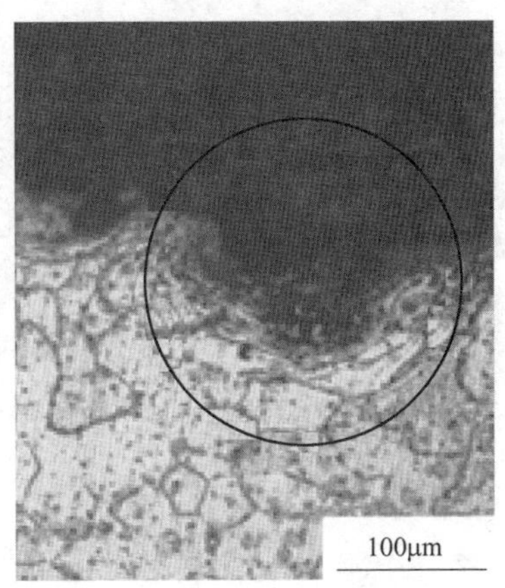

图4-19 ϕ8.0mm 原料钢丝表面不同位置的横向裂纹

图4-20所示为显微镜下观察到的 ϕ3.2mm 成品钢丝表面的横向裂纹。经过对多张金相照片的裂纹深度进行测量，得到原料表面的横向裂纹深度最深为33.2μm，最浅为17.1μm，平均为21.9μm。经过多道次拉拔之后裂纹深度比原料的33.1μm减小了约11μm。

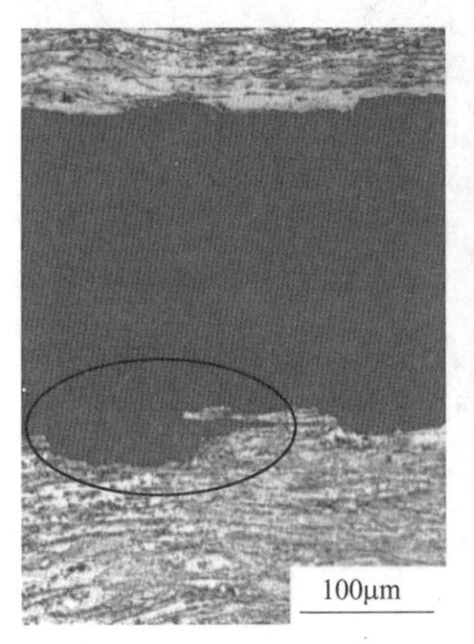

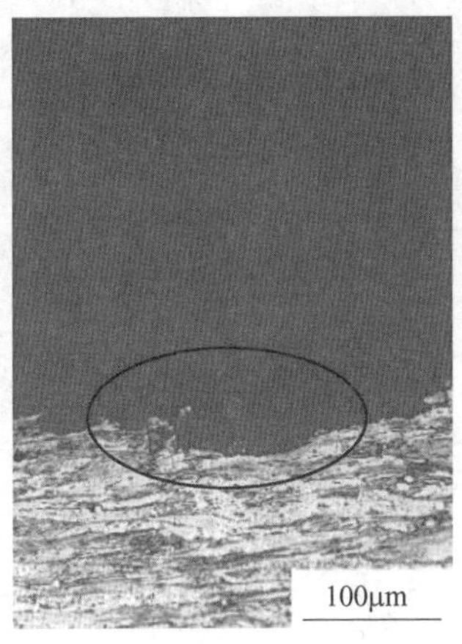

图4-20 ϕ3.2mm 成品钢丝表面不同位置的横向裂纹

图 4-21 所示为显微镜下观察到的 ϕ2. 3mm 成品钢丝的横向表面裂纹。经过对多张金相照片的裂纹深度进行测量，得到原料表面的纵向裂纹深度最深为 33. 4μm，最浅为 15. 2μm，平均为 17. 9μm。经过多道次拉拔之后裂纹深度比原料的 33. 1μm 减小了约 15μm。

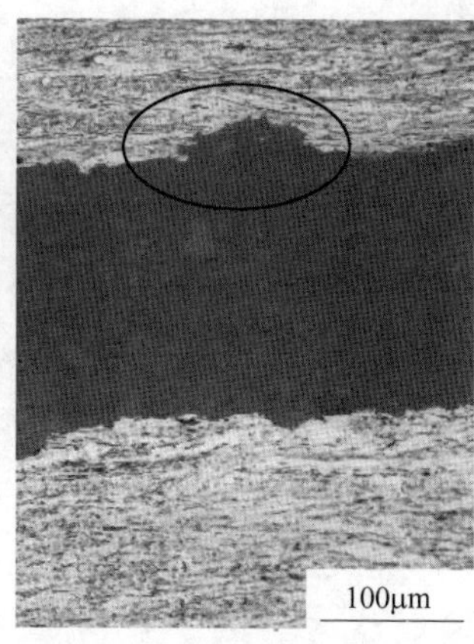

图 4-21 ϕ2. 3mm 成品钢丝表面不同位置的横向裂纹

4. 4. 3 表面纵向裂纹对比

图 4-22 所示为在显微镜下观察到的 ϕ8. 0mm 原料钢丝的表面纵向裂纹。经过对多张金相照片的裂纹深度进行测量，得到原料表面的纵向裂纹深度最深为 50. 0μm，最浅为 16. 4μm，平均为 38. 1μm。

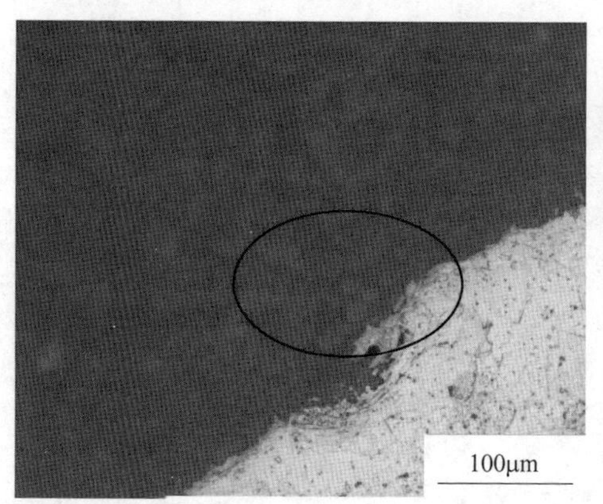

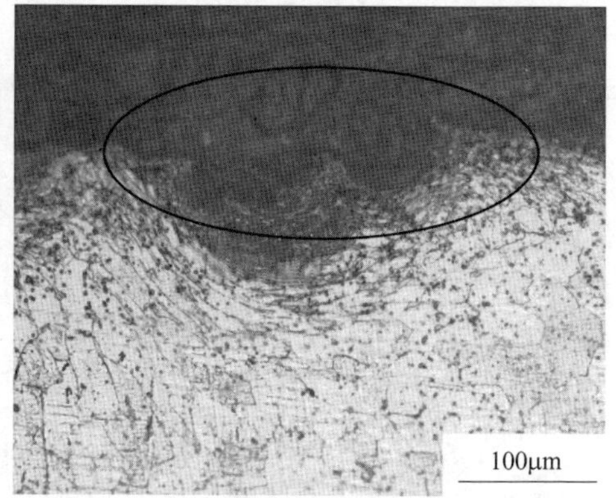

图 4-22 ϕ8. 0mm 原料钢丝表面不同位置的纵向裂纹

图 4-23 所示为显微镜下观察到的 ϕ3. 2mm 成品钢丝的表面纵向裂纹。经过对多张金相照片的裂纹深度进行测量，得到原料表面的纵向裂纹深度最深为

174.2μm，最浅为16.7μm，平均深度为33.9μm。经过多道次拉拔之后平均裂纹深度与原料相比有一定的减小，但幅度很小。

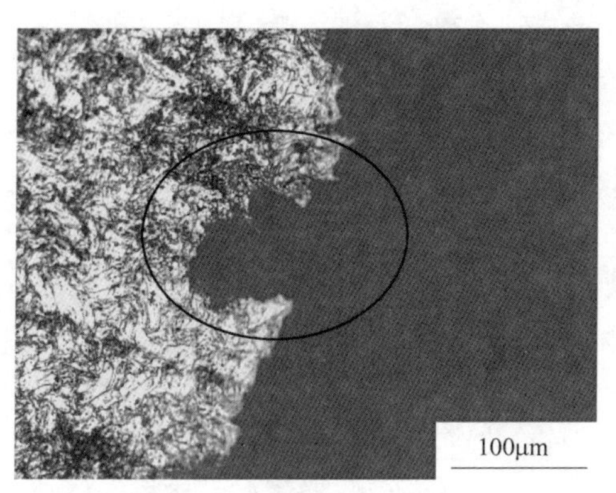

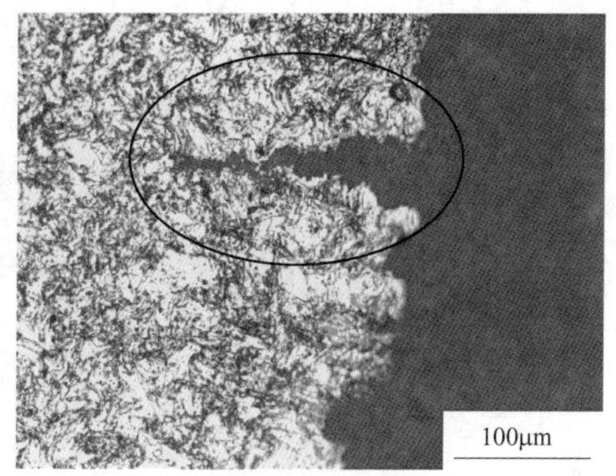

图 4-23 ϕ3.2mm 成品钢丝表面不同位置的纵向裂纹

图4-24所示为显微镜下观察到的ϕ2.3mm成品钢丝的表面纵向裂纹。经过对多张金相照片的裂纹深度进行测量，得到原料表面的纵向裂纹深度最深为29.5μm，最浅为13.5μm，平均为21.3μm。经过多道次拉拔之后裂纹深度较原料有一定的减小。

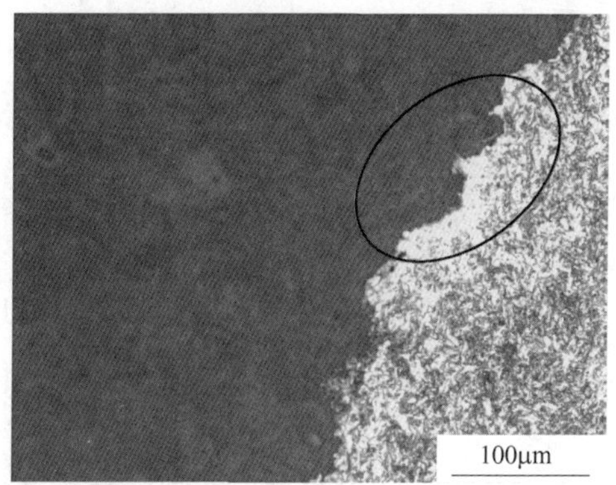

图 4-24 ϕ2.3mm 成品钢丝表面不同位置的纵向裂纹

钢丝表面裂纹的存在对于钢丝深加工产品影响极大，不仅导致产品的表面质量不符合要求而影响使用，同时表面裂纹极易成为疲劳裂纹的裂纹源，降低产品的使用寿命。

430铁素体不锈钢钢丝试样金相组织为铁素体组织，在裂纹区域发现Al和Si的氧化物的夹杂物，夹杂物在外力作用下无法与周围组织协同变形，形成裂纹源，扩展形成裂纹。

446 铁素体不锈钢钢丝试样的表面裂纹分为横向裂纹和纵向裂纹两种。两种裂纹在拉拔过程中的变化不完全相同。对于横裂，其产生原因可能是由于钢质不良、钢丝中存在不适宜冷拔的显微组织、酸洗氢脆或者润滑不良。

根据文献介绍，如图 4-25 所示，当最初的裂纹是不对称的 V 形，通过 3 个道次的拉拔，裂纹有移动的趋势，*AB* 面逐渐上移至钢丝表面，而 *BC* 面呈斜面状逐渐逼近 *AB* 面，形成重叠的裂纹，但裂纹深度明显减小。

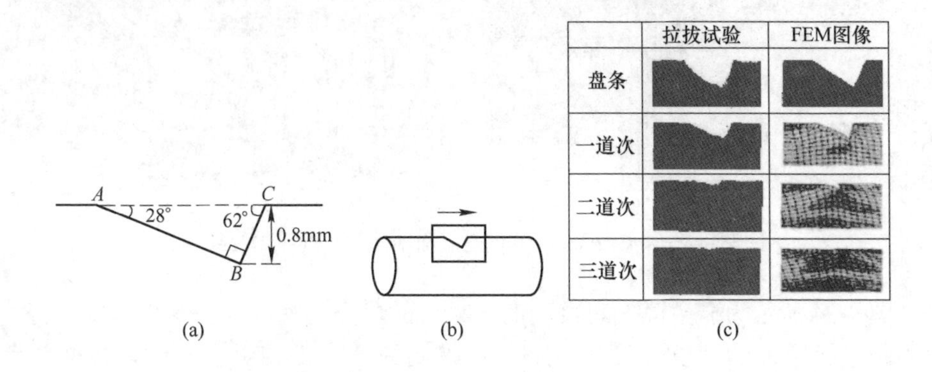

图 4-25 拉拔过程中的表面缺口实验分析

（a）缺口形状尺寸；（b）拉拔方向；（c）各拉拔道次及扫描图像分析

如果最初是横向的 U 形裂纹，用 h 表示 U 形裂纹的深度，当 h 较小的时候，经过较少道次拉拔即能将裂纹完全消除，如图 4-26 所示；当 h 较大的时候，通过拉拔工艺不能将裂纹完全消除，会在拉拔过程中形成重叠裂纹，如图 4-27 所示。

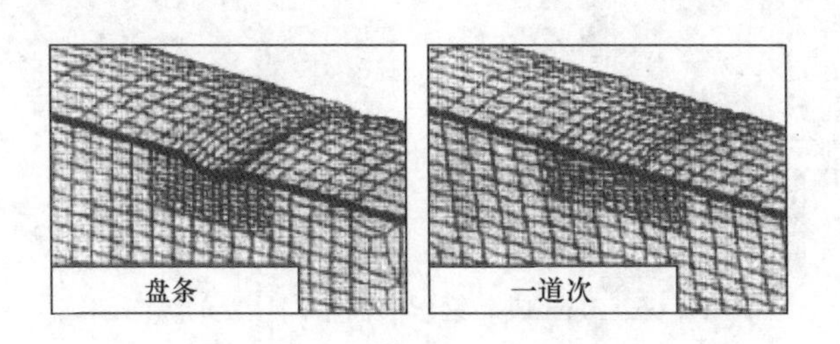

图 4-26 拉拔过程中的表面缺口实验分析

446 铁素体不锈钢钢丝样品中，在 ϕ8mm 原料与 ϕ3. 2mm 和 ϕ2. 3mm 成品钢丝表面均发现横裂存在，裂纹形态基本相同，与钢丝轴向成交角，裂口成搓衣板状。对比三种样品的横裂的裂纹深度，随着拉拔过程的进行，平均裂纹深度从 33. 1μm 不断减小至 ϕ3. 2mm 的 21. 9μm，ϕ2. 3mm 为 17. 9μm。

对于纵向裂纹，从其产生原因的角度来看，直线型纵向裂纹实际上可细分为

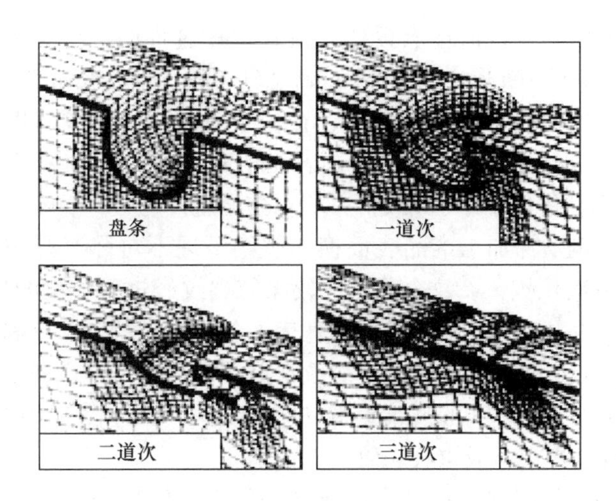

图 4-27 拉拔过程中的表面缺口实验分析

三种：(1) 实为折叠；(2) 实为划伤；(3) 真正的裂纹。在这三种裂纹中，主要是折叠和划伤，真正的裂纹较少。纵向裂纹的产生一方面是由于在轧制过程中，因设备安装不精确或者轧制规程导致轧件出现单侧或双侧耳子，在后续深加工过程中被轧折形成折叠，或是钢锭和钢材表面的凹凸不平及尖锐的棱角等在轧制过程中叠附在钢材上，酸洗后表现为两条平行连续裂纹或单条连续裂纹；另一方面是轧制过程中，轧件被导卫或导槽以及其他加工设备上的凸点严重划伤，在后续的加工过程中无法消除，形成了单条连续的裂纹。

将钢丝纵裂处制成横向金相试样，观察发现绝大多数的裂纹实际上就是折叠和划伤。该 446 铁素体不锈钢钢丝样品中，在 ϕ8mm 原料钢丝和 ϕ3.2mm、ϕ2.3mm 成品钢丝表面均发现纵向裂纹的存在，基本表现为折叠和划伤，较大深度的裂纹在整个实验过程中只观察到一条，深度达 174.2μm。在拉拔过程中，纵向裂纹的深度也在不断减小，由 ϕ8mm 原料的 38.1μm 减小至 ϕ3.2mm 的 33.9μm，ϕ2.3mm 为 21.3μm。而无论是横向还是纵向裂纹，先用扒皮机等设备除去钢丝的表面缺陷，然后再进行数道次反复拉拔，是生产具有较高表面质量、高疲劳寿命钢丝的有效方法。

对 430 铁素体不锈钢钢丝和 446 铁素体不锈钢钢丝的表面裂纹问题进行了研究。观察裂纹的形态，分析产生原因，根据文献提供的有限元模拟理论和方法研究裂纹在拉拔过程中的演变规律。

(1) 430 铁素体不锈钢钢丝试样金相组织为铁素体组织，在裂纹区域发现 Al 和 Si 的氧化物的夹杂物，夹杂物在外力作用下无法与周围组织协同变形，形成裂纹源，扩展形成裂纹。

(2) 446 铁素体不锈钢钢丝试样金相组织为铁素体组织，表面横向裂纹形态与钢丝轴向成交角，裂口成搓衣板状，随着拉拔过程的进行，平均裂纹深度从ϕ8.0mm 的 33.1μm 不断减小至ϕ3.2mm 的 21.9μm，ϕ2.3mm 为 17.9μm；表面纵向裂纹绝大多数表现为折叠和划伤，在拉拔过程中，裂纹深度从ϕ8.0mm 的 38.1μm 减小至ϕ3.2mm 的 33.9μm，ϕ2.3mm 为 21.3μm，除存在夹杂物外，轧制设备的安装和使用不精确可导致折叠和划伤出现。

（3）不锈钢钢丝深加工产品表面横向裂纹呈现不对称 V 形裂纹时，深度较浅的通过 1~2 道次拉拔，裂纹会消失；较深的裂纹经过多道次的拉拔，"V"的两个平面中较长的一面会逐渐上移至钢丝表面，而较短的一面呈斜面状逐渐逼近较长面，形成一个重叠的裂纹，但是裂纹深度明显减小。当最初呈现的是 U 形裂纹时，宽度越大，深度越浅的裂纹更容易在反复拉拔的过程中消除，而较深的裂纹仍然会在拉拔过程中形成重叠裂纹。

（4）不锈钢钢丝深加工产品表面纵向裂纹在多道次拉拔过程中不能完全消除，只能在一定程度上减小裂纹深度。

4.5 表面裂纹原因及控制

在材料制造、零部件加工以及结构的服役过程中都有可能会形成和产生裂纹，它是一种常见的缺陷模式，对结构的安全运行会造成相当程度的危害。钢丝表面裂纹对随后的冷镦或在交变应力下服役的疲劳寿命影响很大。盘条或钢丝表面的裂纹是在铸造、热轧、运输过程中产生的，或者是由于不正确的缠绕方式。

目前针对表面裂纹没有明确的解决办法，并且也很少有关于拉拔钢丝表面裂纹的报道，而在实际生产过程中要生产出完全没有表面缺陷的钢丝非常困难。根据文献介绍，在实际研究过程中通常采用有限元模拟的方法来模拟多道次拉拔中线材表面裂纹缺陷的变化。主要确定在拉拔过程中横裂的生长和消除；利用除去了缺陷的线材拉拔，探讨缺陷的消失行为。

裂纹的形成原因往往较为复杂，包括材料设计上存在的不合理、选材不当、材质问题、制造工艺不当以及服役和维护过程中造成的各种损伤等原因。因此，应通过一定的方法和技术对结构件中产生的裂纹进行分析研究，确定裂纹产生的原因。对裂纹进行检测和分析，一般包括以下几个方面：通过采用适当的无损检测技术检测出结构中可能存在的裂纹，对其进行定性、定量表征及评价，称为裂纹的宏观检查分析；根据裂纹在结构件中所处的位置及其应力状态，结合加工工艺和使用条件找出裂纹产生的原因，称为裂纹部位的力学分析；采用合适的方法对裂纹进行微观分析，包括光学金相分析和电子金相分析，进一步确定裂纹性质和产生的原因，称为裂纹的微观检查分析。

参 考 文 献

[1] 钟群鹏，周煜，张峥. 裂纹学［M］. 北京：高等教育出版社，2014.

[2] 邢献强. 冷拔钢丝表面裂纹形态及成因［J］. 钢铁，1998，33（3）：51-54.

[3] 朱龙，姜钧普. 钢丝拉拔中断裂问题的探讨［J］. 天津冶金，2000（1）：1-7.

[4] 梁剑雄，刘振宝，杨志勇. 高强不锈钢的发展与应用技术［J］. 宇航材料工艺，2013（3）：1-11.

[5] 高峰，巩建鸣，姜勇，等. 316L 奥氏体不锈钢低温气体渗碳后的表面特性［J］. 金属热处理，2014，39（12）：102-106.

5 不锈钢钢丝断裂成因分析及控制

5.1 201Cu1 低镍不锈钢钢丝断裂失效分析

本节检验分析的试样为 201Cu1 不锈钢钢丝试样，丝径为 2.0mm。图 5-1 所示为不锈钢钢丝样品实物。201 不锈钢 Ni 含量较低，Mn 含量较高，与 304 不锈钢相比耐蚀性较差，较容易生锈，但通常表面很光亮，价格便宜。通常用于拉拔的 201 不锈钢钢丝材需具备良好的强韧性和疲劳强度。

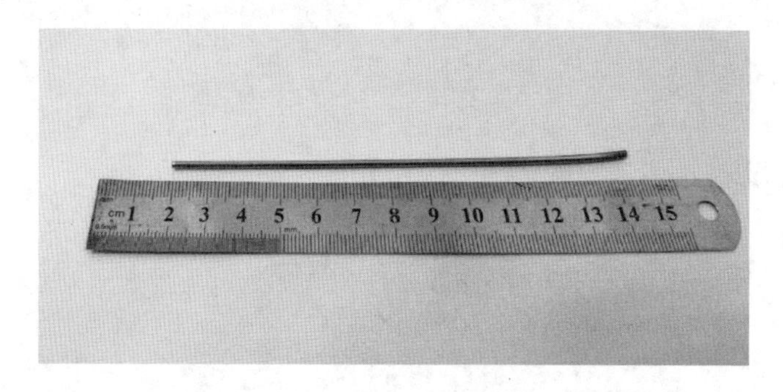

图 5-1 201Cu1 不锈钢钢丝断裂样品实物

拟采用金相显微镜、场发射扫描电子显微镜对试样的显微组织进行观察，结合 EDS 能谱分析技术分析元素组成情况，并对不锈钢钢丝断口的形貌进行观察，最后对其截面上的显微硬度进行测量。

实验材料为 201Cu1 不锈钢钢丝断裂试样，在试样靠近断口位置处取样，企业提供的成分见表 5-1。

表 5-1 201Cu1 不锈钢化学成分 (wt. %)

成分	C	Mn	Si	P	S	Ni	Cr	Cu	Mo	N
含量	0.046	7.52	0.35	0.034	0.0033	4.04	16.14	1.15	0.22	0.130

钢丝的表面缺陷、内部夹杂物、热处理工艺、拉拔工艺都可能导致钢丝质量性能分布不合理，从而引起在拉拔中断裂失效。这其中由于夹杂物的存在而引起的断裂较为常见。

高锰奥氏体钢的变形阻力较大，且钢材中柱状结晶明显，锻轧时较易开裂。随锰含量的增加，钢的热导率急剧下降，线膨胀系数上升，使快速加热或冷却时形成较大内应力，工件开裂倾向增大。

5.1.1 显微组织形貌观察

首先使用金相显微镜对 201Cu1 不锈钢钢丝断裂位置附近的组织进行显微组织观察。图 5-2 所示为 ϕ2.0mm 试样的金相组织形貌。试样的基体组织主要为块状的奥氏体晶粒，晶粒尺寸在 10~25μm，还可以观察到少量变形的奥氏体晶粒。

(a) (b)

图 5-2 201Cu1 不锈钢钢丝金相组织
(a) 200×；(b) 500×

5.1.2 SEM 观察及 EDS 能谱分析

对 201Cu1 不锈钢钢丝试样进行 SEM 组织观察，结果如图 5-3 所示。

图 5-3 (a)~(d) 分别为 500×、1000×、2000×、5000×下的不锈钢钢丝的 SEM 照片。通过 SEM 观察可以发现，不锈钢钢丝的块状奥氏体基体中存在大量夹杂物和孔洞缺陷，夹杂物的形貌以尖锐的团块状为主，大小在 1~2μm。线材中夹杂物的存在，破坏了组织的连续性，为显微裂纹的形核与长大提供了物质基础。当受到外力作用时，在夹杂物的尖锐处率先产生附加的应力集中，如若夹杂物位置处于原奥氏体晶界交界处，那么在冷变形过程中就会严重影响位错运动，致使该处产生更为剧烈的应力集中，当应力集中增大到一定程度时，就会从夹杂物与不锈钢基体交界处产生裂纹，当裂纹达到失稳状态尺寸，就会发生瞬断。

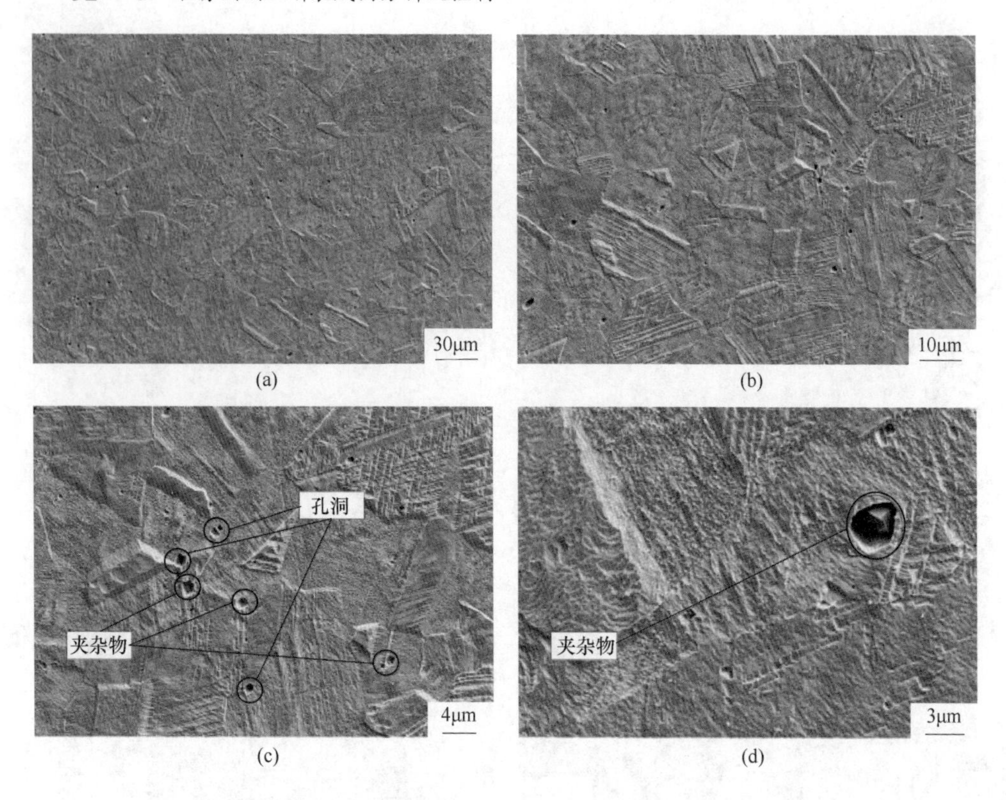

图 5-3 201Cu1 不锈钢钢丝的 SEM 照片
（a）500×；（b）1000×；（c）2000×；（d）5000×

对不锈钢钢丝试样基体中存在的夹杂物进行 EDS 点扫描，分析其元素组成情况，结果如图 5-4、图 5-5 和表 5-2、表 5-3 所示。可以看出夹杂物的成分中富集了 Al、Mn、O 元素，查阅企业所提供的成分表对比发现，并没有 Al、O 两种元素添加，Mn 元素含量明显高于企业所提供含量，Al_2O_3 夹杂物呈圆润的椭球形，MnO 夹杂物为尖锐的狭长形，Al 元素是不锈钢生产冶炼过程中不可或缺的

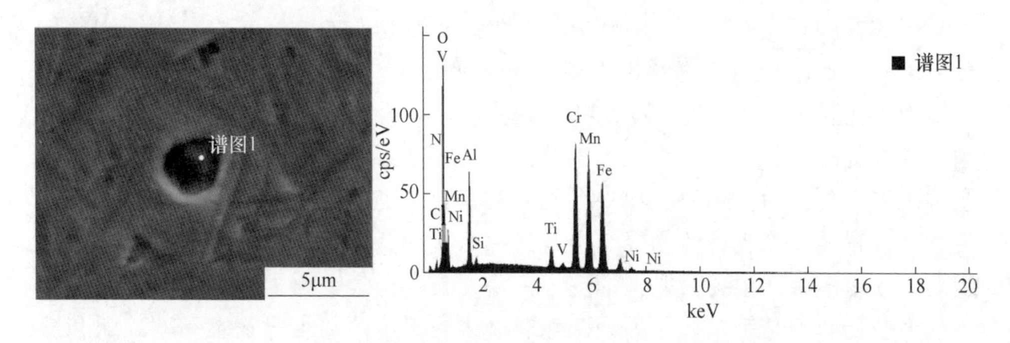

图 5-4 201Cu1 不锈钢钢丝试样夹杂物 EDS 点扫描分析结果（1）

脱氧剂，而易氧化 Mn 元素原本就可能大量聚集于基体中，难免会在脱氧反应过程中生成 Al_2O_3、MnO 而留存在钢液中。夹杂物的存在会破坏基体组织的连续性，同时会为裂纹提供有利的形核位点，夹杂物附近较大的应力集中更会加快裂纹扩展速率。

表 5-2 201Cu1 不锈钢钢丝试样夹杂物化学成分（1） （%）

元素	C	O	Al	Si	Ti	Cr	Mn	Fe	Ni	N	V	Totals
质量分数	2.78	19.04	6.55	0.47	2.26	19.75	20.79	20.32	1.05	6.70	0.29	100.00
原子分数	6.90	35.51	7.24	0.50	1.41	11.33	11.29	10.85	0.53	14.28	0.17	100.00

图 5-5 201Cu1 不锈钢钢丝试样夹杂物 EDS 点扫描分析结果（2）

表 5-3 201Cu1 不锈钢钢丝试样夹杂物化学成分（2） （%）

元素	O	Al	Si	Ti	Cr	Mn	Fe	Ni	C	V	Cu	Totals
质量分数	21.86	9.27	0.38	2.46	14.94	18.06	26.02	1.22	5.11	0.23	0.46	100.00
原子分数	41.22	10.36	0.41	1.55	8.67	9.92	14.06	0.63	12.83	0.14	0.22	100.00

5.1.3 断口 SEM 观察

图 5-6 所示为企业提供的 201Cu1 不锈钢钢丝发生断裂处的断口 SEM 照片。从断口的扫描电镜照片可以看出，不锈钢钢丝的断口呈现出杯锥状，表明在拉拔过程中金属的表面与内部的变形程度不一致，芯部金属变形小，在钢丝的轴向方向上表层金属产生了附加压应力而芯部金属产生附加拉应力，另外，在断口截面发现尖锐团块状的夹杂物，根据上文分析推测可能为 Al_2O_3 和 MnO 夹杂。夹杂物等缺陷的存在使得钢丝在冷拔过程的剧烈变形中产生应力集中，这样轴线上的芯部拉应力和应力集中使钢丝极易产生微裂纹，并迅速扩展至断裂失效。

图 5-6 201Cu1 不锈钢钢丝断口处 SEM 形貌观察

(a) 100×；(b) 500×

5.1.4 显微硬度检测

图 5-7 所示为实测的 201Cu1 不锈钢钢丝横截面上的显微硬度。选取 20 个点位进行测量，平均硬度在 391HV，标准差 53HV。可以看出，显微硬度的分布并不均匀，不同位置存在一定的差异。

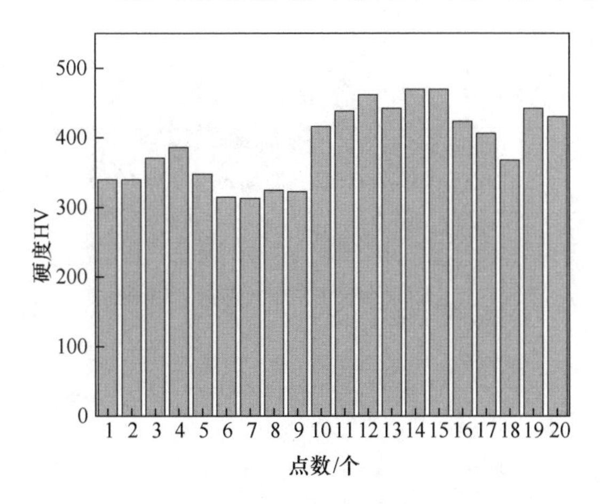

图 5-7　201Cu1 不锈钢钢丝横截面上的显微硬度

5.2　303Cu 奥氏体不锈钢钢丝生产过程中的断裂分析

303Cu 不锈钢（Y1Cr18Ni9Cu），通过添加 Cu 元素和少量的硫、磷元素使其较 304 更易切削加工，其他性能与 304 相似，但是防腐性能较差。钢中添加 S、P 元素，提高了切削性、耐烧蚀性，最适合用于自动车床、铆钉、螺钉。在实际生产过程中，ϕ1.76mm 及 ϕ1.3mm 两种型号的钢丝出现异常断裂情况，另有 303Cu 奥氏体不锈钢钢丝在生产过程中出现撕裂情况。表 5-4 为 303Cu 奥氏体不锈钢钢丝的化学成分。图 5-8 所示为来料的宏观形貌。现根据企业提供的原料，从金相组织、断口形貌等方面分析 303Cu 奥氏体不锈钢钢丝断裂及撕裂的原因。

表 5-4　303Cu 奥氏体不锈钢钢丝化学成分　（wt.%）

成分	C	Si	Mn	P	S	Cr	Ni	Cu
含量	≤0.15	≤1.00	≤3.00	≤0.20	≥0.15	17.00~19.00	8.00~10.00	1.50~3.50

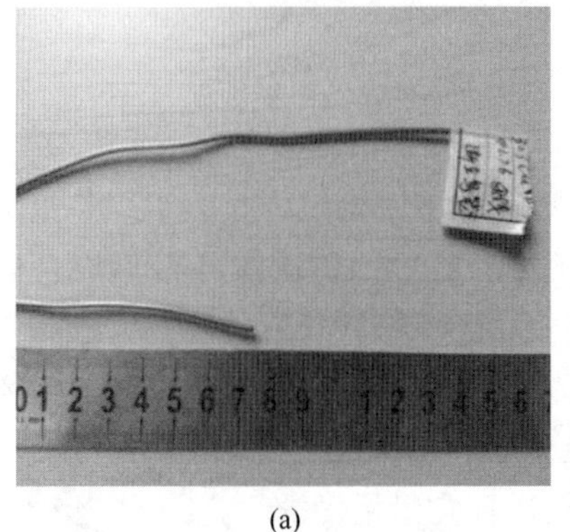

(a)

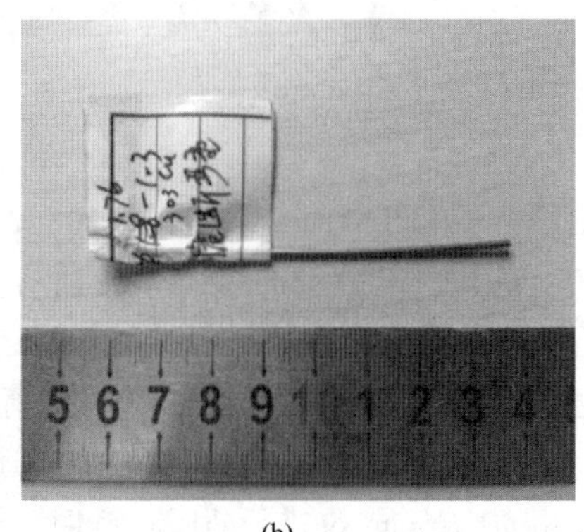

(b)

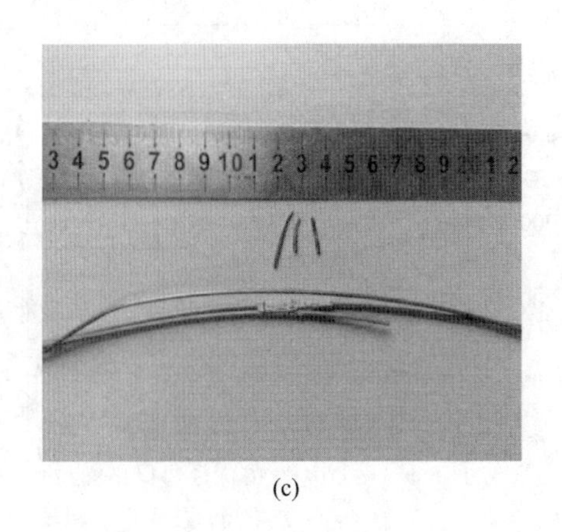

(c)

图 5-8 303Cu 不锈钢来料

（a）ϕ1.76mm 母材；（b）ϕ1.3mm 拉断；（c）撕裂断口

5.2.1 显微组织分析

对某企业提供的试样进行切割取样，镶嵌研磨并用王水丙三醇溶液进行浸蚀，最后在 LEICA DMR 型光学显微镜下对组织进行观察分析。图 5-9 所示为 ϕ1.76mm 试样的横向金相组织。图 5-10 所示为 ϕ1.3mm 试样的横向金相组织。

图 5-9 ϕ1.76mm 试样横向金相组织

由图 5-9 和图 5-10 可以看出，303Cu 奥氏体不锈钢试样显微组织是以奥氏体为基体，还有一定数量的形变孪晶和马氏体。其中，奥氏体分布不均且尺寸不同。形变孪晶成对出现于奥氏体晶粒内部。马氏体呈针状或竹叶状，分布于奥氏体周边。由图还可看出，奥氏体基体中存在形变孪晶，但数量较少。奥氏体周围有针状马氏体，数量较多。此外组织中还存在一些黑色纤维状组织。通过对比，当钢丝由 ϕ1.76mm 拉拔至 ϕ1.3mm 时，马氏体含量增多。

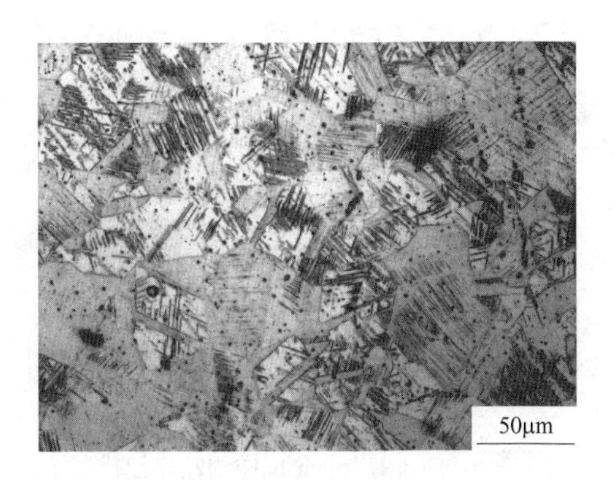

图 5-10 ϕ1.3mm 试样横向金相组织

303Cu 不锈钢试样经过拉拔处理后，在晶粒内部出现大量的交错滑移带，晶粒被滑移带分割成细小的小块儿，晶界和滑移带分辨不清，呈纤维状组织。由于存在较多的滑移带，滑移带附近的晶粒破碎，造成临界切应力提高，使继续变形发生困难；同时由于奥氏体不锈钢在拉拔过程中出现形变诱导马氏体，使得马氏体增多，马氏体硬度较高且脆，二者共同作用使得钢丝在加工过程中产生了加工硬化现象，金属的硬度、强度增加，但塑性和韧性下降，容易发生断裂。再者试样中出现组织不均匀及马氏体等异常相，也会加剧材料的性能变化，使得钢丝在后续服役过程中更易发生断裂。一般情况下，303Cu 含碳量≤0.15%。理论上含碳量较低的（≤0.12%）的马氏体相属于低碳马氏体，其空间形态为一束束相互平行的细条状，即为板条马氏体。但根据图 5-9 和图 5-10 可知，303Cu 奥氏体不锈钢断口试样中的马氏体形态为针状或者竹叶状，因此，可以反推出试样中的碳含量异常。303Cu 奥氏体不锈钢试样中含碳量过高，会导致材料硬度上升，但塑性、韧性明显下降，这一因素也会加剧试样的断裂。

5.2.2 断口特征分析

对 3 种规格的 303Cu 奥氏体不锈钢试样断口，利用超声波清洗机在丙酮试剂中进行清洗，吹干，然后在 ZEISS EVO18 型扫描电镜下观察其断面形貌特征。图 5-11 所示为 ϕ1.76mm 试样断口的扫描照片。图 5-12 所示为 ϕ1.3mm 试样断口的扫描照片，图 5-13 所示为撕裂状断口的扫描照片。

由图 5-11 可知，303Cu 奥氏体不锈钢 ϕ1.76mm 试样宏观断口无明显塑性变形，断口比较平齐，无盆状或杯状现象；在断口表面部分区域也存在一定数量的裂纹，纵横交错，但裂纹的尺寸较小，同时在断口表面也没有明显的韧窝。因此可以根据断口特征判定试样断裂类型属于脆性断裂。

图 5-11 ϕ1. 76mm 试样的断口扫描

（a）低倍；（b）高倍

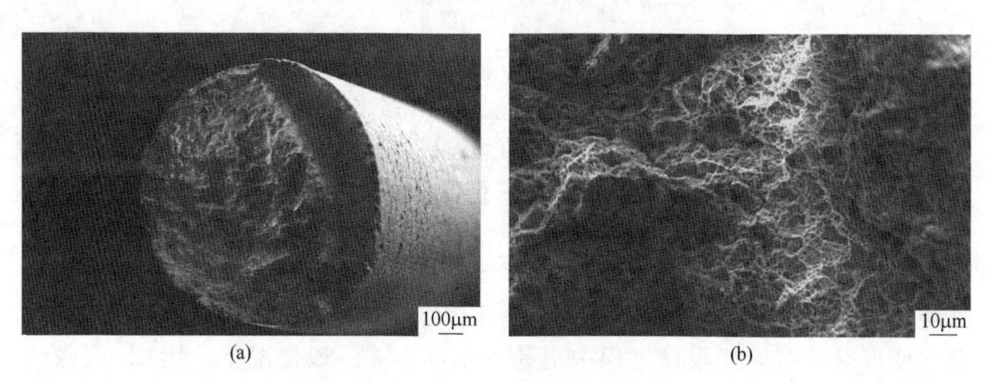

图 5-12 ϕ1. 3mm 试样的断口扫描

（a）低倍；（b）高倍

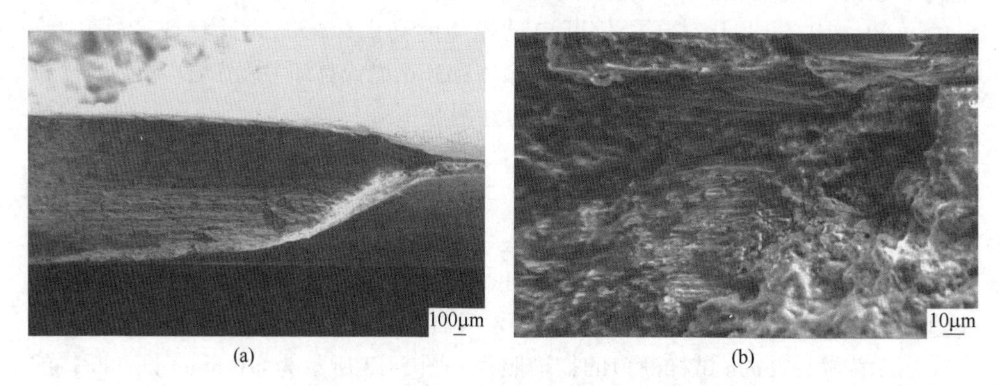

图 5-13 撕裂状断口试样的断口扫描

（a）低倍；（b）高倍

由图 5-12 可以看出，303Cu 奥氏体不锈钢 ϕ1. 3mm 试样微观断口边部区域也有一定数量的韧窝，但韧窝存在一定的方向性，指向断口边缘，同时韧窝的尺寸较小，深度较浅。韧窝是微观区域内由于塑性变形产生的显微空洞，经过形核、长大、聚集，最后相互连接而导致断裂后在断口表面留下痕迹。因此可以根据断口特征判定，试样断裂类型属于韧性断裂。

由图 5-13 可以看出，303Cu 奥氏体不锈钢撕裂断口试样断口部分有一定量的裂纹，高倍组织下出现明显的沿晶断裂形成的裂纹，同时还有少量的韧窝，分布较分散，深度较浅，韧窝形状主要呈球形凹坑状。解理断口由河流状花样或是扇形花样构成。因此，303Cu 奥氏体不锈钢撕裂断口试样断裂属于以脆断为主，同时含有少量韧断特征的混合断裂。

5.2.3　EDS 能谱分析

对 303Cu 奥氏体不锈钢钢丝断样，利用超声波清洗机在丙酮试剂中进行清洗，吹干，然后在 ZEISS EVO18 型扫描电镜下观察其夹杂物分布及能谱分析。

图 5-14 和图 5-15 所示为 $\phi1.76$mm、$\phi1.3$mm 试样的 EDS 能谱分析，通过分析可以看到两种试样断口中并没有明显的夹杂物出现，而通过含量测定发现 C 元素含量分别为 3.32%、1.83%，远超过 303Cu 奥氏体中 C 元素含量的标准值（≤0.15%），故可以证明在两种试样中 C 元素含量偏高。

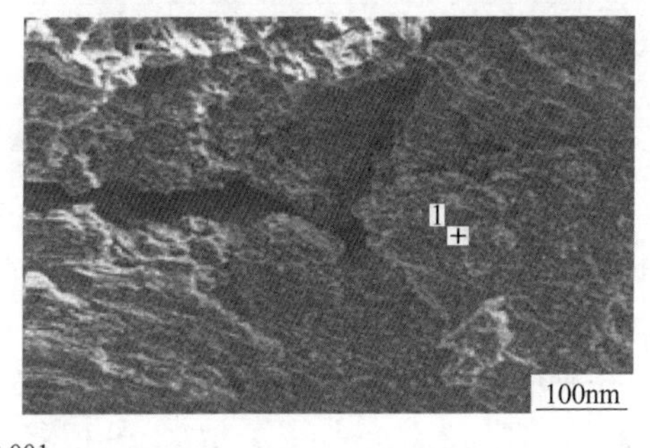

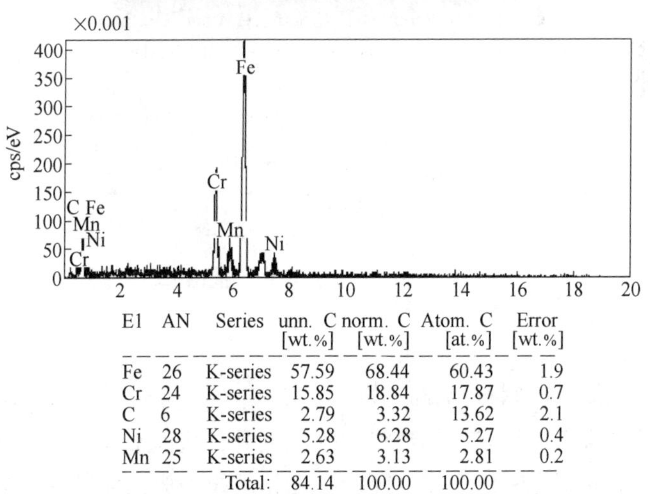

El	AN	Series	unn. C [wt.%]	norm. C [wt.%]	Atom. C [at.%]	Error [wt.%]
Fe	26	K-series	57.59	68.44	60.43	1.9
Cr	24	K-series	15.85	18.84	17.87	0.7
C	6	K-series	2.79	3.32	13.62	2.1
Ni	28	K-series	5.28	6.28	5.27	0.4
Mn	25	K-series	2.63	3.13	2.81	0.2
		Total:	84.14	100.00	100.00	

图 5-14　$\phi1.76$mm 试样 EDS 能谱分析

图 5-16 所示为 303Cu 撕裂状断口的 EDS 能谱分析，通过分析可以看到夹杂物呈块状，主要含有 S、O、Ca、Na 等异常元素，可能的夹杂物为氧化钙和硫化物。钢中的非金属夹杂物破坏了金属材料的连续性，降低了钢的力学性能、物理性能、化学性能及工艺性能，而且往往在夹杂物的尖端前沿造成应力集中，使得材料即便在较低的平均应力作用下就萌生裂纹。试样中存在一定尺寸与数量的非金属夹杂物，空洞择优在夹杂物附近形核，因此在断口上很多解理台阶存在微裂纹。微裂纹形核后迅速长大并连接就会诱导撕裂。

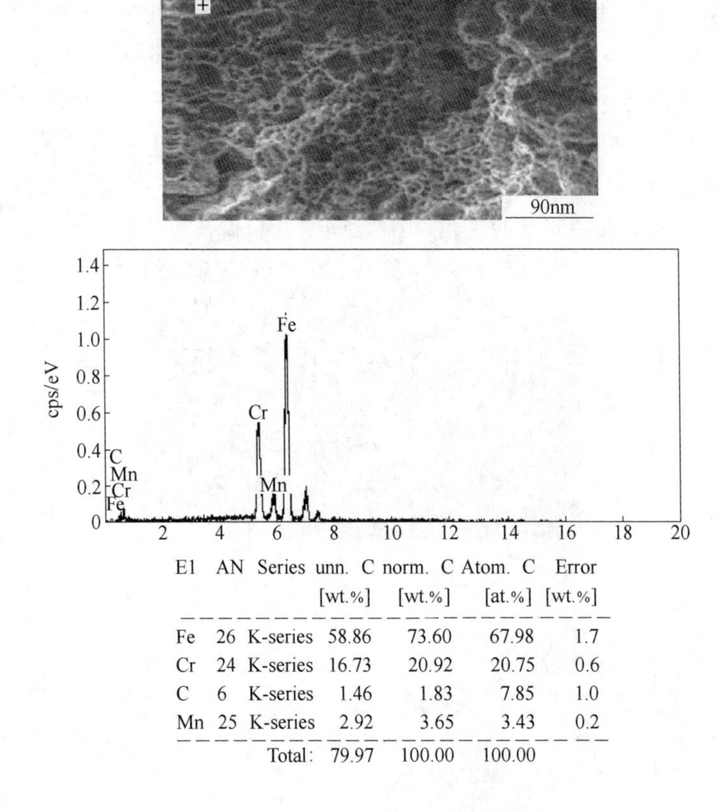

El	AN	Series	unn. C [wt.%]	norm. C [wt.%]	Atom. C [at.%]	Error [wt.%]
Fe	26	K-series	58.86	73.60	67.98	1.7
Cr	24	K-series	16.73	20.92	20.75	0.6
C	6	K-series	1.46	1.83	7.85	1.0
Mn	25	K-series	2.92	3.65	3.43	0.2
		Total:	79.97	100.00	100.00	

图 5-15 ϕ1. 3mm 试样 EDS 能谱分析

由图可知：

（1）ϕ1. 76mm 试样断口为脆性断裂，金相组织为奥氏体基体上分布着马氏体，由于试样中含碳量较高，导致材料硬度上升，塑性下降，最终导致断裂。

（2）ϕ1. 3mm 试样断口为韧性断裂，金相组织为奥氏体基体上分布着形变孪晶及马氏体，由于在拉拔过程中发生加工硬化，使得材料塑性降低，形变诱导马氏体的出现更降低了材料的塑性；同时，试样中含碳量高于标准值，三种原因的结合导致了材料发生断裂。

（3）通过在扫描电镜下观察撕裂状断口，发现存在夹杂物，经 EDS 能谱分析可能为钙硫化物，夹杂物与基体的不协调性会导致钢丝在生产使用过程中发生断裂。

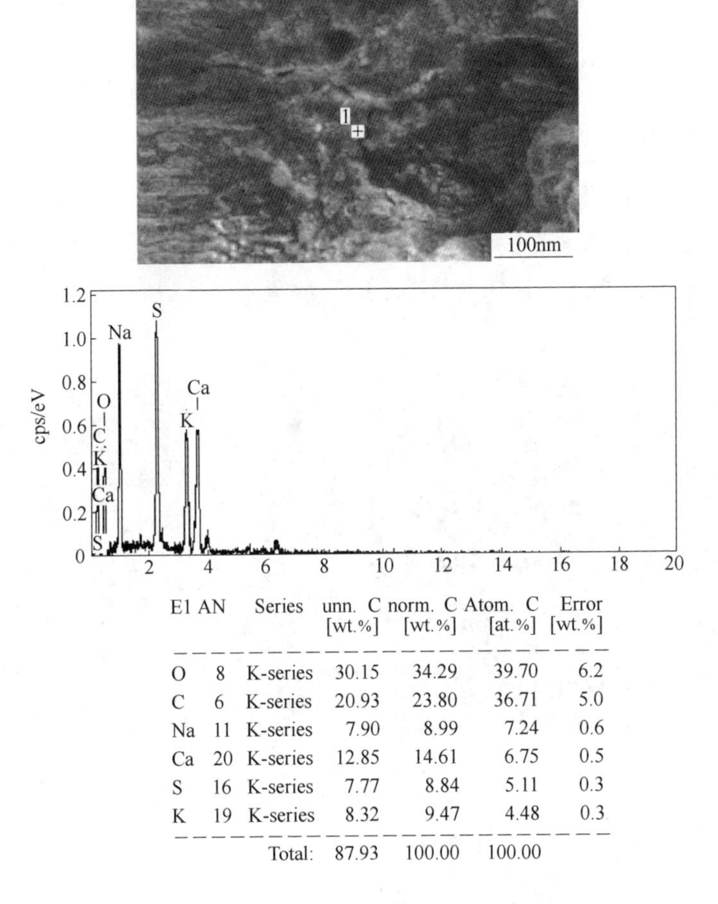

El	AN	Series	unn. C [wt.%]	norm. C [wt.%]	Atom. C [at.%]	Error [wt.%]
O	8	K-series	30.15	34.29	39.70	6.2
C	6	K-series	20.93	23.80	36.71	5.0
Na	11	K-series	7.90	8.99	7.24	0.6
Ca	20	K-series	12.85	14.61	6.75	0.5
S	16	K-series	7.77	8.84	5.11	0.3
K	19	K-series	8.32	9.47	4.48	0.3
		Total:	87.93	100.00	100.00	

图 5-16　303Cu 奥氏体不锈钢钢丝撕裂断口 EDS 能谱分析

5.3　304H 不锈钢钢丝拉拔断裂分析

304H 不锈钢具有良好耐腐蚀性能和成形性能，高的持久强度和组织稳定性，冷变形能力非常好，使用温度最高可达 650℃，抗氧化温度最高可达 850℃。某企业 304H 不锈钢钢丝在进行拉拔制造过程中发生断裂，对试样进行检测分析。根据试样实际宏观形貌，采用金相显微镜、SEM 对试样表面和内部显微组织进行观察，结合 EDS 能谱分析元素组成情况。

实验材料为 304H 拉拔时产生断裂的不锈钢钢丝，企业提供的成分见表 5-5。

表 5-5 304H 不锈钢钢丝试样化学成分 （wt. %）

成分	C	Si	Mn	P	S	Cr	Ni	Cu	Mo	N
含量	0. 072	0. 357	1. 07	0. 037	0. 0018	18. 28	8. 04	0. 27	0. 05	0. 11

5. 3. 1 显微组织形貌观察

首先使用金相显微镜观察材料的显微组织。图 5-17 所示为样品不同位置放大 500×的金相组织形貌。试样的基体组织主要为等轴奥氏体晶粒，尺寸分布较均匀，试样边缘和心部均存在大量细小的变形孪晶，且边缘孪晶的分布密度明显大于心部。

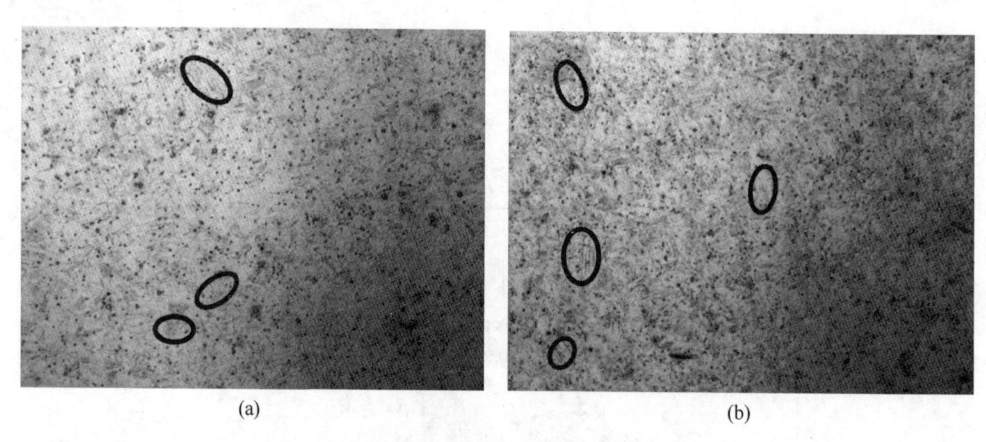

(a) (b)

图 5-17 304H 不锈钢钢丝显微组织（500×）
（a）心部；（b）表面

5. 3. 2 钢丝表面形貌 SEM 观察及 EDS 能谱分析

对 304H 钢丝表面进行 SEM 观察，结果如图 5-18 所示。图 5-18（a）为放大 200×试样的整体表面形貌，样品表面翘皮严重，散乱地分布着异物，部分区域存在明显剥落和絮状杂质，絮状杂质堆积厚度不均匀，杂质对周围区域的影响范围大小不一。图 5-18（b）为放大 1000×试样的局部形貌。样品表面存在明显的由于拉拔出现的划痕。

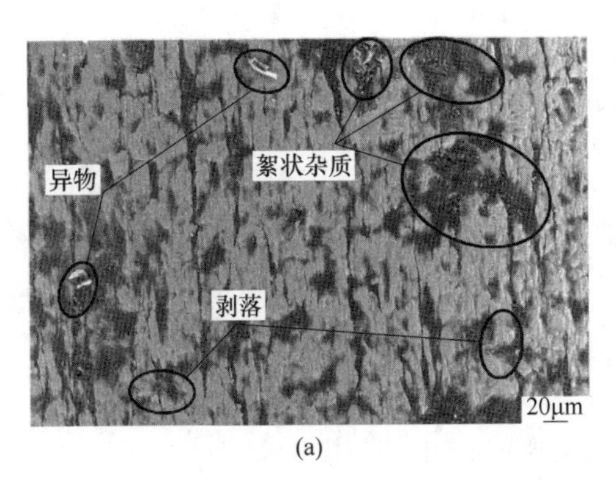

(a)

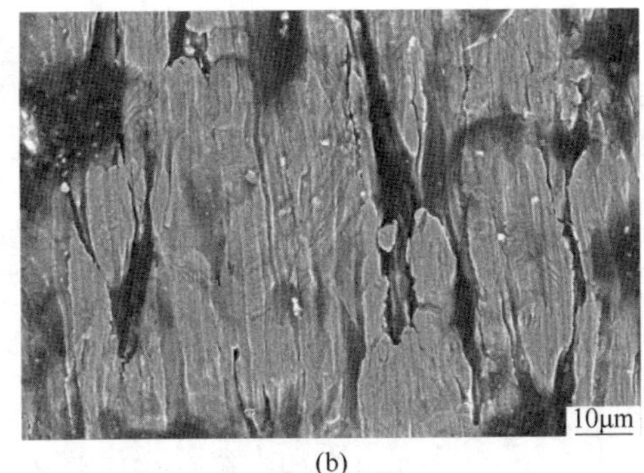

(b)

图 5-18　304H 不锈钢钢丝试样表面形貌

对絮状杂质进行 EDS 点扫描，分析产物的化学成分，结果如图 5-19 所示。絮状杂质的组成元素为 C、Cr、Fe、Ni、Si，与基体成分一致。由此可以判断样品表面的絮状杂质可能是拉拔过程中产生的磨削。磨削掉落后，吸附在样品表面，再经后续拉拔，对钢丝表面造成划伤。

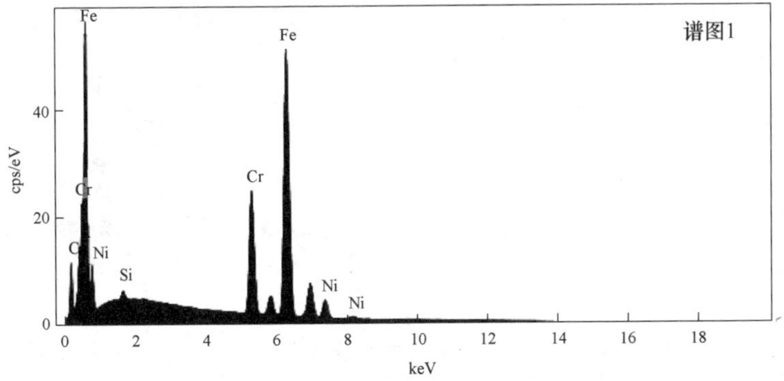

谱图1				
元素	线类型	质量分数/%	σ	原子分数/%
C	K线系	7.92	0.15	28.30
Cr	K线系	17.46	0.12	14.42
Fe	K线系	66.74	0.20	51.29
Ni	K线系	7.59	0.16	5.55
Si	K线系	0.29	0.03	0.45
总量		100.00		100.00

图 5-19 304H 不锈钢钢丝试样表面絮状杂质 EDS 点扫描分析结果

采用 EDS 线扫描分析絮状杂质周围区域的成分变化情况，结果如图 5-20 所示。杂质区域（黑色区域）的 Fe、Cr 元素存在明显的下降趋势，而 C、O、S、K、Ca、Ni 等元素的相对含量升高。分析其可能为钢丝的表面腐蚀产物。

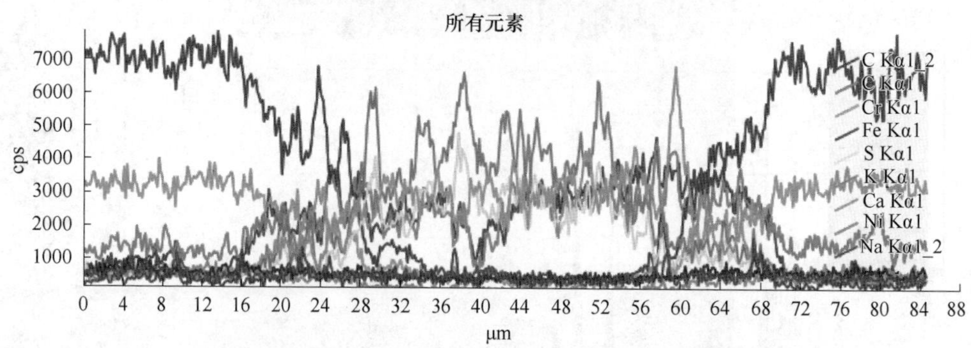

图 5-20 304H 不锈钢钢丝试样表面絮状杂质 EDS 线扫描分析结果

5.3.3　钢丝显微组织 SEM 观察及 EDS 能谱分析

采用 SEM 对样品的内部显微组织进行高放大倍数的观察。结果如图 5-21 所示。试样内部组织为等轴奥氏体晶粒，部分晶粒内部存在明显的孪晶，晶粒尺寸分布均匀。个别晶粒内部存在夹杂物，采用 EDS 能谱分析技术分析夹杂物的化学组成，对其进行点扫和面扫，结果分别如图 5-22、图 5-23 所示。夹杂物的主要化学成分为 C、Cr、Mn、Fe、Ni，与基体组成元素类型一致，但 Cr、Ni 元素含量明显低于基体。夹杂物的存在使钢丝在拉拔变形过程中协调能力变差，成形性能下降，在连续的拉拔过程中容易出现断裂，影响生产的正常进行。

对 304H 不锈钢钢丝的显微组织进行观察，发现试样的显微组织为等轴奥氏体晶粒，存在大量的变形孪晶，尺寸分布细小均匀，部分晶粒内部存在少量的夹杂物。对 304H 不锈钢钢丝线材表面进行 SEM 观察后发现，试样表面质量较差，存在明显的翘皮、异物和絮状杂质。翘皮断续地遍布整个样品表面，在部分区域出现剥落。能谱分析结果显示絮状杂质为试样在拉拔过程中产生的磨削，掉落后吸附在样品表面，对后续拉拔产生影响，影响产品的表面质量和可加工性能。

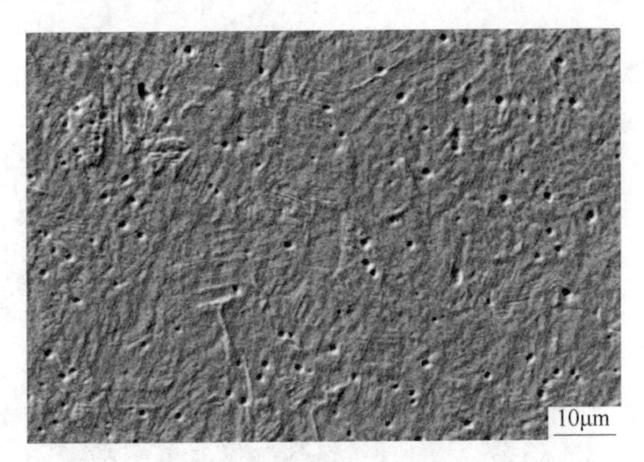

图 5-21　304H 不锈钢钢丝试样显微组织形貌

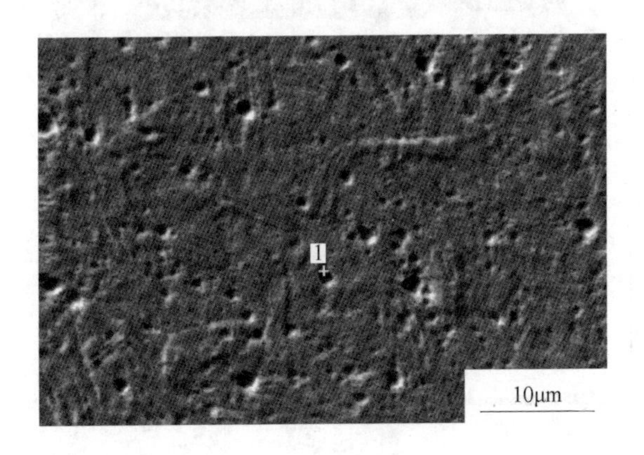

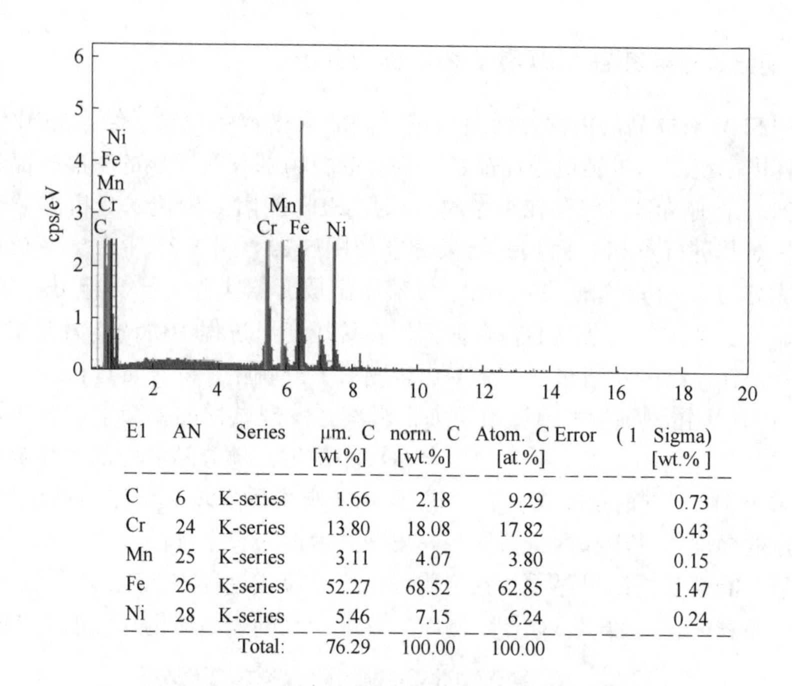

El	AN	Series	μm. C [wt.%]	norm. C [wt.%]	Atom. C [at.%]	Error (1 Sigma) [wt.%]
C	6	K-series	1.66	2.18	9.29	0.73
Cr	24	K-series	13.80	18.08	17.82	0.43
Mn	25	K-series	3.11	4.07	3.80	0.15
Fe	26	K-series	52.27	68.52	62.85	1.47
Ni	28	K-series	5.46	7.15	6.24	0.24
		Total:	76.29	100.00	100.00	

图 5-22　304H 不锈钢钢丝试样夹杂物 EDS 点扫描分析结果

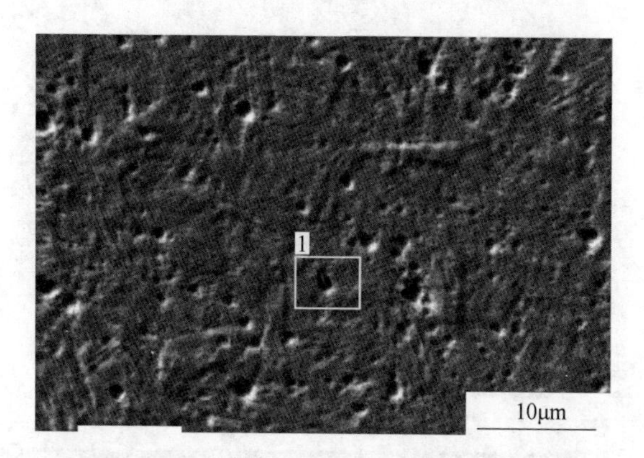

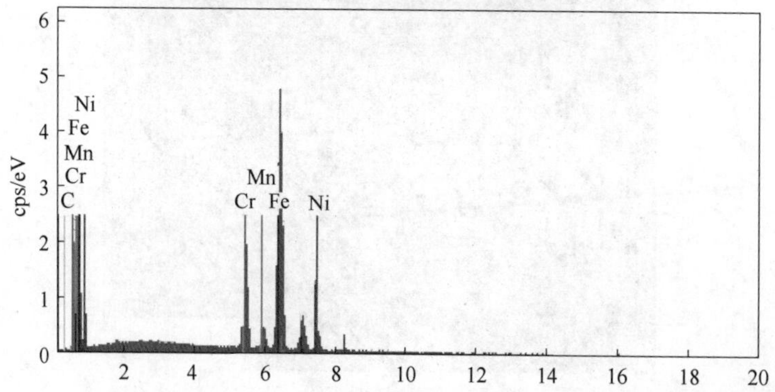

El	AN	Series	unn. C [wt.%]	norm. C [wt.%]	Atom. C [at.%]	Error (1 Sigma) [wt.%]
C	6	K-series	1.66	2.18	9.29	0.73
Cr	24	K-series	13.80	18.08	17.82	0.43
Mn	25	K-series	3.11	4.07	3.80	0.15
Fe	26	K-series	52.27	68.52	62.85	1.47
Ni	28	K-series	5.46	7.15	6.24	0.24
		Total:	76.29	100.00	100.00	

图 5-23　304H 不锈钢钢丝试样夹杂物 EDS 面扫描分析结果

5.4　304HC 奥氏体不锈钢钢丝断裂问题研究

5.4.1　金相组织观察

对 304HC 奥氏体不锈钢钢丝试样采用王水甘油混合溶液浸蚀，观察其金相组织形貌，结果见表 5-6。ϕ5. 5mm 试样金相组织为等轴奥氏体晶粒，晶粒尺寸为 20μm，可以看到明显的孪晶结构以及大量的第二相组织呈黑色点状均匀分布在横截面心部，相对应在纵截面心部存在部分带状组织，沿变形方向分布。第二相产生的原因是在热轧后固溶处理时保温时间过短或加热温度偏低，使纤维组织中出现 α 铁素体，破坏了组织均匀性，降低了材料的力学性能，拉拔到 ϕ4. 5mm 后，晶粒尺寸缩小为 15μm，晶粒被拉长且出现较多的形变孪晶，心部组织变得更加细小，第二相组织被拉长呈条带状。拉拔到 ϕ3. 8mm 以及 ϕ3. 45mm 时，横截面晶粒尺寸变得更小，形变奥氏体与拉长的第二相组织构成了纤维状组织，纤维状组织使材料的强度升高，塑性下降明显。在金属塑性变形过程中，晶界上的碳化物钉扎位错，明显降低了位错的活动性，产生位错塞积，使得材料的强度提高、塑性下降，产生明显的加工硬化。

表 5-6　304HC 不锈钢钢丝试样金相组织形貌

直径	横截面金相组织形貌	纵截面金相组织形貌
ϕ5. 5mm	100μm	100μm

续表 5-6

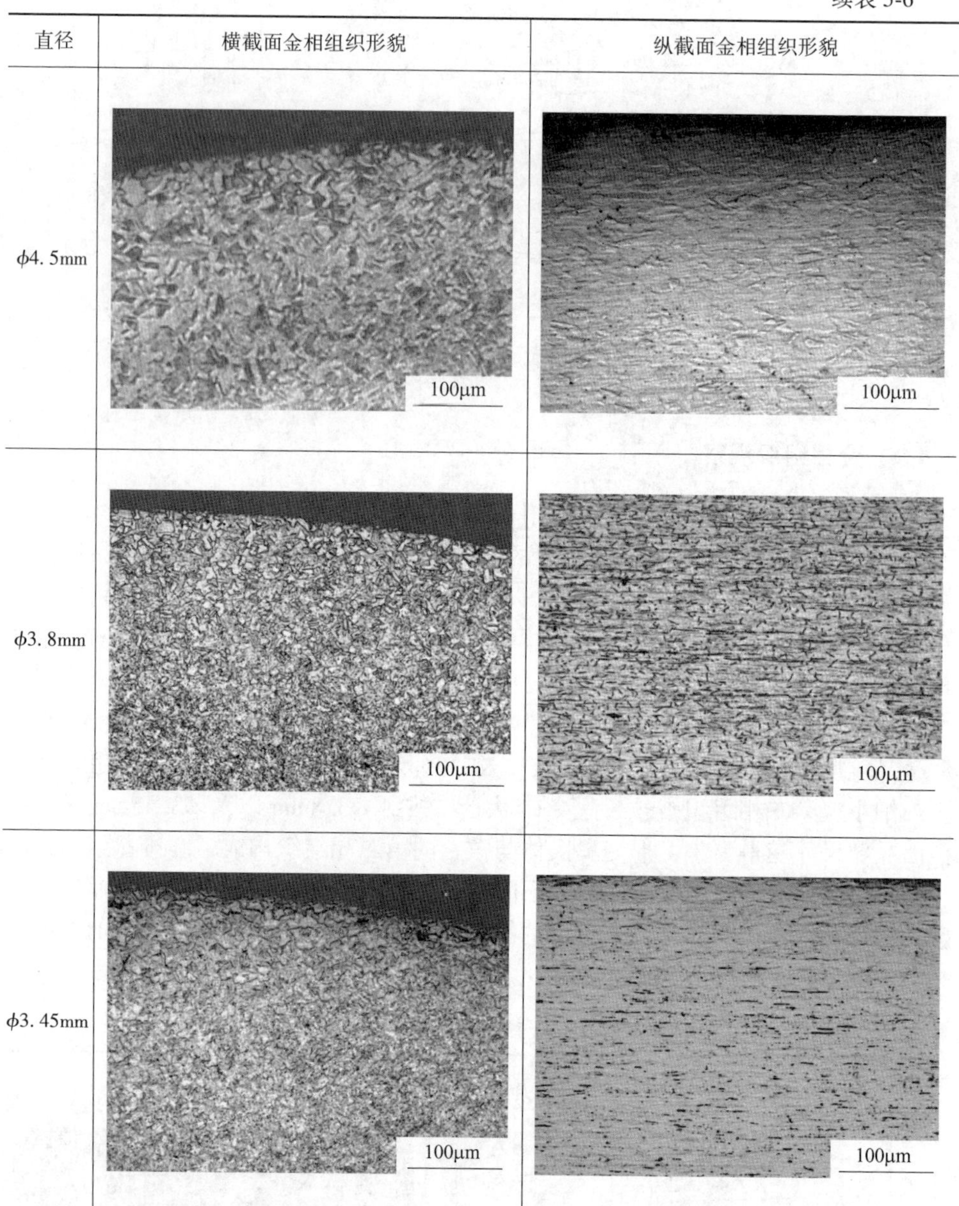

直径	横截面金相组织形貌	纵截面金相组织形貌
ϕ4. 5mm		
ϕ3. 8mm		
ϕ3. 45mm		

5. 4. 2 力学性能分析

通过实验室拉伸试验对 304HC 不锈钢钢丝试样的力学性能进行对比，在相同的拉伸参数下测得的性能数据见表 5-7，获得的工程应力-应变曲线如图 5-24 所示。

数据显示原料 ϕ5.5mm 盘圆的抗拉强度为 552.5MPa，伸长率为 53.2%；拉拔减径到 ϕ4.5mm 后，硬线的抗拉强度为 897.3MPa，伸长率为 11.1%；经过拉拔再由 ϕ4.5mm 减径到 ϕ3.8mm，抗拉强度上升至 1134.7MPa，伸长率降至 6.2%；最后由 ϕ3.8mm 拉拔减径至 ϕ3.45mm，抗拉强度上升至 1268MPa，伸长率为 6.1%。随着拉拔工艺的进行，材料的强度增加，塑性下降。

表 5-7　304HC 不锈钢钢丝试样力学性能数据

试样编号	试样直径 D/mm	抗拉强度 R_m/MPa	断后伸长率 A/%
盘圆 ϕ5.5mm	5.5	552.5	53.2
硬线 ϕ4.5mm	4.5	897.3	11.1
硬线 ϕ3.8mm	3.8	1134.7	6.2
硬线 ϕ3.45mm	3.45	1268.0	6.1

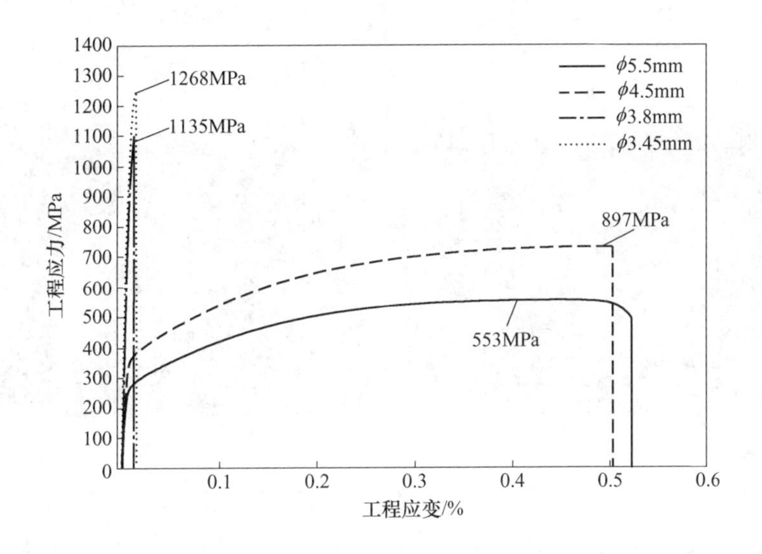

图 5-24　304HC 不锈钢钢丝试样拉伸曲线

5.4.3　断口形貌分析

圆形光滑试样的拉伸断口多为杯锥状，其表面大致可分为 3 个区域：纤维区、放射区和剪切唇区。由于材料塑性的差异，各区所占的相对面积大小不同，单由一个区域组成的断口仅在极韧或极脆的条件下才出现；大多数情况下含有 2 个区域或者 3 个区域。对 304HC 不锈钢钢丝试样在实验室进行拉伸试验，并在扫描电镜下观察其断口形貌，表 5-8 为钢丝试样拉断后的微观形貌。

表 5-8 304HC 不锈钢钢丝试样拉伸后断口宏观形貌（SEM）

盘圆 ϕ5. 5mm	硬线 ϕ4. 5mm
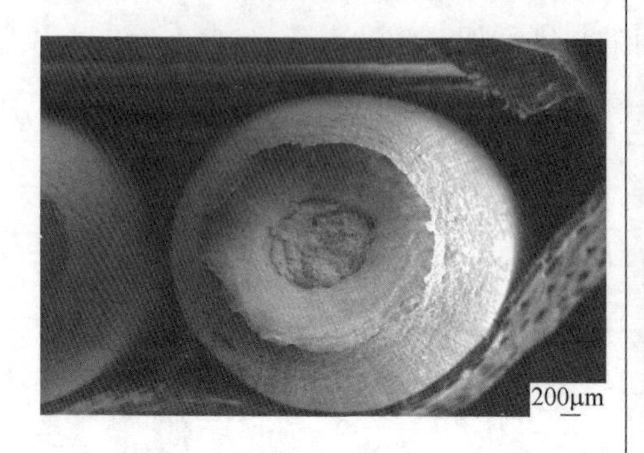	
硬线 ϕ3. 8mm	硬线 ϕ3. 45mm
	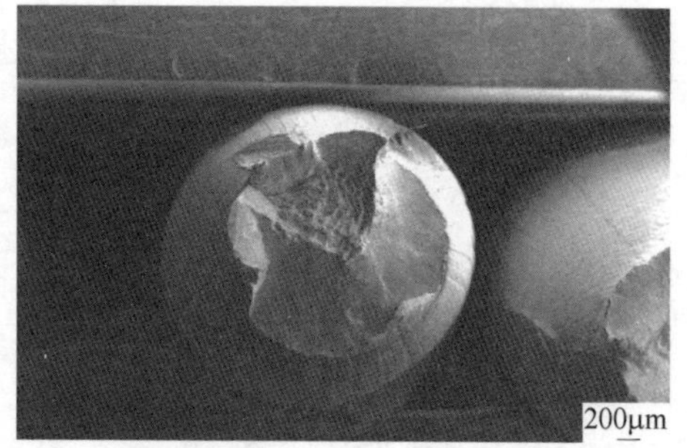

从表 5-8 中可以观察到，直径为 ϕ5. 5mm、ϕ4. 5mm 和 ϕ3. 8mm 的 3 个试样断口形貌分区清晰，纤维区、放射区和剪切唇区明显，但各区域尺寸均随着试样直径的不断减小而缩小，当试样直径为 ϕ3. 45mm 时，位于断口中心的纤维区已经移动至边部，纤维区、放射区和剪切唇区的分界不完整，剪切唇区大幅度减小，在纤维区出现河流状花纹，已经呈现出部分脆性断裂特征。

纤维区拉伸断口在扫描电镜下的微观形貌有利于研究钢丝在拉拔过程中的塑性变化。因此在较大放大倍数下进一步观察断口形貌，以确定试样的断裂方式，结果见表 5-9。

表 5-9 304HC 不锈钢钢丝试样拉伸断口韧窝形貌（SEM）

ϕ5. 5mm	ϕ4. 5mm
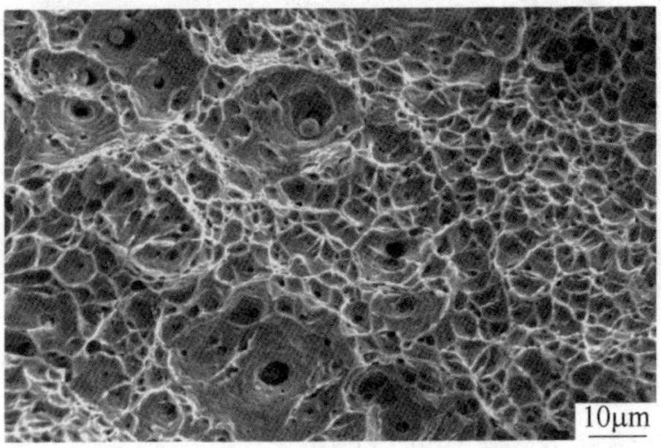 10μm	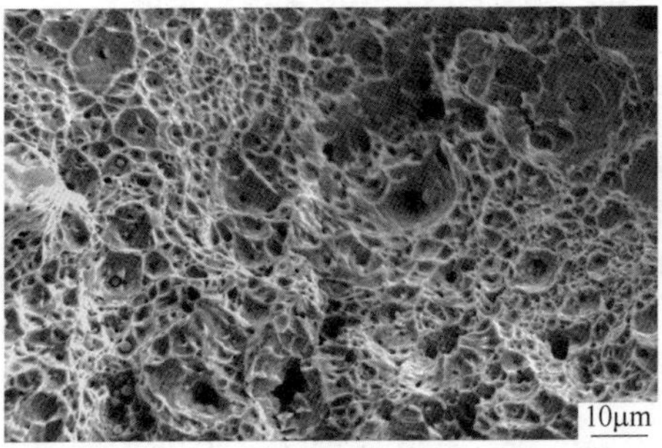 10μm
ϕ3. 8mm	ϕ3. 45mm
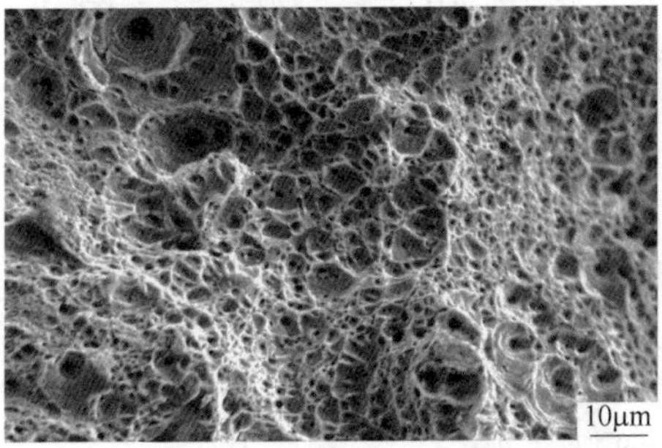 10μm	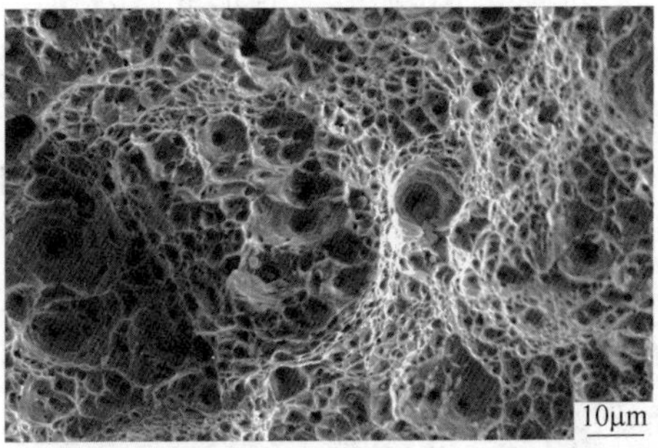 10μm

观察断口形貌可以发现（图 5-25），ϕ5. 5mm 试样的韧窝基本为大而深的韧窝，属于分散性的蜂窝状韧窝，为典型的韧性断裂，塑性较好；ϕ4. 5mm 试样的韧窝大小不均，属于不规则的蜂窝状韧窝，且出现明显裂缝，属于韧性断裂，塑性略有下降；ϕ3. 8mm 试样的韧窝大小更加不均匀，大小韧窝的直径相差较大，有裂缝出现，属于韧性断裂，塑性较差；ϕ3. 45mm 试样的韧窝分布不均匀，有裂缝出现，塑性较差。在 4 种试样的韧窝底部均能明显观察到夹杂物或者第二相粒子的存在。为了验证 ϕ3. 45mm 的材料是否确实存在脆性断裂的可能，对直径 ϕ3. 45mm 的另一试样进行观察。

如图所示，在 ϕ3. 45mm 试样的断口发现河流状的纹理，倍数放大后可以更加清楚地看到有台阶状纹理出现，呈现准解理断口特征；继续在高放大倍数下观察可以发现有局部韧窝存在，因此，当试样直径为 ϕ3. 45mm 时，断裂方式为混合断裂。对比试样的力学性能数据，试样的伸长率仅为 6. 1%，按照经验，当伸长率低于 5%时材料为脆性材料，因此力学性能测试结果和断口形貌分析结果基本保持一致。

图 5-25　ϕ3.45mm 304HC 不锈钢钢丝试样断口形貌
（a）低倍；（b）高倍

韧窝是通过微孔聚合形成微裂纹，并与金属中存在的夹杂物和第二相粒子有关。通过断口形貌可以判断 304HC 奥氏体不锈钢钢丝试样断口属于韧窝断口，通过能谱分析在韧窝底部出现的粒子成分构成，结果显示该种粒子为氧化铝夹杂物，如图 5-26 所示。因此判定 304HC 不锈钢钢丝试样拉伸的断裂起源为氧化铝夹杂物。

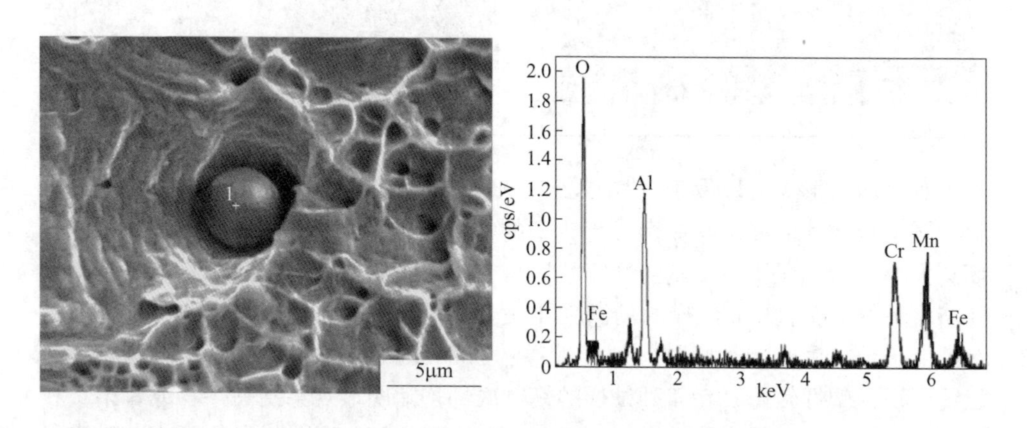

图 5-26　304HC 不锈钢钢丝试样断口韧窝底部粒子成分分析

5.5　314 奥氏体不锈钢钢丝断裂行为

实验材料为企业生产的 314 奥氏体不锈钢钢丝，由于在拉拔的最后一道次中出现钢丝断裂问题，因此对最后一道次拉拔前后的钢丝进行取样，直径分别为 ϕ3.0mm 和 ϕ2.15mm，其化学成分见表 5-10，钢丝实物如图 5-27 所示。

表 5-10　314 奥氏体不锈钢化学成分　（wt. %）

成分	C	Mn	Si	P	S	Ni	Cr
含量	0.097	1.36	1.85	0.029	0.001	19.42	24.06

分别选取最后一道次拉拔前 ϕ3.0mm 的钢丝、拉拔后 ϕ2.15mm 的钢丝作为主要研究对象。取样后将横截面制成金相试样磨抛，用王水加甘油的浸蚀剂浸蚀，在光学显微镜下和扫描电镜下观察其金相组织。采用 ZEISS EVO18 型扫描电镜对钢丝断丝后的断口形貌特征进行观察，确定夹杂物尺寸及特征并进行 EDS 能谱分析，采用 CMT4150 微电子万能试验机对两种尺寸的钢丝进行力学性能检测。

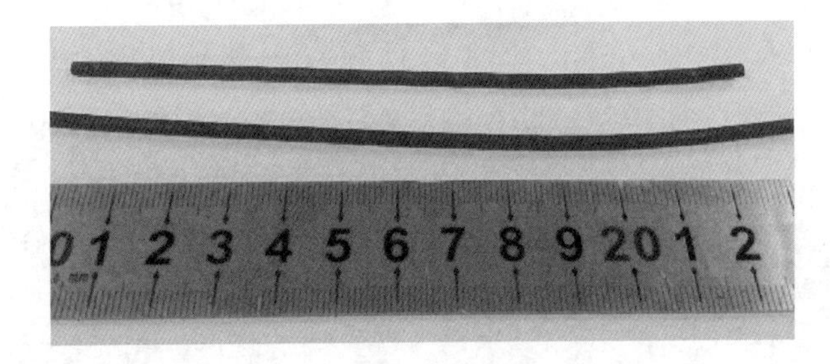

图 5-27　314 不锈钢钢丝试样

5.5.1　钢丝金相组织形貌

对钢丝试样进行切割取样，镶嵌研磨并用王水丙三醇溶液进行浸蚀，最后在 LEICA DMR 型光学显微镜和 ZEISS EVO18 型扫描电镜下对组织进行观察。图 5-28 所示为直径为 2.15mm 和 3.00mm 的 314 不锈钢试样的横向金相组织，图5-29 所示为 2.15mm 试样的横向扫描组织，图 5-30 所示为 ϕ3.00mm 试样的横向扫描组织。

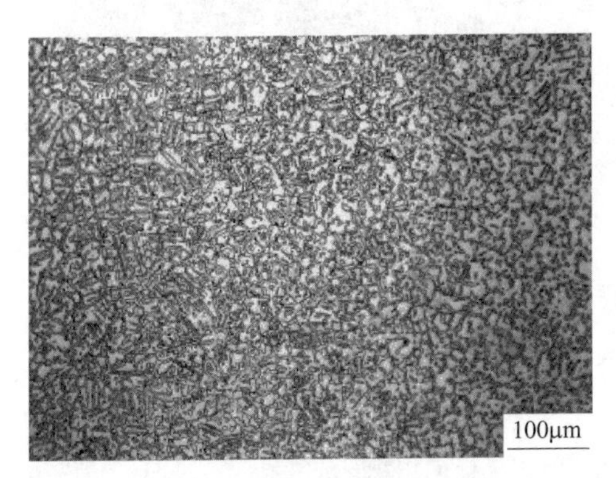

(a)

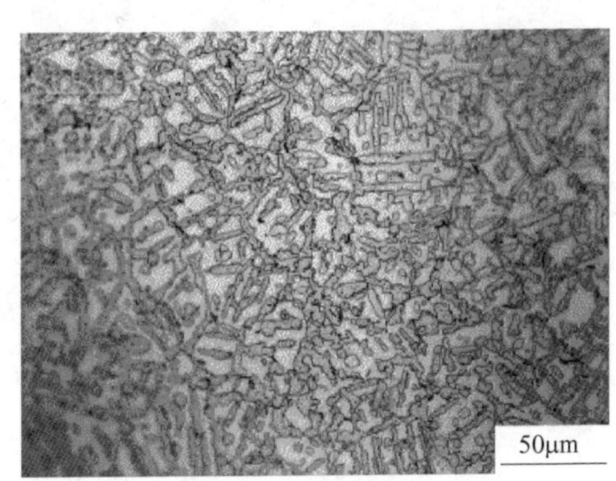

(b)

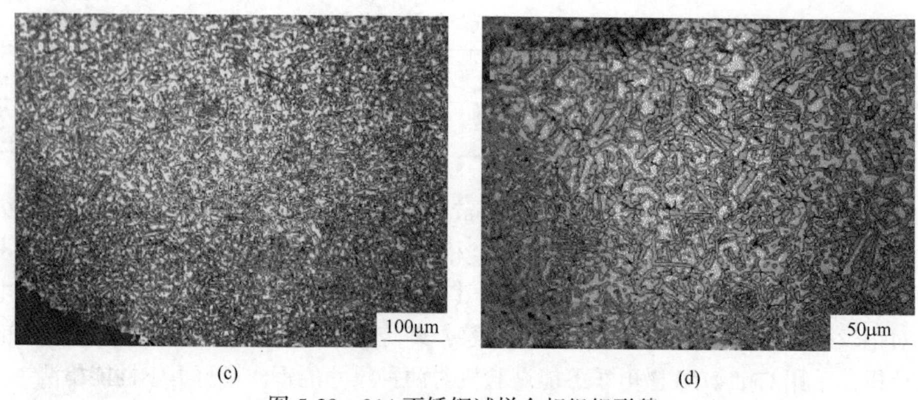

图 5-28　314 不锈钢试样金相组织形貌

（a）（c）ϕ2. 15mm 的横向金相组织；（b）（d）ϕ3. 00mm 的横向金相组织

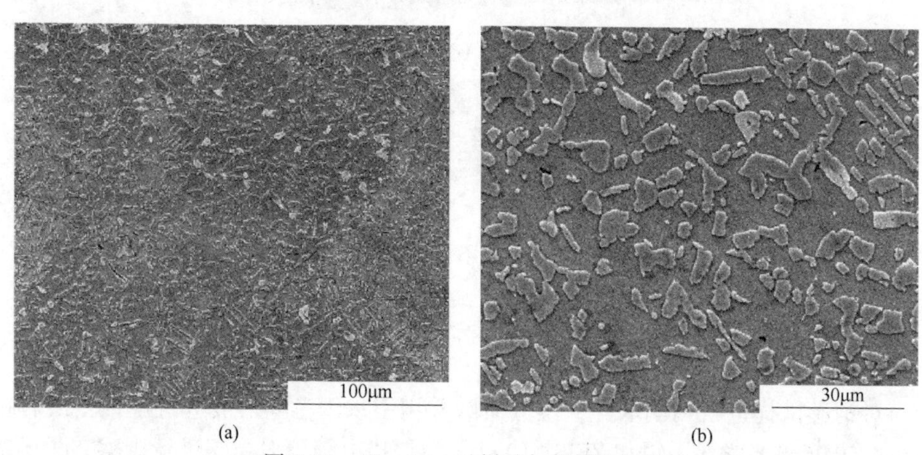

图 5-29　ϕ2. 15mm 试样的扫描横向组织

（a）1000×；（b）3000×

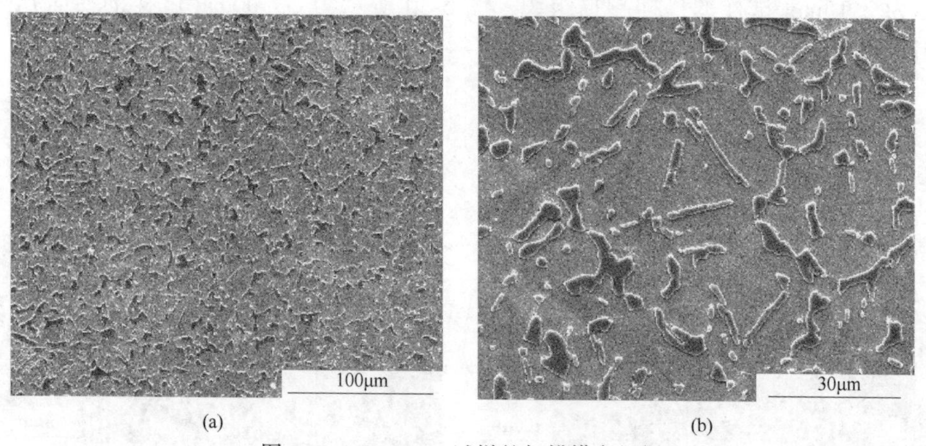

图 5-30　ϕ3. 00mm 试样的扫描横向组织

（a）1000×；（b）3000×

由图可知，314 不锈钢显微组织是两相组织，其中一相是奥氏体基体，另一相由其成分判断为富铬相，奥氏体不锈钢中的富铬相通常为 $M_{23}C_6$ 或 M_7C_3。根据图 5-29 和图 5-30 可知，试样横向组织中富铬相 $M_{23}C_6$ 或 M_7C_3 弥散分布于母相奥氏体中，其形状主要呈长条状或者规则球状。

314 奥氏体耐热钢的固溶处理，是使所有碳化物完全固溶入奥氏体基体内，以获得均匀的单相组织。然而，本试验中 314 不锈钢试样除了奥氏体之外，还存在数量较多的富铬相。通过 ImageTool 图形分析软件测量图 5-29 和图 5-30 选定视场内的富铬相的体积分数，分别为 30.34% 和 20.21%。一般情况下，碳化物 $M_{23}C_6$ 或 M_7C_3 中铬含量约为 42%~65%，与不锈钢的基体成分相比，碳化物中铬的含量远大于基体中铬的含量。这样，大量富铬相 $M_{23}C_6$ 或 M_7C_3 的析出就易引起奥氏体不锈钢晶界贫铬，从而导致晶间腐蚀的发生，同时贫铬区的出现对拉拔变形极为不利，它在降低钢丝本身耐腐蚀性的同时也使得钢丝塑性变差，脆性增强，若拉拔变形量较大则容易发生断裂现象。具体分析富铬相的产生原因，首先，对于 314 不锈钢来说，相比于 304 等其他奥氏体不锈钢，其碳含量较高，碳是一种间隙原子，而奥氏体不锈钢中如果含碳量较多，通过固溶强化显著提高不锈钢的强度的同时它会与铬形成一系列复杂的碳化物，导致局部铬的贫化，使钢的耐蚀性特别是耐晶间腐蚀性能下降，则奥氏体在冷却时易发生分解形成 $(Fe,Cr)_{23}C_6$ 而不能保持单相奥氏体状态，耐蚀性会显著下降，所以奥氏体不锈钢的含碳量应严格控制在小于 0.1%。

5.5.2 力学性能检测

通过拉伸试验对 314 不锈钢钢丝试样的力学性能进行对比，在相同的拉伸参数下测得的性能数据见表 5-11。数据显示 ϕ3.0mm 试样的抗拉强度为 1096.7MPa，断后伸长率为 10.6%，最后一道次由 ϕ3.0mm 拉拔减径至 ϕ2.15mm，抗拉强度上升至 1148.2MPa，断后伸长率为 6.1%。最后一道次随着冷拉拔变形的进行，钢丝的强度略有增加，塑性急剧下降。究其原因，最后一道次的拉拔变形率达到 28.3%，通常奥氏体不锈钢钢丝最后一道次的变形率为 5.0%~20%，因此过大的道次变形率使得伸长率急剧下降，位错运动受阻，同时也促进了富铬相的析出，最终使钢丝的塑性达不到需求，导致钢丝被拉断。

表 5-11 314 不锈钢钢丝试样力学性能数据

试样直径 D/mm	抗拉强度 R_m/MPa	断后伸长率 A/%
3.0	1096.7	10.6
2.15	1148.2	6.2

5.5.3 断口形貌

对两种尺寸规格的314不锈钢试样断口，利用超声波清洗机在丙酮试剂中进行清洗，吹干，然后在ZEISS EVO18型扫描电镜下观察其断面形貌特征。

图5-31所示为314奥氏体不锈钢钢丝的断裂后的断口扫描形貌。图5-31（a）为断口全貌，试样断口无明显塑性变形，断口也比较平坦，看不到纤维区和剪切唇，只存在放射区，放射线源于断裂源。图5-31（b）~（d）为不同放大倍数下断口形貌。高倍组织下出现明显的沿晶断裂形成的裂纹，晶界处以及两相界面处优先被腐蚀形成微裂纹，沿着晶界不断扩展形成断裂起源；同时还有少量的韧窝，分布较分散，深度较浅，韧窝形状主要呈球形凹坑和花瓣状，解理断口由河流状花样或是扇形花样构成。因此可以确定314试样断裂属于以脆断为主同时含有少量韧断特征的混合断裂。

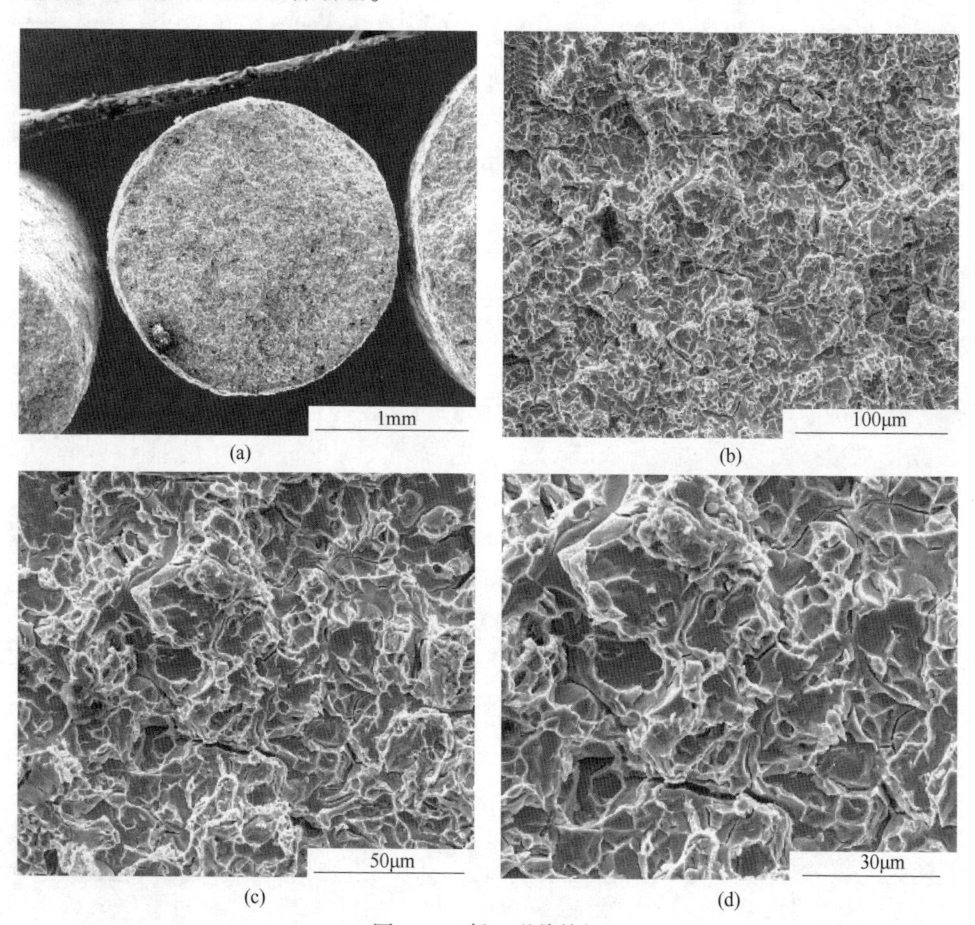

(a) (b) (c) (d)

图5-31 断口形貌特征

（a）断口全貌；（b）1000×；（c）2000×；（d）3000×

5.5.4　EDS 能谱分析

对 314 不锈钢钢丝断样，利用超声波清洗机在丙酮试剂中进行清洗，吹干，然后在 ZEISS EVO18 型扫描电镜下观察其夹杂物分布及能谱分析。图 5-32 和图 5-33 所示为试样断口表面夹杂物形貌及能谱分析。表 5-12 为夹杂物的尺寸特征和元素含量等基本属性。图 5-34 所示为富铬相 $M_{23}C_6$ 或 M_7C_3 的线扫描结果。图 5-35 为断口中粒状富铬相形貌及能谱。

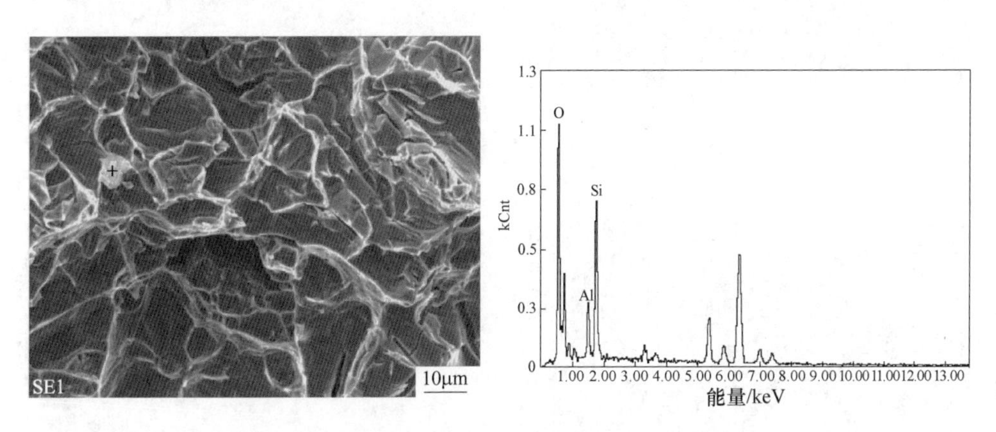

图 5-32　钢丝试样断口的 1 号夹杂及 EDS 能谱分析

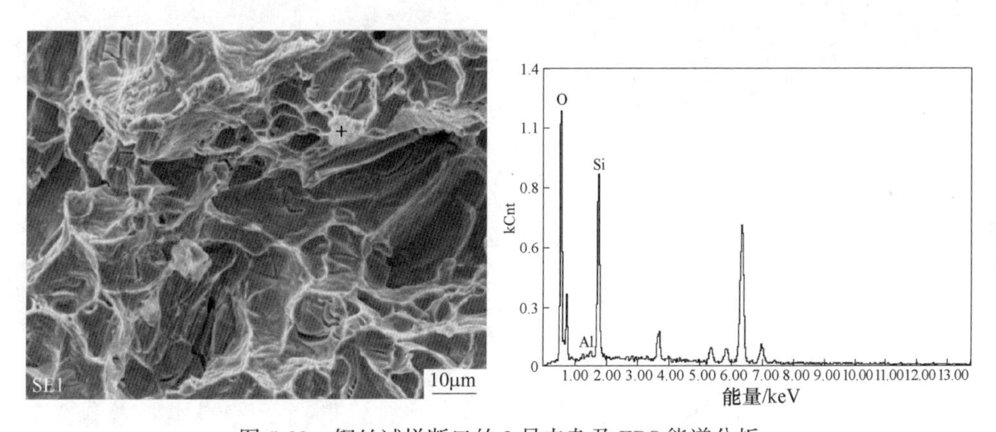

图 5-33　钢丝试样断口的 2 号夹杂及 EDS 能谱分析

表 5-12　夹杂物基本属性

编号	尺寸/μm	异常元素	可能的夹杂物
1 号	6.2	O、Al、Si	Al_2O_3、SiO_2
2 号	6.7		

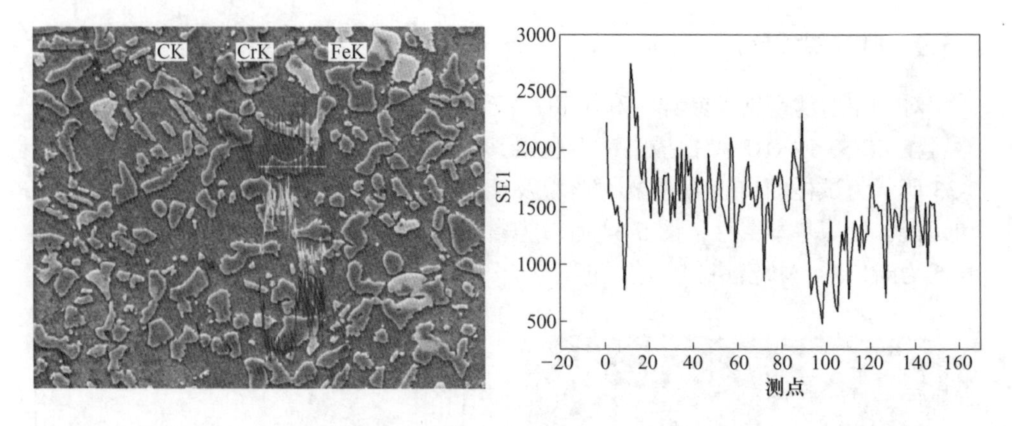

图 5-34 ϕ2. 15mm 试样横向组织相的线扫描

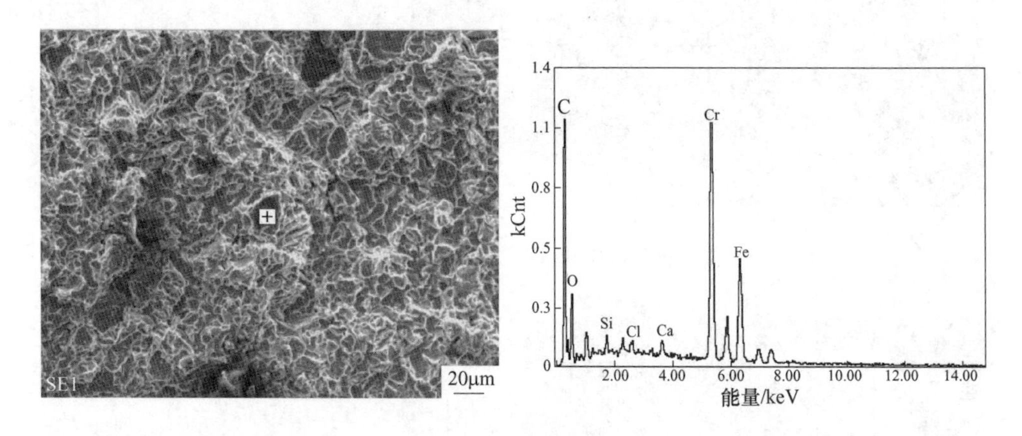

图 5-35 试样断口中粒状富铬相形貌及 EDS 能谱分析

根据图 5-32 和图 5-33 可知，夹杂物主要呈灰色块状，分布于解理台阶处。但夹杂物的数量较少，且分布较分散。夹杂物的尺寸和 EDS 能谱分析结果见表 5-12。夹杂物的尺寸大多约为 6. 5μm。异常元素主要是 O、Si、Al，可能的夹杂物主要是铝硅氧化物及硅酸盐。由于 314 不锈钢试样中存在一定尺寸与数量的非金属夹杂物，空洞择优在夹杂物附近形核，同时在夹杂物的尖端前沿容易造成应力集中，使得材料即便在较低的平均应力作用下就萌生裂纹，因此在断口上很多解理台阶存在微裂纹。微裂纹形核后迅速长大并连接就会诱导脆断。

根据图 5-34 可知，富铬相 $M_{23}C_6$ 或 M_7C_3 与基体的区别除了铬含量偏高外，其 Fe 含量偏低。富铬相 $M_{23}C_6$ 或 M_7C_3 也为体心立方晶格，但其点阵常数较大。富铬相 $M_{23}C_6$ 或 M_7C_3 与母相保持共格关系，在母相晶面族上析出，造成较大的晶格畸变和内应力，从而使 314 不锈钢塑性显著降低。

根据图 5-35 可知，试样在冷拔过程中，在富铬相相界面附近集中的巨大应力，必然为表面裂纹的扩展提供了便利条件，根据裂纹走向的应力原则和强度原则，高的储存能产生的高应力长时间作用，使得钢丝在冷拔、热处理残余应力以及后续弯曲成形过程中易引起富铬相为主要通道的裂纹扩展。

5.6 430 铁素体不锈钢钢丝矫直过程中的断裂分析

某不锈钢精线有限公司生产的 430 铁素体不锈钢钢丝属于铁素体不锈钢，在矫直的过程中发生了断裂现象。430 铁素体不锈钢对应牌号为 1Cr17，其化学成分见表 5-13。铁素体不锈钢因为含铬量高，耐腐蚀性能与抗氧化性能均比较好，但力学性能与工艺性能较差，多用于受力不大的耐酸结构及作抗氧化钢使用，430 铁素体不锈钢来料如图 5-36 所示，根据企业提供的原料，从显微组织、断面特征等方面分析 430 铁素体不锈钢钢丝断裂的原因。

表 5-13 430 铁素体不锈钢钢丝化学成分 (wt. %)

成分	C	Si	Mn	P	S	Cr	Ni
含量	≤0.12	≤0.75	≤1.00	≤0.04	≤0.03	16.00~18.00	≤0.60

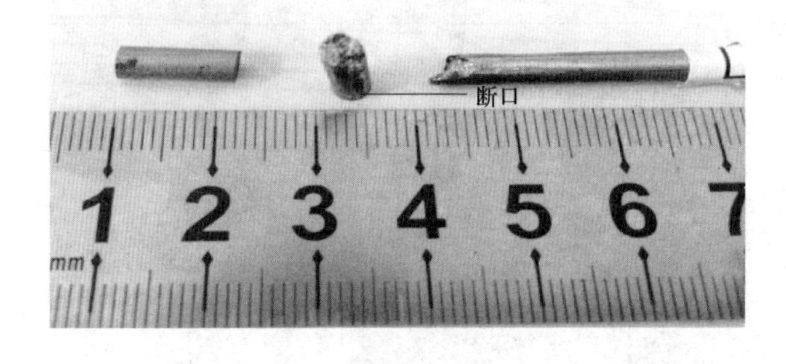

图 5-36 430 铁素体不锈钢钢丝来料实物

5.6.1 显微组织分析

对某不锈钢精线有限公司提供的 430 铁素体不锈钢钢丝来料在断口附近进行切割取样，镶嵌研磨并用王水丙三醇溶液进行浸蚀，最后在 LEICA DMR 型光学显微镜下分别对横截面和纵截面金相组织进行观察分析。表 5-14 为不同放大倍数下 430 铁素体不锈钢钢丝试样的金相组织。

表 5-14 430 铁素体不锈钢钢丝试样的金相组织

放大倍数	横截面	纵截面
200	 100μm	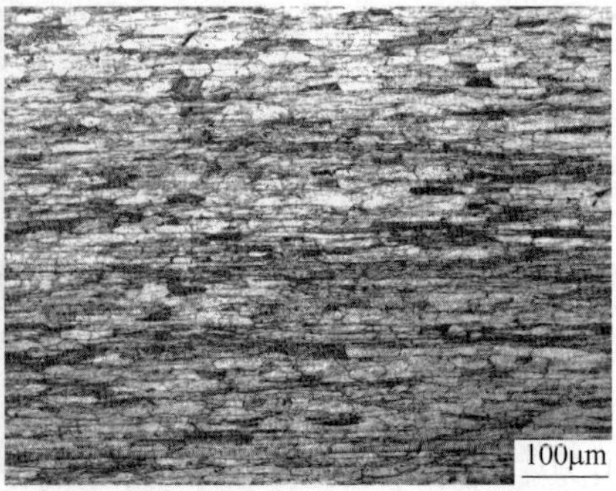 100μm
500	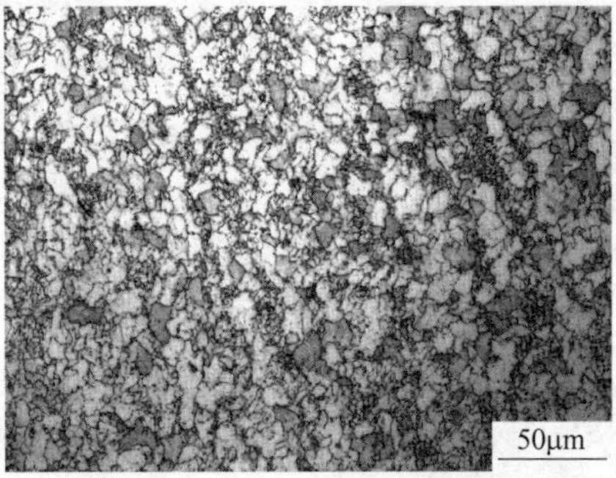 50μm	 50μm
1000	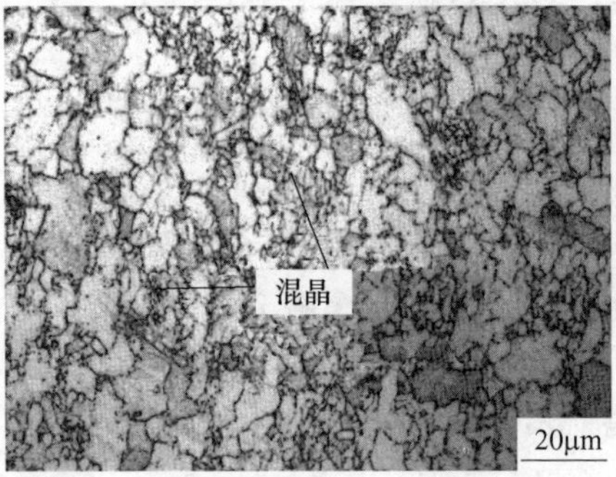 混晶 20μm	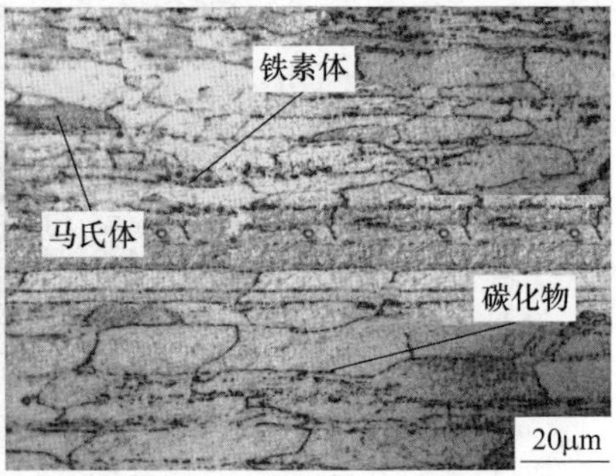 铁素体 马氏体 碳化物 20μm

由表 5-14 可以看出，钢丝中组织主要为浅白色的铁素体相，同时也有大量的黑色点状碳化物，在铁素体相的周围也存在一定数量的颜色较深的马氏体相。

从横截面来看，钢丝的晶粒分布不均匀，尤其在 1000 倍的高倍数放大下可以明显看到混晶组织，大晶粒周围混杂着细小晶粒；从纵截面金相组织来看，沿着拉拔方向有明显的拉拔变形带，晶粒也沿着拉拔方向被拉长成扁条状，在1000倍的放大倍数下可以清晰地看到大量的第二相碳化物粒子，这些碳化物大部分沿着铁素体晶界处析出。

在铁素体不锈钢中，除铁素体之外，马氏体作为一种硬而脆的相，虽然能提高钢丝的抗拉强度，但随着其含量增加会明显降低钢丝塑性；在钢丝拉拔过程中，碳化物过多存在，尤其是在晶界附近析出会阻碍位错运动，降低钢丝本身的塑性，提高钢丝的脆性，不利于钢丝的加工成形；另外混晶组织也是钢丝中最不希望出现的不均匀组织，大小不一的晶粒会降低钢丝的协调变形能力，进而使得钢丝塑性变形能力下降，在矫直过程中受到较大矫直力时塑性达不到要求而发生断裂。

5.6.2 断口特征分析

对430铁素体不锈钢试样断口，利用超声波清洗机用丙酮试剂进行清洗，吹干，然后在ZEISS EVO18型扫描电镜下观察其断面形貌特征。图5-37所示为430铁素体不锈钢试样断口的扫描照片。

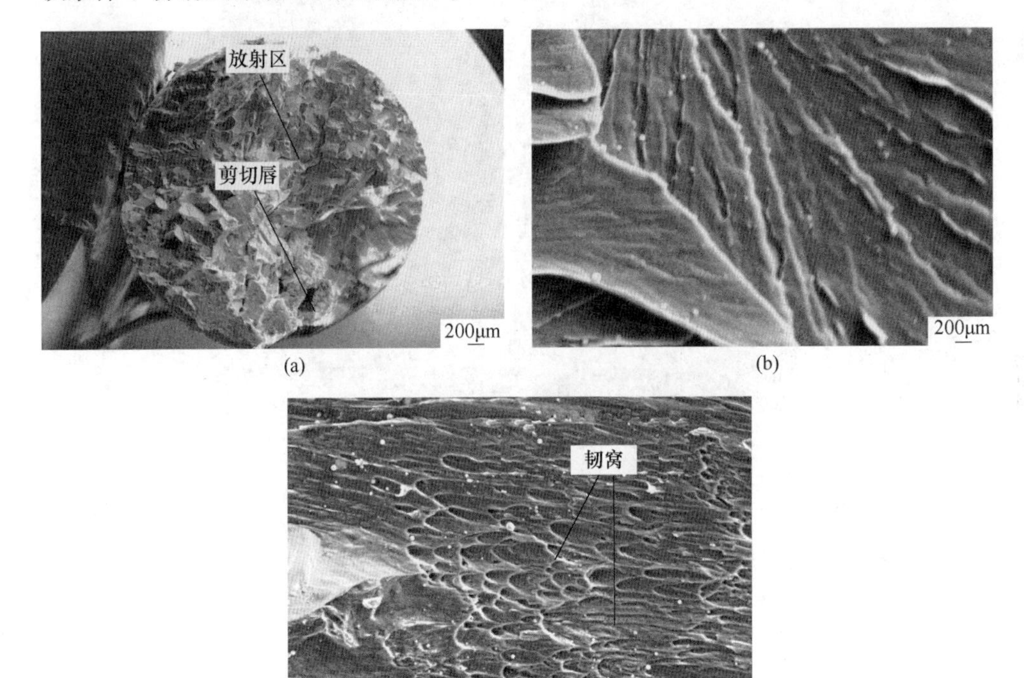

图5-37 430铁素体不锈钢试样的断口扫描

(a) 断口全貌；(b) 剪切唇；(c) 放射区

图 5-37 所示为 430 铁素体不锈钢试样的断口扫描图片。图 5-37（a）为 430 铁素体不锈钢试样断口全貌。试样断口无明显塑性变形，也就是说断裂的过程中未发生明显颈缩现象，断口一侧有明显的剪切唇，大部分区域为放射区。在较高的放大倍数下可以看到断口十分不平坦，有很多整齐的台阶，同时在断面中间有一条明显的贯穿整个钢丝截面的裂纹，这是明显的脆性断裂特征。另外在 1000 倍的放大倍数下可以看到少量的韧窝，分布较分散，深度较浅，韧窝形状主要呈球形凹坑和花瓣状，同时有明显的方向性。这说明 430 铁素体不锈钢钢丝是在矫直的过程中受到了沿着一个方向较大的矫直力，而钢丝的塑性较差，因而发生脆断。

5.6.3 EDS 能谱分析

对 430 铁素体不锈钢钢丝断样，利用超声波清洗机在丙酮试剂中进行清洗，吹干，然后在 ZEISS EVO18 型扫描电镜下观察其夹杂物分布及能谱分析。图 5-38 所示为试样断口表面形貌及 EDS 能谱分析。

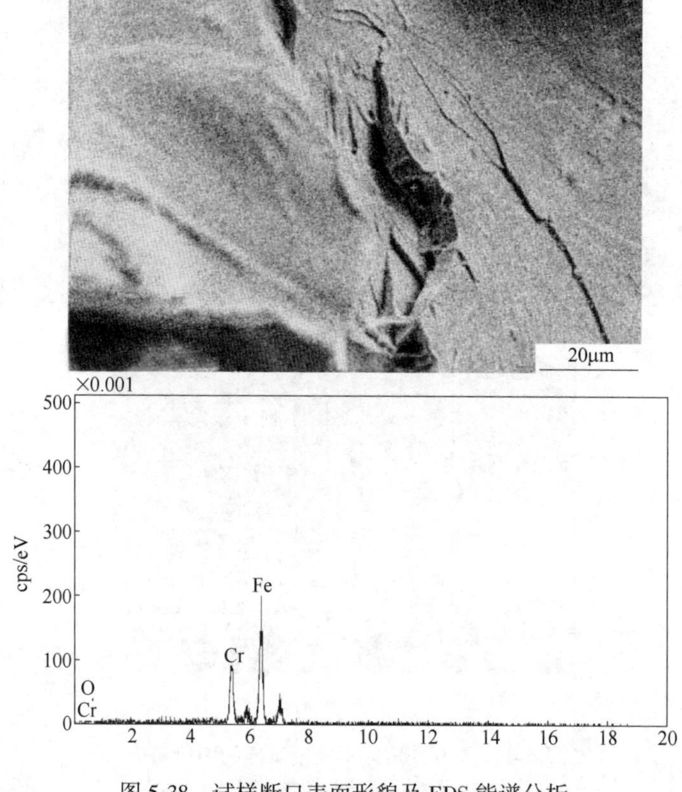

图 5-38 试样断口表面形貌及 EDS 能谱分析

从断口的EDS能谱分析中并没有看到异常的元素和明显的夹杂物，这一点也说明了钢丝的断裂是整体性断裂，而不是由非金属夹杂物或者微裂纹引起，也就是说钢丝本身的塑性变形能力差，脆性较强，最终导致钢丝容易断裂。

综上所述，本次430铁素体不锈钢钢丝的断裂原因可能有以下几点：

（1）430铁素体不锈钢钢丝中存在一定数量的马氏体组织，马氏体相增加了钢丝的脆性，铁素体钢中的马氏体通常为钢丝盘圆中残留，并非冷变形过程中产生。

（2）430铁素体不锈钢钢丝中存在明显的混晶现象，混晶组织不利于钢丝的塑性变形，协调能力差，在矫直过程中变形不均匀，容易引发断裂，混晶组织可通过控制退火时间和走线速度来控制，通常退火温度越高，退火时间越长，组织均匀化程度越高。

（3）试样组织中存在数量较多的碳化物，且碳化物沿着晶界附近分布，在钢丝拉拔过程中，碳化物过多存在会降低钢丝本身的塑性，提高钢丝的脆性，不利于钢丝的加工成形；

（4）钢丝在矫直过程中主要是矫直力作用下发生的断裂，其断裂机制属于明显的脆性断裂，并无明显的夹杂物，主要为钢丝整体塑性不足。

5.7 631半奥氏体沉淀硬化不锈钢钢丝断裂问题研究

5.7.1 金相组织观察

对631半奥氏体不锈钢采用Viella试剂（苦味酸1g，HCl 5mL，酒精100mL）浸蚀，观察其金相组织，结果见表5-15。可以看出631半奥氏体沉淀硬化不锈钢钢丝试样在拉拔过程中，奥氏体晶粒沿着拉拔方向被不断拉长，部分奥氏体组织转变为形变马氏体；随着马氏体组织的不断形成，材料的塑性、韧性下降，强度明显提高。

表5-15 631不锈钢钢丝试样金相组织形貌

直径	横截面金相组织形貌	纵截面金相组织形貌
ϕ6.5mm	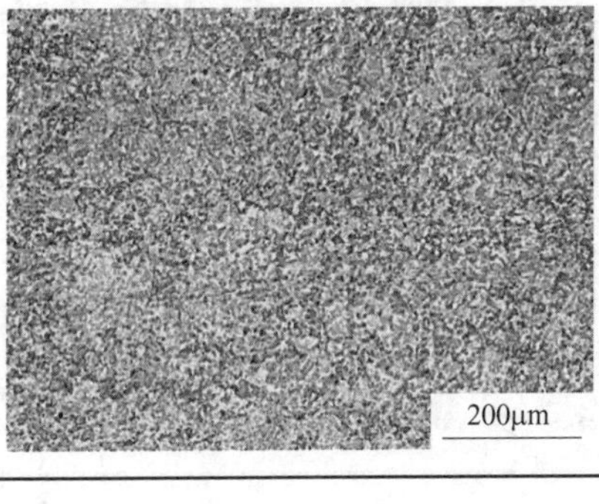 200μm	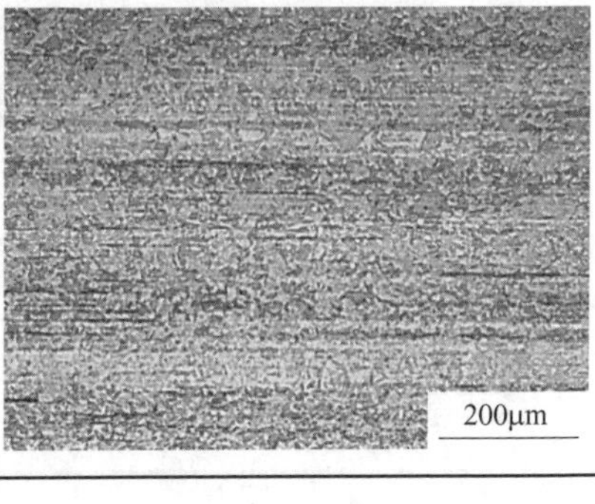 200μm

续表 5-15

直径	横截面金相组织形貌	纵截面金相组织形貌
ϕ5.9mm	 200μm	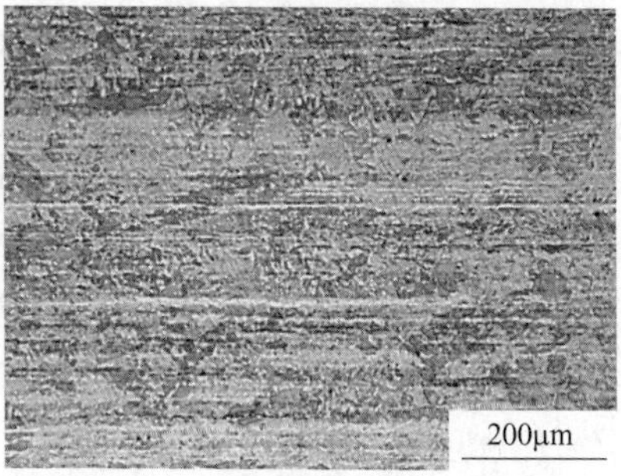 200μm
ϕ5.5mm	 200μm	 200μm
ϕ4.7mm	 200μm	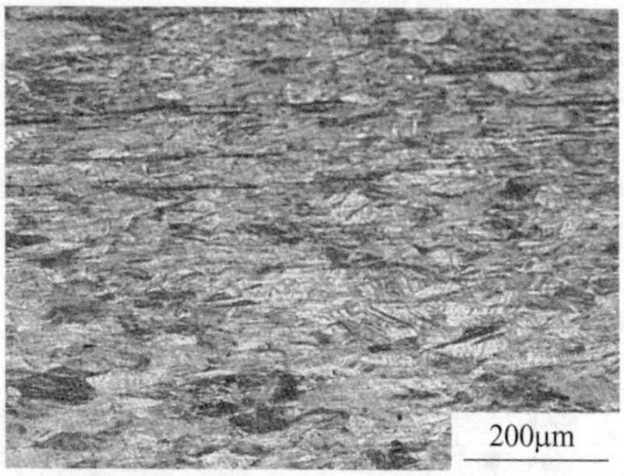 200μm
ϕ4.4mm	 200μm	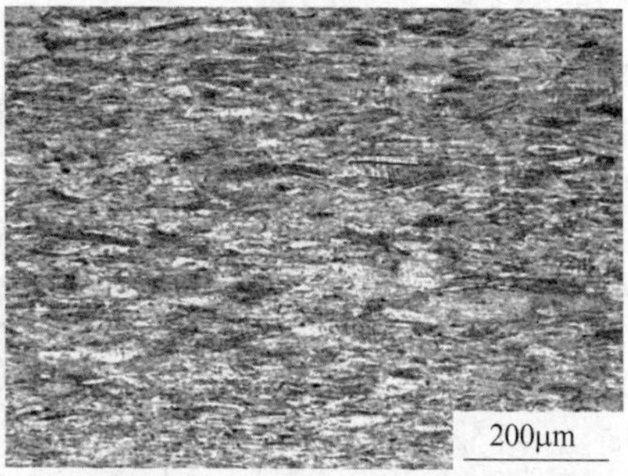 200μm

5.7.2 力学性能分析

对不同拉拔状态下钢丝进行拉伸试验，拉伸试样标距为50mm，测量其抗拉强度、屈服强度和断后伸长率。拉伸结果见表5-16。图5-39所示为631不锈钢钢丝试样强度、伸长率随减面率的变化关系。

表5-16 631不锈钢钢丝试样拉伸力学性能

试样直径 D/mm	抗拉强度 R_m/MPa	规定非比例延伸强度 R_p/MPa	断后伸长率 A/%
ϕ6.5	861.9	243.6	47.6
ϕ5.9	1037.4	529.9	29.3
ϕ5.5	1222.7	777.9	18.1
ϕ4.7	1398.3	1004.2	13.4
ϕ4.4	1529.5	1173.1	5.8

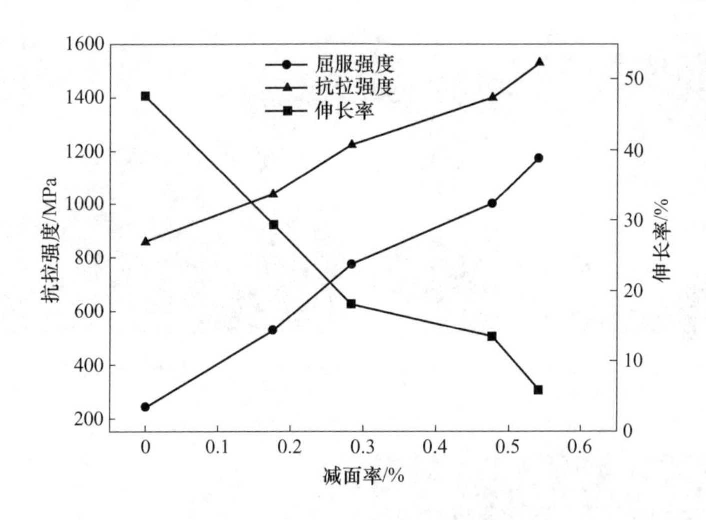

图5-39 631不锈钢钢丝试样强度、伸长率随减面率的变化关系

从图表中可以看出，随着拉拔过程的不断进行，材料减面率逐渐增加，钢丝的强度逐渐增大，而伸长率则不断减小。直径为ϕ6.5mm时，试样的抗拉强度为862MPa，屈服强度为243.6MPa，伸长率为47.6%；当直径为ϕ4.4mm，即减面率达到54%时，材料的抗拉强度达到1530MPa，屈服强度为1173MPa，伸长率仅为5.8%。

5.7.3 断口形貌分析

对不同直径的 631 不锈钢钢丝试样进行实验室拉伸试验，并在扫描电镜下观察其断口形貌，表 5-17 为钢丝拉断后的微观形貌。

表 5-17　631 不锈钢钢丝试样拉伸后断口宏观形貌（SEM）

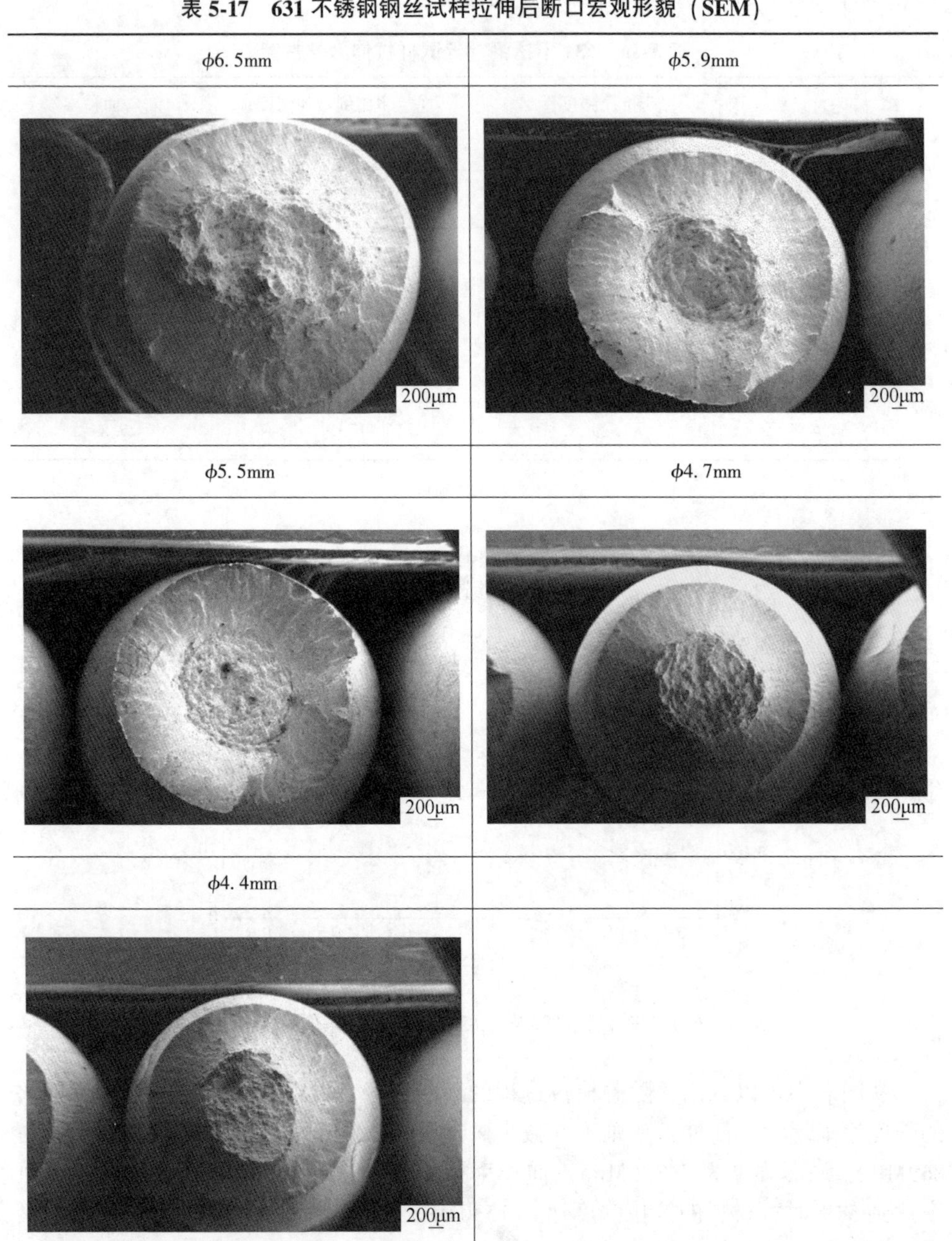

从表 5-17 中可以直观看到，各试样的断口都呈现杯锥状，断口表面分为纤维区、放射区和剪切唇区 3 个区域，分界明显。但由于材料塑性的差异，各区所占的相对面积大小各不同，根据断口形貌，判断各试样均为韧性断裂。为了进一步研究试样的断裂方式以及钢丝在拉拔过程的中的塑性变化，在扫描电镜下对拉伸断口做高倍观察，结果见表 5-18。

表 5-18　631 不锈钢钢丝试样拉伸断口韧窝形貌

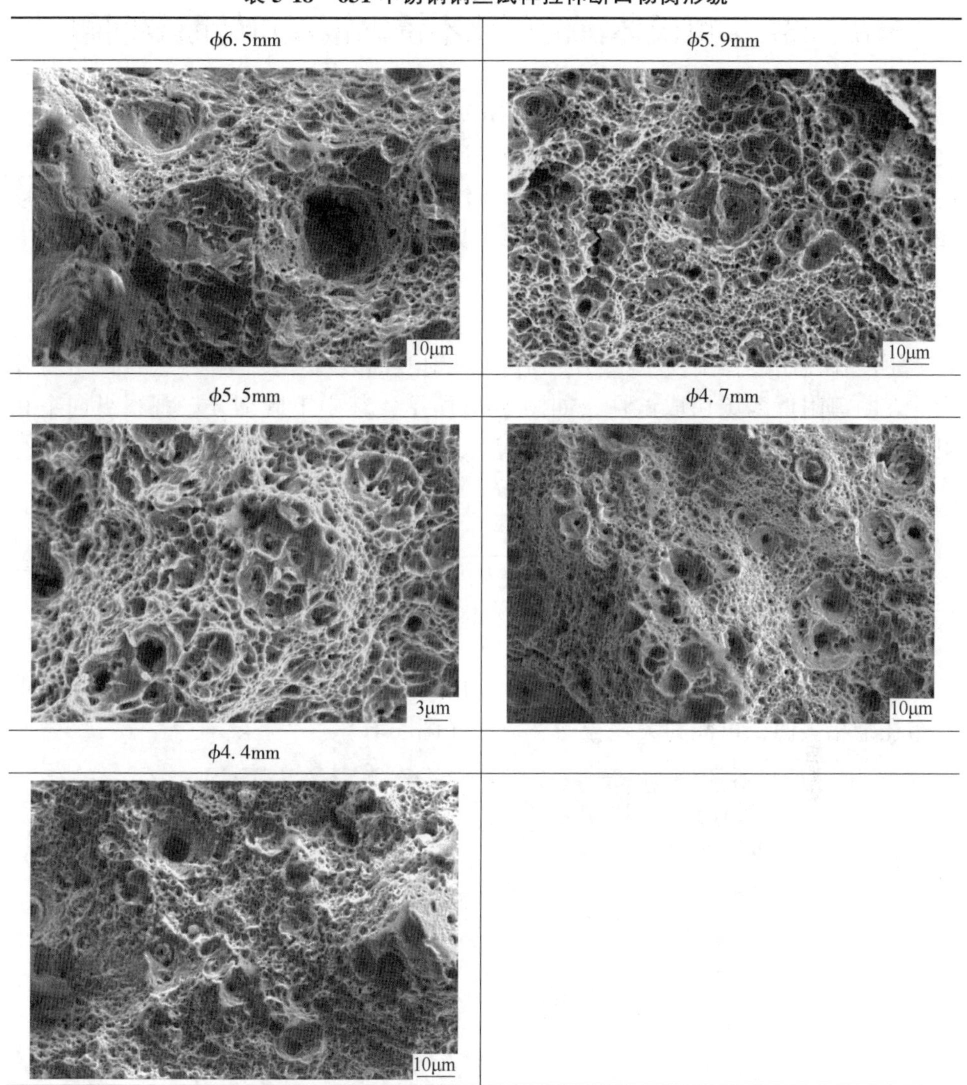

从表 5-18 可以观察到，各直径下的拉伸断口均存在大量的断裂韧窝，在大尺寸韧窝附近出现大量细小韧窝，在部分韧窝底部可以看到明显的夹杂物分布。韧窝的形状、尺寸、深度是钢丝塑性的重要表征，可以看出随着钢丝拉拔过程的

进行，钢丝直径从 ϕ6. 5mm 减小至 ϕ4. 4mm，韧窝尺寸也逐渐减小，且分布不均。ϕ6. 5mm 试样的韧窝的最大尺寸在 10μm 左右，而当直径为 ϕ4. 4mm 时，韧窝的最大尺寸约为 5μm；同时根据力学性能的数据，钢丝的伸长率也随着拉拔过程的进行不断下降，ϕ4. 4mm 试样的伸长率为 5. 84%，相比 ϕ6. 5mm 试样下降了 40%左右，塑性严重降低。

5.8 631 半奥氏体沉淀硬化不锈钢钢丝扭转断裂问题

631（ASTM）对应国内牌号 0Cr17Ni7Al，为半奥氏体沉淀硬化不锈钢。沉淀硬化型高强度不锈钢集奥氏体不锈钢与马氏体不锈钢的优点，既具有优良的耐蚀性能、加工性能，又可以通过热处理等方法获得超高强度。它既利用相变、变形和沉淀硬化达到超高强度的目的，又保证具有较好的塑韧性。

5.8.1 金相组织观察

钢丝在使用过程中发生扭转断裂，因此对其断裂机理及钢丝组织性能进行分析。在断口附近区域切取试样，如图 5-40 所示，其中 1 区剖开，观察纵向金相组织；2、3 区用于观察横截面组织形貌，采用王水+苦味酸盐酸酒精溶液浸蚀。

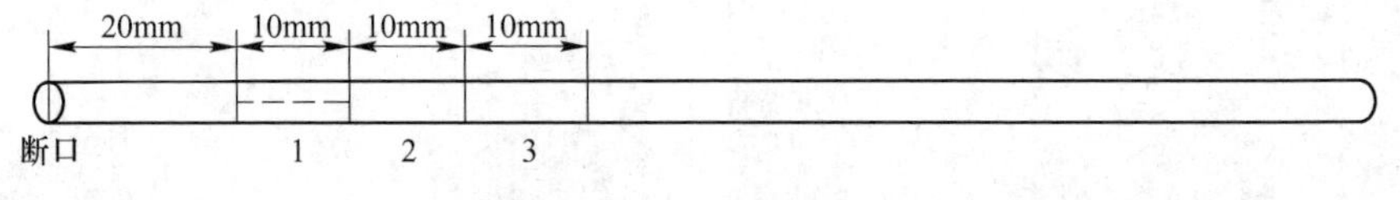

图 5-40 金相取样示意图

在光学显微镜下，可以看到钢丝沿拉拔方向存在较多的黑点，呈梭形明显地分布在金相表面，可能为大颗粒的夹杂物（图 5-41）。

图 5-41 631 不锈钢金相组织

5.8.2 扭转断口形貌分析

断口试样经过超声波清洗后，在扫描电镜下观察其断口表面形貌（图5-42）。

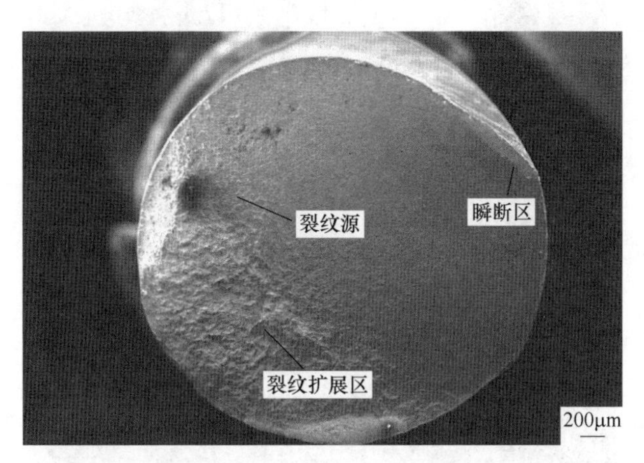

图 5-42 钢丝扭转断口形貌（SEM）

由扫描电镜观察到的断口形貌发现，断口可以分为明显的几个区域（图 5-43 和图 5-44），其中主要为裂纹源与裂纹扩展区，在较低的倍数下可以看到明显的裂纹源；裂纹源处在扫描电镜下为黑色坑状，能谱显示其中的黑色物质为附着物。裂纹源附近表现为明显的韧窝结构，表明钢丝在断裂前发生了一定的塑性变形。其中断口裂纹源附近有一个较小的台阶结构，坑状区域中没有观察发现大尺寸的硬质夹杂物。而在断口瞬断区表现为明显的弧线，垂直于裂纹扩展方向。

图 5-43 裂纹源区域形貌

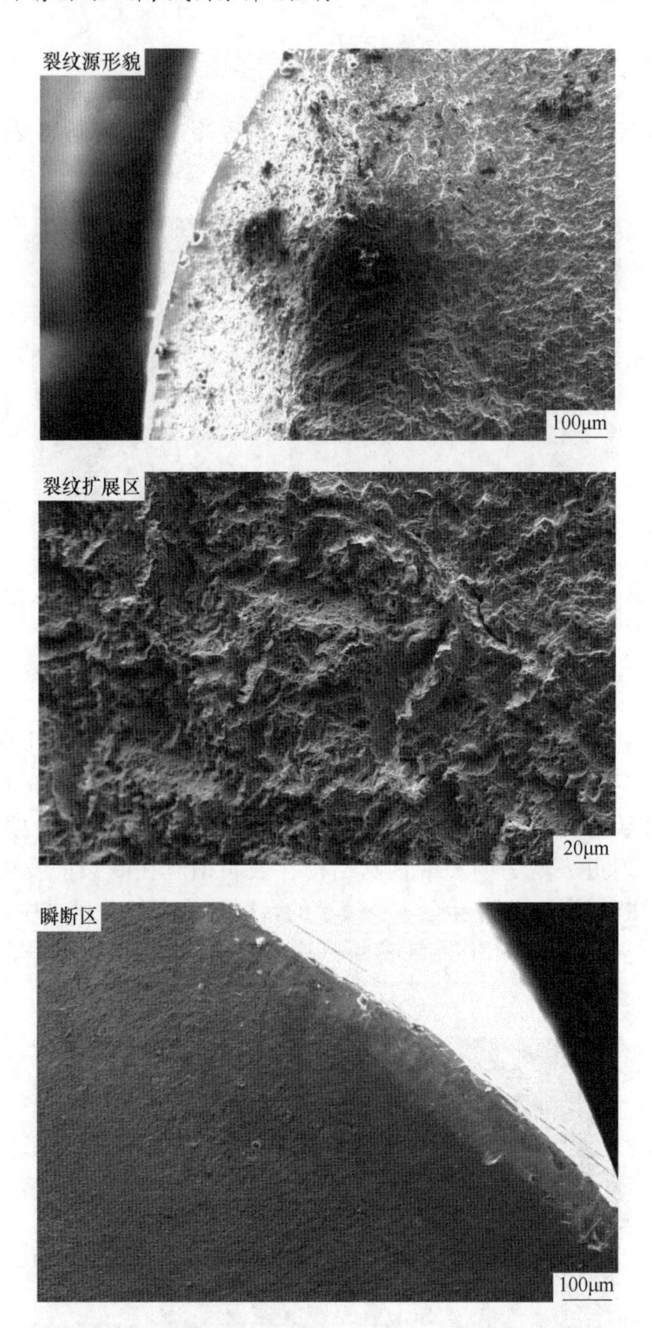

图 5-44 扭转断口主要区域形貌

通过金相观察可以发现大量的夹杂物存在，同样在钢丝的扭转断口中可以发现部分夹杂物，图 5-45 所示为断口中的 AlN 夹杂物。

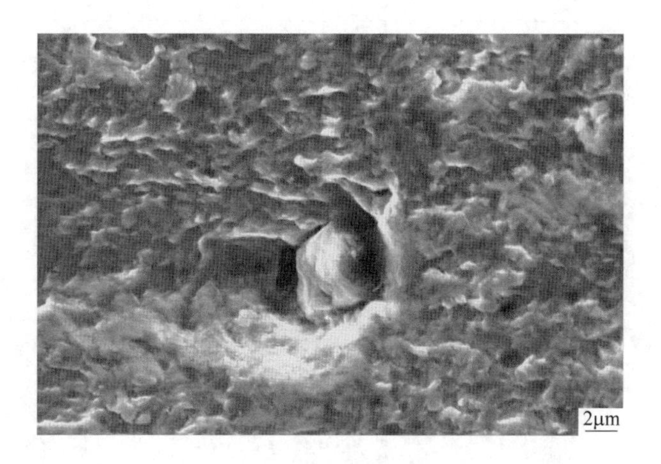

图 5-45 断口中的夹杂物

5.8.3 夹杂物分析

对于金相组织中所看到的黑点在扫描电镜下观察，并确定其化学成分（图 5-46）。

图 5-46 631 不锈钢钢丝的夹杂物形貌（1500×）

由图可以看出，钢丝中的夹杂物为硬质夹杂物，且夹杂物呈尖锐状，大小约为 10μm。夹杂物附近形成微裂纹，可以明确光学显微镜中所看到的梭形的黑点由夹杂物与微裂纹构成。夹杂物与裂纹破坏了钢丝基体的连续性，裂纹容易发生扩展并导致失效。对夹杂物进行 EDS 分析确定其成分（图 5-47）。

同样对钢丝中的其他夹杂物进行 EDS 能谱分析（图 5-48），均含有 Al、N 元素，为 AlN 夹杂物。

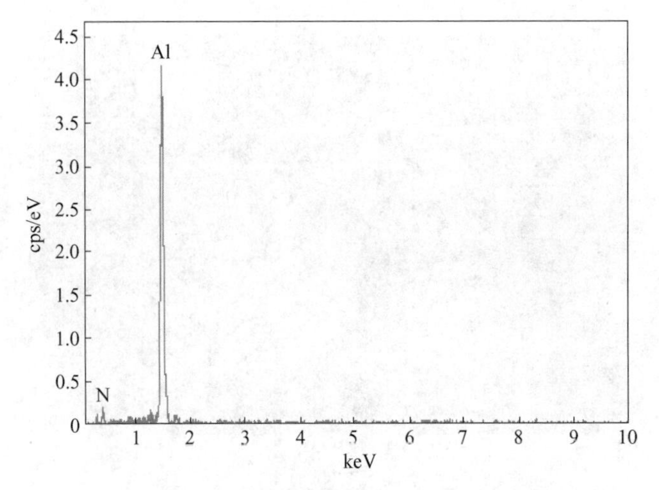

图 5-47 AlN 夹杂物 EDS 能谱分析

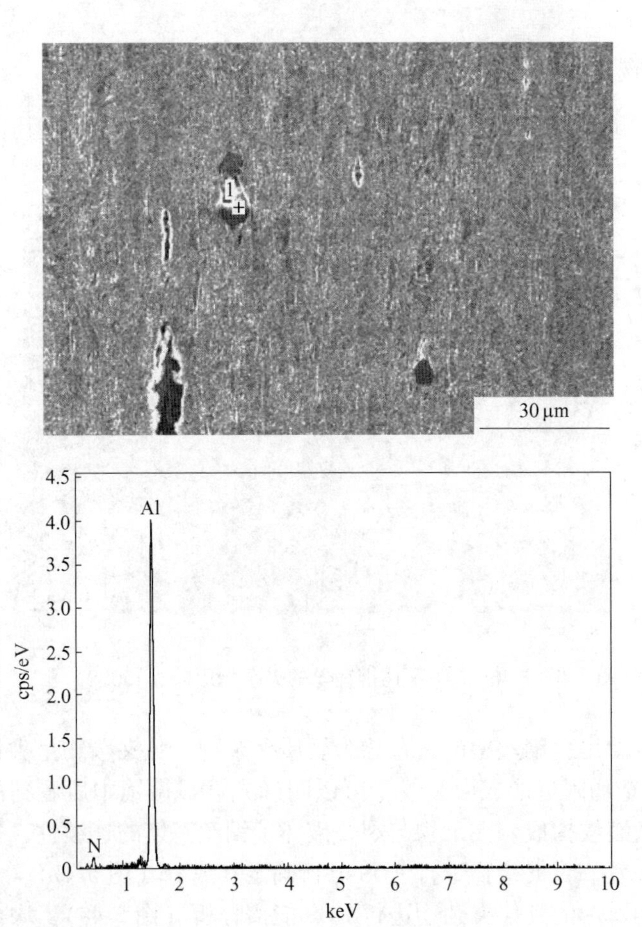

图 5-48 AlN 夹杂物形貌及 EDS 能谱分析

同样，在扫描电镜下可以看到大量的夹杂物存在，部分夹杂物呈明显的四方体结构，如图 5-49 所示。

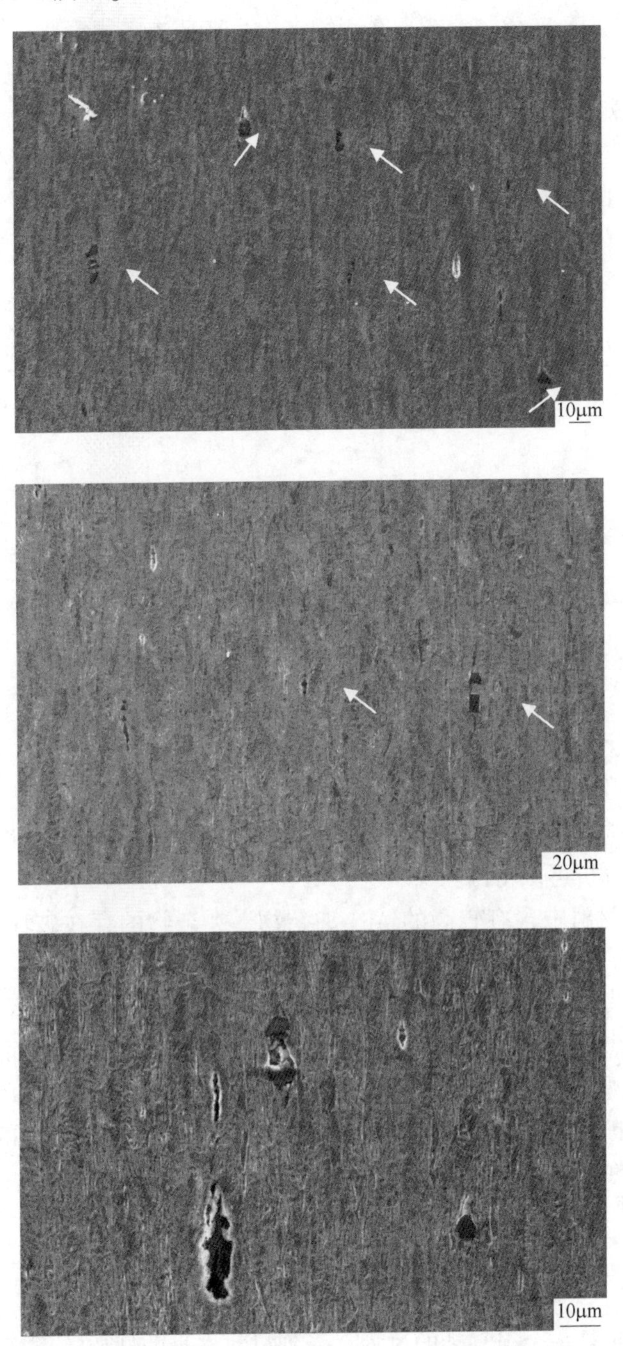

图 5-49　钢丝中夹杂物形貌及分布（SEM）

631 不锈钢时效处理的目的是使过饱和溶于基体中的沉淀硬化合金元素（Al）以金属间化合物析出的形式让钢得到硬化。但是由于冶炼过程的控制不当，导致 Al 元素以 AlN 夹杂物形式存在于钢中，且夹杂物含量较高，部分区域在 400 倍扫描电镜下可以看到 6 处夹杂物。夹杂物的存在破坏了钢中组织的连续性，变形过程中逐渐变成裂纹源，裂纹扩展并逐渐失效。

根据国标 GB/T 10561—2005，采用金相观察的方法划分其 AlN 夹杂等级。对试样纵切面抛光，在金相显微镜下观察其 AlN 夹杂分布。选择视场为 100 倍、共检测 125 个不同视场，对比 GB/T 10561—2005 中的夹杂物 ISO 评级图，划分夹杂等级。表 5-19 为 AlN 夹杂等级统计。

表 5-19 AlN 夹杂等级统计

夹杂级别	最小总长度/μm	数量
0.5	17	103
1	77	21
1.5	184	1

根据下列公式计算夹杂等级 i_{tot}：

$$i_{tot} = (n_1 \times 0.5) + (n_2 \times 1) + (n_3 \times 1.5)$$

$$i_{moy} = i_{tot}/N$$

式中，n_1 为级别为 0.5 的视场数；n_2 为级别为 1 的视场数；n_3 为级别为 1.5 的视场数；N 为所观察视场的总数。得到 AlN 夹杂等级为 0.59。

综合上述分析可以得出：

（1）断口材料中含有较高的 AlN 夹杂物，夹杂物的存在破坏了钢丝基体的连续性，在变形过程中由于应力集中容易成为裂纹源。

（2）扭转断口可以分为明显的裂纹源、裂纹扩展区与瞬断区；其中裂纹源呈现凹陷状，黑色区域为断口表面的附着物，由于其导电性较差而呈黑色。

（3）钢丝中的硬质夹杂物存在使钢丝在扭转变形过程中容易形成裂纹源，在变形时裂纹扩展并发生断裂；在断口裂纹源区域没有发现明显的 AlN 夹杂物，可能脱落或存在于另一个断口表面。

5.9 断裂原因及控制

材料的断裂是一个很复杂的过程，受到材料本身的性质、环境因素、工作应力状态、构件的形状及尺寸、材料的结构及缺陷等很多因素的影响，并且通常是上述多种因素综合作用的结果，这就使得材料断裂过程的分析增加了很多不确定的因素。

在工程上，根据材料在断裂前的宏观变形有无缩颈将断裂分为韧性断裂和脆性断裂，但为了更好地分析断裂起源，根据不同的断裂机制将断裂分为沿晶断裂（对应沿晶断口）、解理断裂（对应解理断口）、准解理断裂（对应准解理断口）、纯剪切断口以及微孔聚集型断裂（对应韧窝断口）。其中前三类属于脆性断裂，后两类属于韧性断裂。

在实际金属断裂中，夹杂物和第二相粒子是微孔形核的源头。金属材料中的夹杂物绝大多数是脆性相，在比较低的应力下便可与基体分离或本身开裂而形成微孔；而第二相则属于强化相，是起强化作用的。在外应力作用下，当外力较大时，位错启动并沿着滑移面运动，与第二相粒子相遇之后，一方面对位错产生阻力，产生强化作用；另一方面也在强化相处塞积引起应力集中，第二相与基体变形不协调而萌生微裂纹。在夹杂物和第二相粒子的周围存在一定数量的位错环，没有外力时，位错环处于平衡状态；受到外力作用时，平衡被打破，位错环被推向粒子，当一个又一个位错环被推向第二相粒子与基体界面时，会使得粒子与基体界面脱离形成微孔。微孔形成后，作用在后续位错环上的排斥力降低，从而使这些位错环可以被推向新形成的微孔而消失，微孔得以长大。微孔形成并不断长大之后，两个微孔之间的横截面面积减小，材料所受应力增大，这将促使材料进一步变形，加快微孔长大，直至聚合。与此同时，在宏观上，材料所受的应力越大，可以促使塑性变形进一步进行，材料发生形变硬化而强化。因此，材料的形变硬化指数越高，形变强化的作用也就越大，促进微孔长大聚合的作用相应减少；微孔长大过程越慢，材料的塑性和韧性也就越好。

材料抗拉强度的提高主要有两个方面原因：一方面是材料在应变过程中发生马氏体相变，相比奥氏体，马氏体具有高强度和高硬度的典型特征，因此马氏体硬质粒子分散在较软的奥氏体基体中，在微观上就增加了位错的钉扎点，新增钉扎点会使局部应力场发生改变；另一方面，材料发生塑性变形后使大量位错杂乱地排列于晶体中，引起位错密度增加，位错缠结现象。

参 考 文 献

[1] Derek Hull. 断口形貌学 [M]. 北京：科学出版社，2009.
[2] 贾翼速，宋仁伯，王宾宁，等 . 304HC 奥氏体不锈钢钢丝断裂行为研究及马氏体相变对钢丝力学性能的影响 [C]. 全国钢材深加工研讨会，2014.
[3] 李守新 . 夹杂对高强钢疲劳性能影响的研究 [J]. 中国基础科学，2005 (4)：14-15.

6 不锈钢钢丝表面锈蚀成因分析及控制

6.1 304B 奥氏体不锈钢钢丝表面锈蚀问题

实验材料是直径为 ϕ5.0mm 的 304B 奥氏体不锈钢棒，其化学成分见表 6-1，在实际生产使用过程中，钢丝表面出现锈蚀现象，表面上零散地分布着一定数量大小不一的锈坑。现根据企业提供原料，从金相组织、表面锈蚀形貌及 EDS 能谱等方面分析 304B 奥氏体不锈钢钢丝表面锈蚀的原因，试样取样位置及实物如图 6-1 所示。

表 6-1　304B 奥氏体不锈钢钢丝的化学成分　（wt. %）

成分	C	Mn	Si	P	S	Ni	Cr
含量	≤0.07	≤2.0	≤1.0	≤0.035	≤0.03	8.0~11.0	17.0~19.0

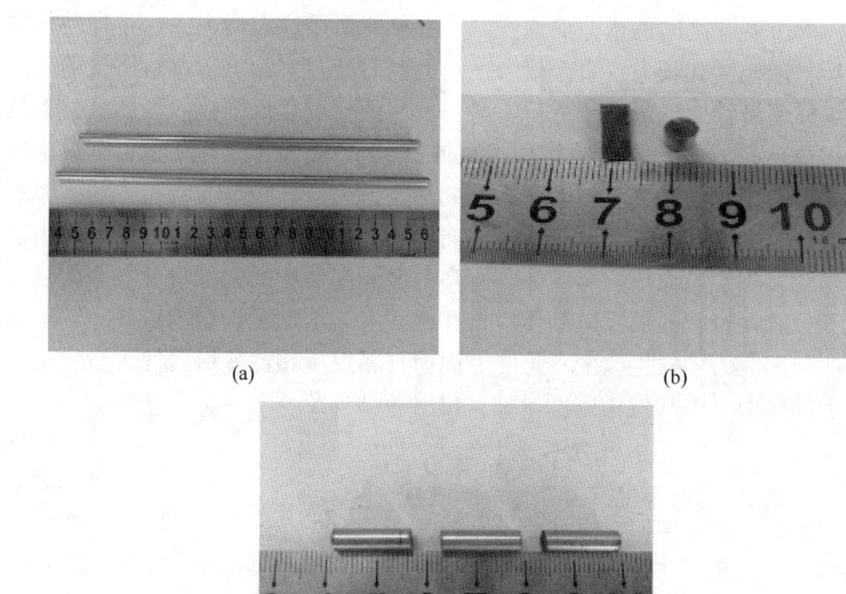

(a)　(b)　(c)

图 6-1　304B 奥氏体不锈钢钢丝试样及取样位置

（a）实物图；（b）横纵断面图；（c）锈蚀取样图

6.1.1 金相组织观察

分别观察试样横截面和纵截面的显微组织形貌图。从图 6-2 中可以观察到钢丝中的组织主要为等轴奥氏体晶粒以及形变马氏体组织，马氏体是硬而脆的相，在奥氏体钢中出现会降低钢丝的耐腐蚀性能和塑性。不锈钢的耐腐蚀性下降后，在拉拔的过程中由于组织中有硬而脆的马氏体相和塑性较差的铁素体，表面在拉拔磨具摩擦力和表面应力的作用下会率先出现点蚀，进而在空气中扩展成锈蚀坑。

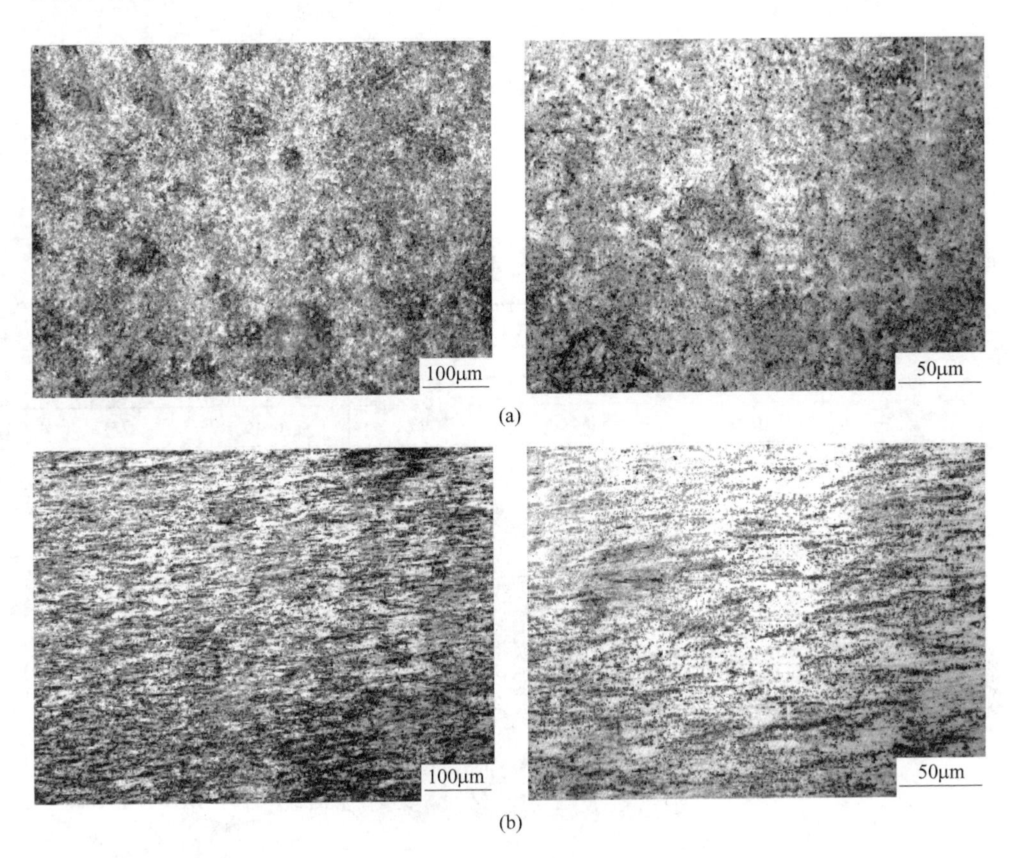

图 6-2 304B 奥氏体不锈钢金相组织形貌
（a）横向；（b）纵向

6.1.2 扫描电镜观察

通过扫描电镜对表面锈蚀区域进行 EDS 能谱分析，各个位置的结果及化学成分如图 6-3~图 6-5 所示。

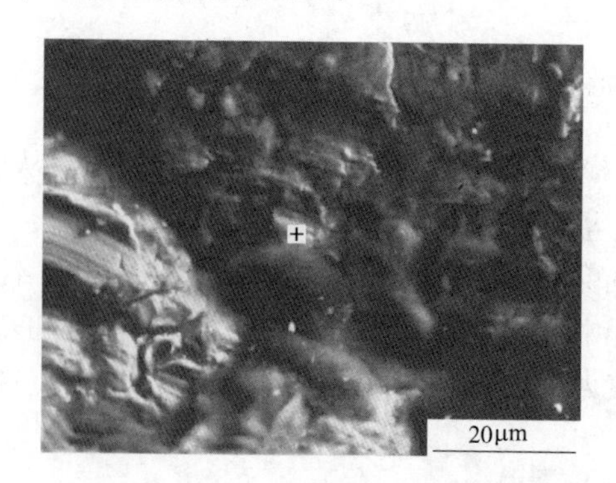

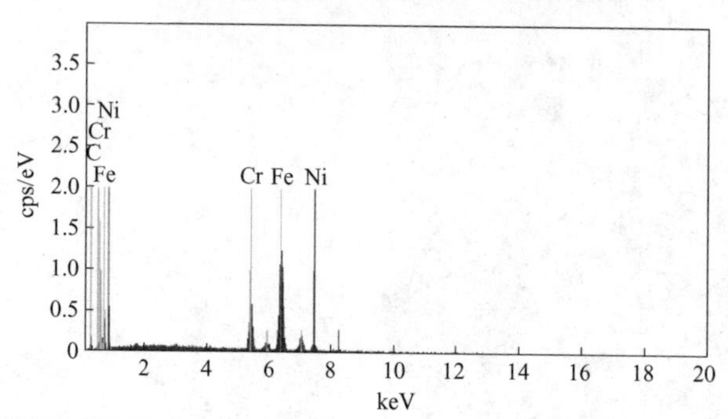

成分	C	O	Mn	Cr	Ni
含量/%	10. 8	5. 54	1. 93	16. 16	7. 13

图 6-3　锈蚀处 EDS 能谱及化学成分 I

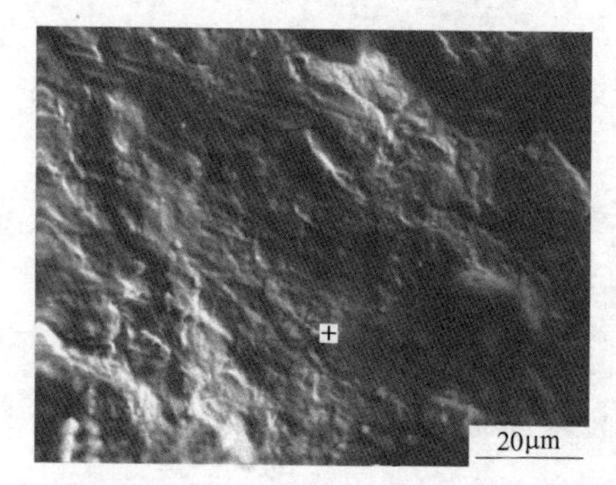

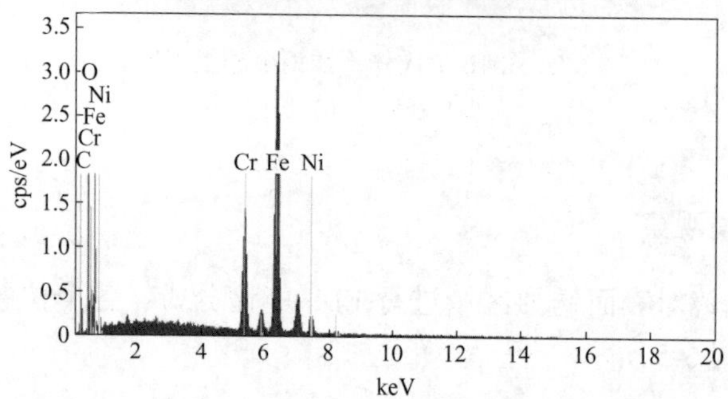

成分	C	O	Cr	Ni
含量/%	10.8	2.89	15.89	6.54

图 6-4 锈蚀处 EDS 能谱及化学成分Ⅱ

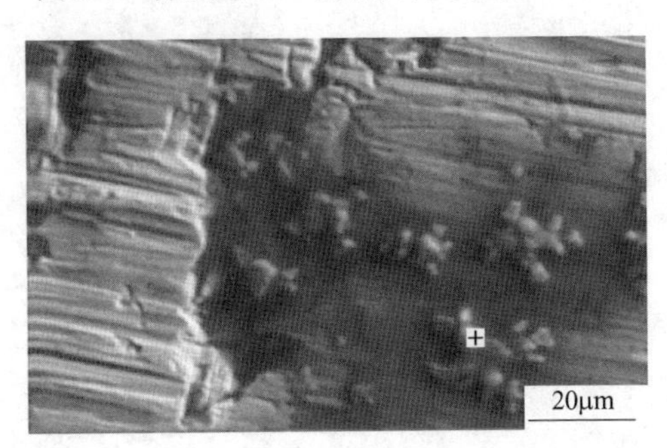

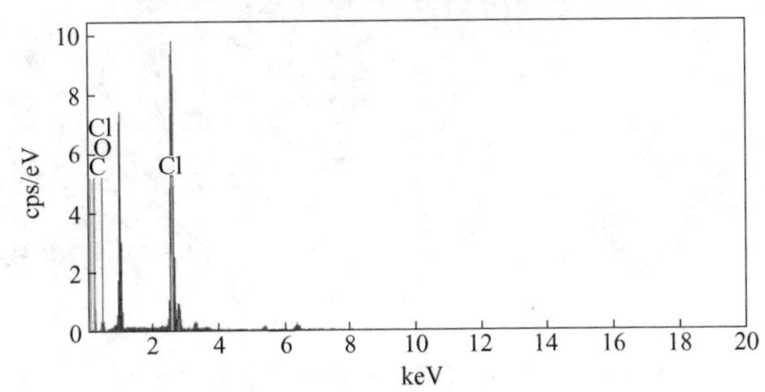

成分	C	O	Cl
含量/%	46.43	15.31	38.35

图 6-5 304B 奥氏体不锈钢棒表面锈坑 EDS 能谱及化学成分

从 EDS 结果可以看到，在表面锈坑区域主要异常元素为 C、O 两种元素，另外在锈坑上的附着物主要是 C、O、Cl 三种元素，前两个 EDS 结果表明锈坑区域出现了 C 元素的富集，C 的偏析势必会造成贫铬区的出现，从而降低不锈钢的耐腐蚀性，没有出现异常非金属元素，故而可以确定没有明显的内部夹杂，而锈坑中的附着物则是在酸洗的过程中残留所致；或者生产车间的环境中可能含有较多 Cl 离子的溶液介质，钢丝表面的钝化膜容易被破坏，破坏的部分便形成活化的阳极，周围则成为阴极，由于阳极的面积非常小，阳极的电流密度很大，活性溶解加速，因而形成表面点蚀。

6.1.3 表面形貌分析

对 304B 奥氏体不锈钢棒缺陷试样进行扫描电镜形貌观察，可以看到表面锈坑的微观形貌，如图 6-6 所示。

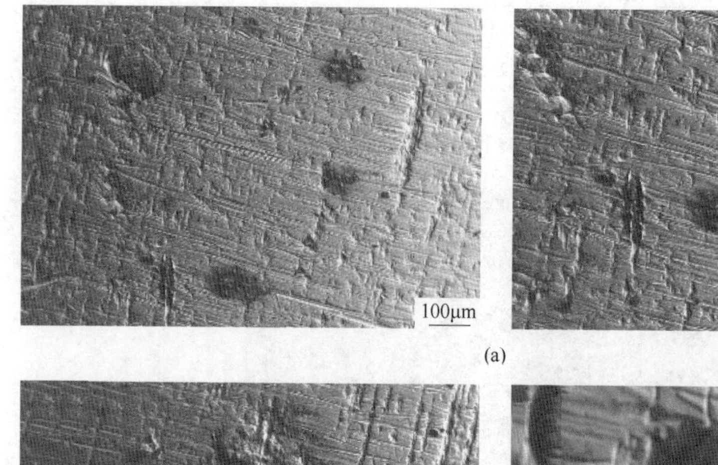

(a)

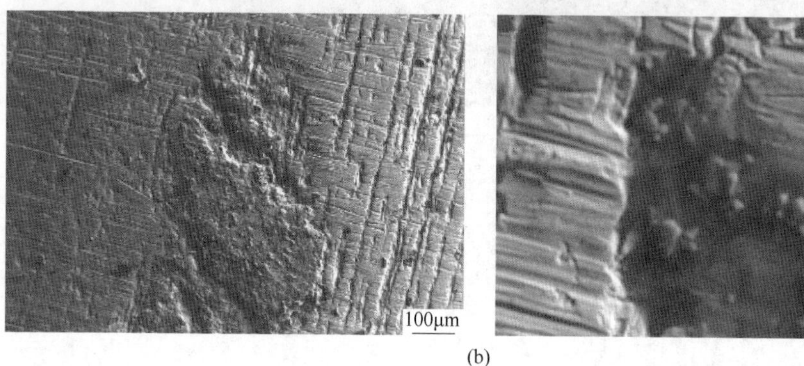

(b)

图 6-6　304B 奥氏体不锈钢棒表面锈坑形貌
（a）低倍；（b）高倍

由图可知，304B 奥氏体不锈钢棒表面锈坑的分布较为弥散，尺寸大小不一，平均尺寸约为 20~25μm，同时在凹坑的位置还存在少量的附着物，锈坑的形貌呈椭圆形，椭圆长轴为钢丝的拉拔方向，也就是说锈坑的出现是先出现局部点蚀，然后在拉拔力和表面摩擦力的作用下进一步扩展成较大的锈坑。与此同时，在锈蚀试样的表面可以清晰观察到表面划伤及纵向表面裂纹的存在，裂纹的存在使得钢丝表面致密的钝化膜遭到破坏，钢丝的耐蚀性能相应受到影响，出现局部腐蚀情况。接下来将通过 EDS 能谱进一步分析锈坑位置的成分及组成。

6.2　304M3 奥氏体不锈钢钢丝表面锈蚀问题研究

6.2.1　金相组织观察

304M3 不锈钢试样由原料拉拔至 ϕ2.25mm 后矫直，一头冲压弯曲，另一头冲螺纹，成品为辐条线，存放于成品库，部分成品发生表面锈蚀情况。对正常试样和锈蚀试样进行金相组织分析，采用王水甘油混合溶液浸蚀，观察对比两种试样的组织形貌，如图 6-7 和图 6-8 所示。从图中可以观察到 ϕ2.25mm 辐条线的生锈试样与正常试样的金相组织均为等轴奥氏体晶粒，正常试样的晶粒较粗大，而锈蚀试样的晶粒较细小，在纵截面均可以看到较为明显的加工硬化痕迹。对于不锈钢，晶粒大小和材料本身的耐蚀性能没有直接关系，相反对于一些普通的碳钢、铝合金，随着晶粒的减小其耐蚀性能在增加，而铜、镁合金则是随着晶粒的减小耐蚀性能也在同样减小。因此，对于 304M3 不锈钢，晶粒大小不能作为试样产生氧化的原因。

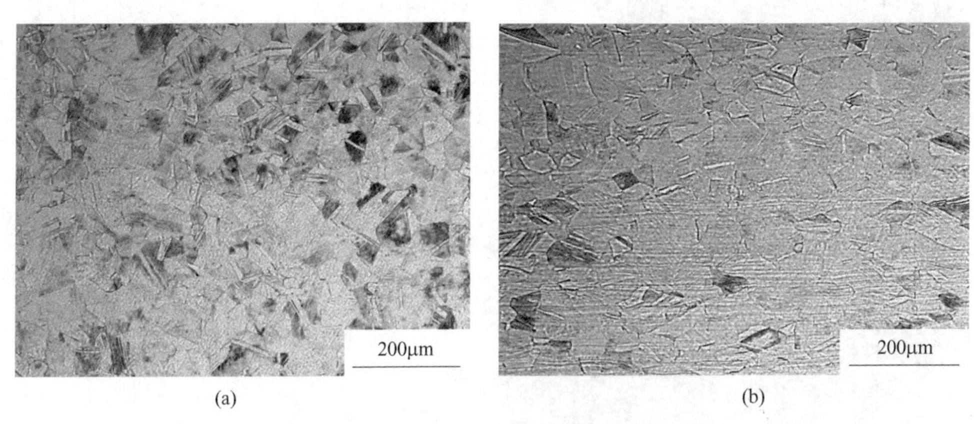

(a)　(b)

图 6-7　304M3 正常试样金相组织形貌
（a）横向；（b）纵向

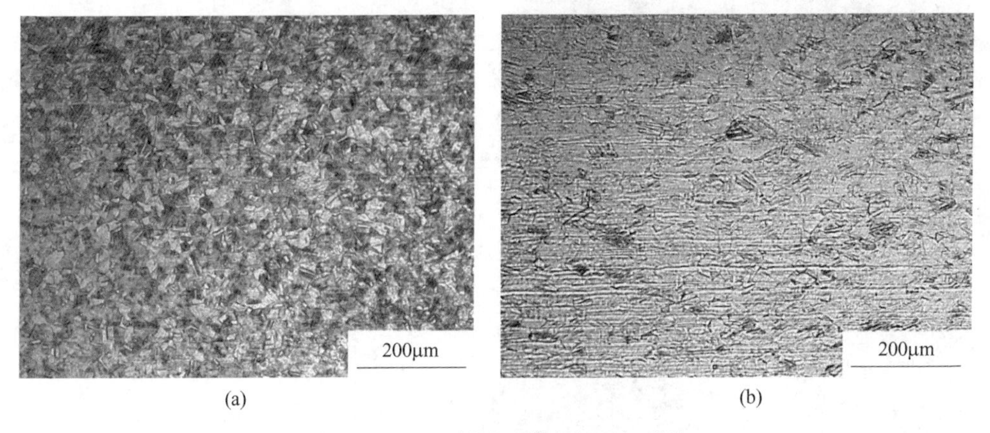

(a)　(b)

图 6-8　304M3 锈蚀试样金相组织形貌
（a）横向；（b）纵向

6.2.2　扫描电镜观察

分别对正常试样和锈蚀试样的微观组织在扫描电镜下进行进一步观察，结果如图 6-9～图 6-12 所示。

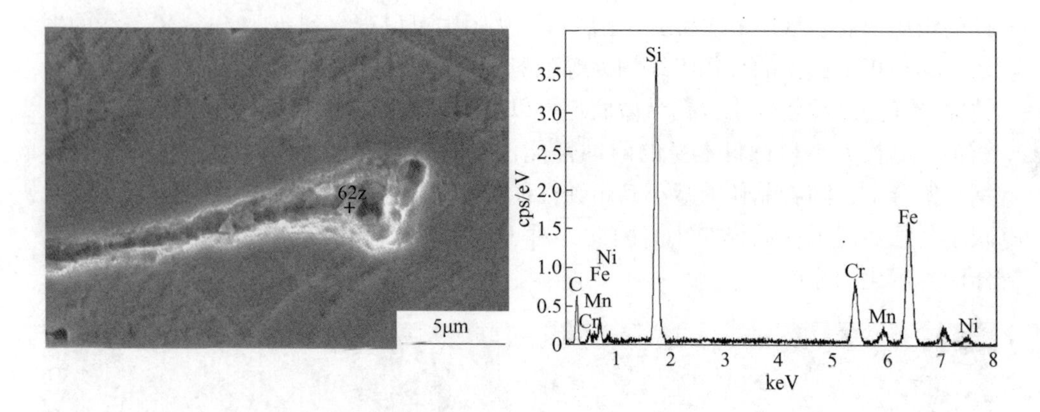

图 6-9 304M3 试样微观组织形貌及成分分析（正常试样）

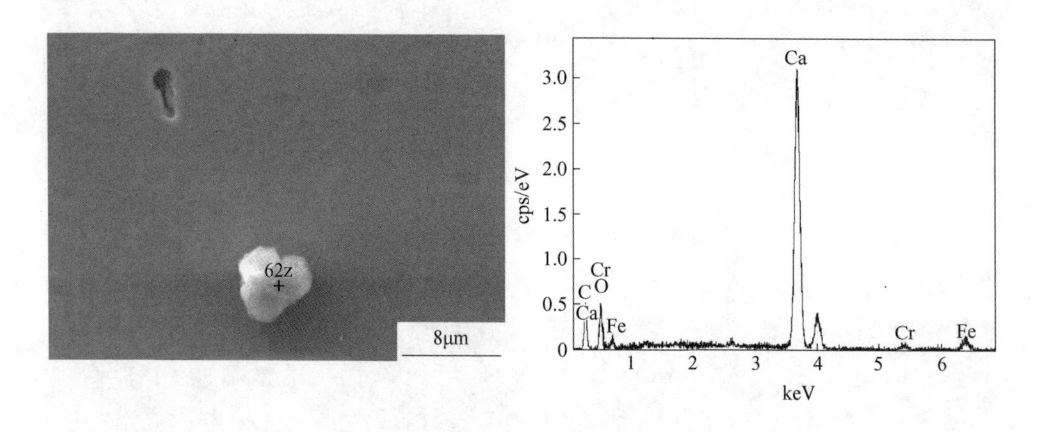

图 6-10 304M3 试样微观组织形貌及成分分析（正常试样）

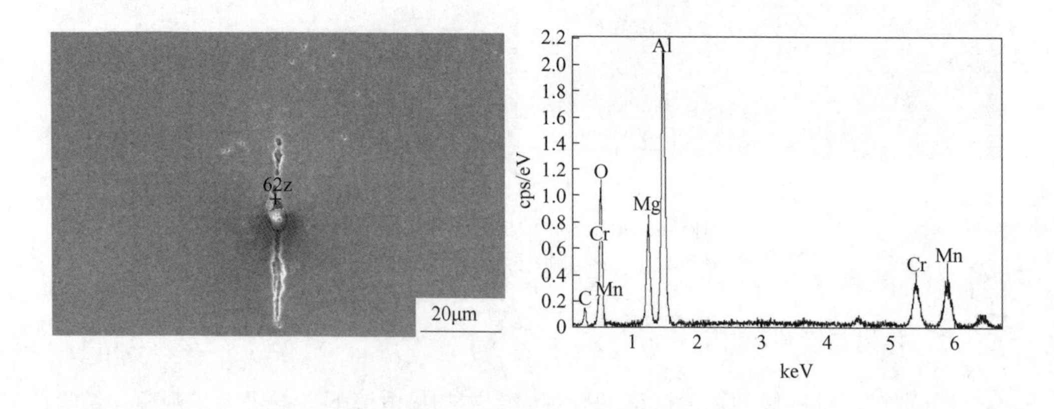

图 6-11 304M3 试样微观组织形貌及成分分析（锈蚀试样）

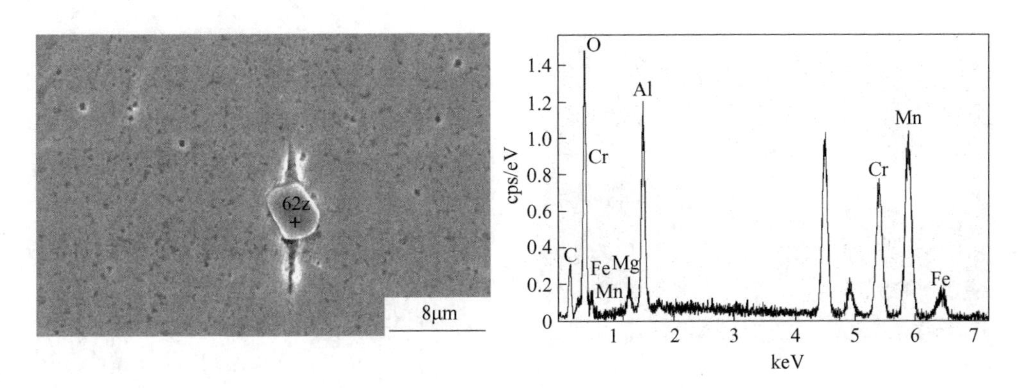

图 6-12 304M3 试样微观组织形貌及成分分析（锈蚀试样）

通过观察发现，正常试样和锈蚀试样均有非金属夹杂物存在，通过能谱分析可以明确夹杂物种类主要为硅、铝、钙化物夹杂，这些夹杂物会通过水发生氧化反应并渗到不锈钢的表面，形成锈斑。但是在正常的未生锈的辐条线试样中也有夹杂物的存在，而且这些夹杂物并非位于试样的表面，因此判断夹杂物并非是导致材料发生表面锈蚀的主要原因。

6.2.3 表面形貌分析

通过 EDS 能谱扫描对锈蚀试样的表面氧化物进行成分分析，确定其元素构成，以帮助确定导致锈蚀产生的原因。锈蚀试样表面氧化物形貌如图 6-13 和图 6-14 所示。

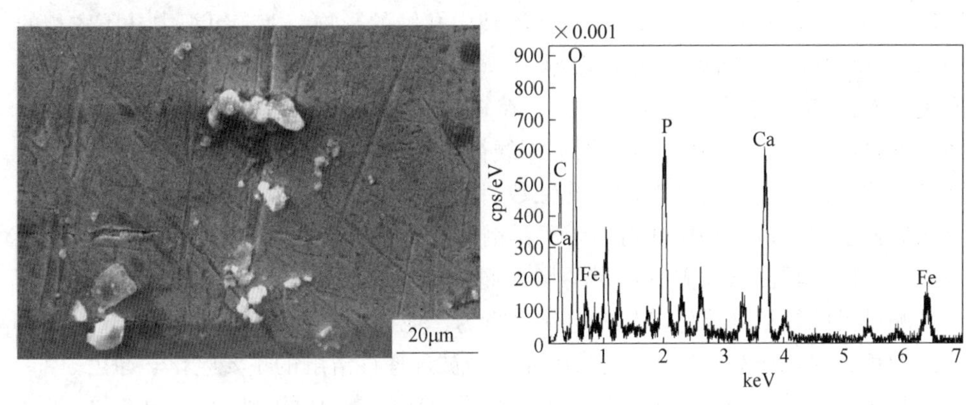

图 6-13 304M3 锈蚀试样表面氧化物微观组织形貌及成分分析

通过 EDS 能谱分析，发现锈蚀试样表面的氧化物均为磷钙的氧化物，而根据国家标准，304M3 不锈钢材质中这两种元素含量极小，可以判断为存放地点周

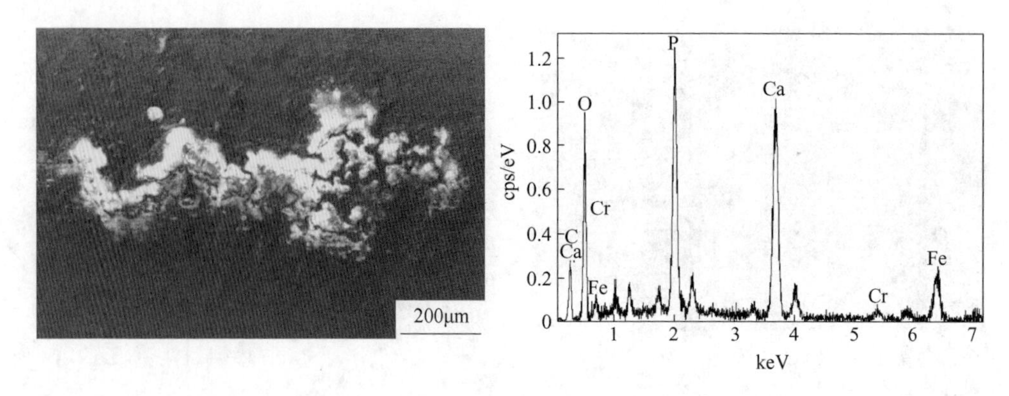

图 6-14 304M3 锈蚀试样表面氧化物微观组织形貌及成分分析

围空气环境中的外来物或者是加工过程中的残留物，附着在材料表面，与空气中的氧气和水结合形成氧化产物，导致不锈钢钢丝表面产生腐蚀情况。

马氏体的形态及其内部亚结构主要取决于母相奥氏体的化学成分和马氏体的形成温度。在低碳奥氏体钢中一般形成板条马氏体，在高碳钢中一般形成片状马氏体。钢中加入的合金元素对马氏体的形态也有一定影响，一般来说，凡是缩小奥氏体相区的合金元素均对形成板条马氏体有帮助，扩大奥氏体相区的合金元素会促使马氏体形态由板条状向片状转化。

多年来，国内外许多研究者对马氏体相变与材料耐蚀性能的关系进行了大量的研究。首先，马氏体相变在一定条件下通过影响材料的电化学行为改变材料的耐蚀性能。Sunada Satoshi 等人通过电化学方法和微观观察，研究了形变诱发马氏体对 SUS304 不锈钢在 H_2SO_4-NaCl 溶液中孔蚀的影响，随着组织中马氏体相的增加，SUS304 不锈钢耐孔蚀性能减弱；马氏体对 SUS304 不锈钢孔蚀数目的影响取决于 NaCl 溶液浓度、温度和电位。在较高 NaCl 溶液浓度的条件下，孔蚀数目随 SUS304 不锈钢中马氏体含量增加而线性增加。在高温和高阳极电位的条件下，当马氏体含量超过 50%的范围，孔蚀数目几乎不变。方智、吴荫顺等人用电化学方法研究了形变诱发马氏体对 304 不锈钢在活化状态下电化学行为的影响。结果表明，马氏体转变量随着变形量的增加而增加，同时材料的电化学活性也增大。通过测量奥氏体和马氏体单相的电化学行为，他们还发现马氏体的腐蚀电位比奥氏体的负 55mV，这是形变诱发马氏体容易被选择性溶解的主要电化学原因。

其次，马氏体相变在很大程度上影响了材料的应力腐蚀破裂。A. Cigada 等人认为，形变诱发马氏体是奥氏体不锈钢在含氯离子介质中应力腐蚀破裂的主要原因之一。他们的研究表明，形变诱发马氏体增加了在沸腾氯化镁溶液中应力腐蚀敏感性。他们通过研究得出结论：形变诱发产生的马氏体对 304L、316L 奥氏体不锈钢在氯离子浓度小于 0. 1%溶液中的应力腐蚀破裂有明显的恶化作用。张新生研究了马氏体相变对 304 奥氏体不锈钢耐蚀性能的影响。加热（+180℃）条件下拉伸变形使 304 不锈钢在 42%沸腾 $MgCl_2$ 溶液中的应力腐蚀破裂敏感性下降；而低温（-70℃）条件下拉伸变形使 304 不锈钢在 42%沸腾 $MgCl_2$ 溶液中的应力腐蚀破裂敏感性经历一个先下降后上升的过程。马氏体相的存在使 304 不锈钢在 42%沸腾 $MgCl_2$ 溶液中的应力腐蚀破裂敏感性增大。

对 304M3 不锈钢的正常和发生锈蚀的两种试样进行 XRD 观察，其 X 衍射图谱如图 6-15 和图 6-16 所示。

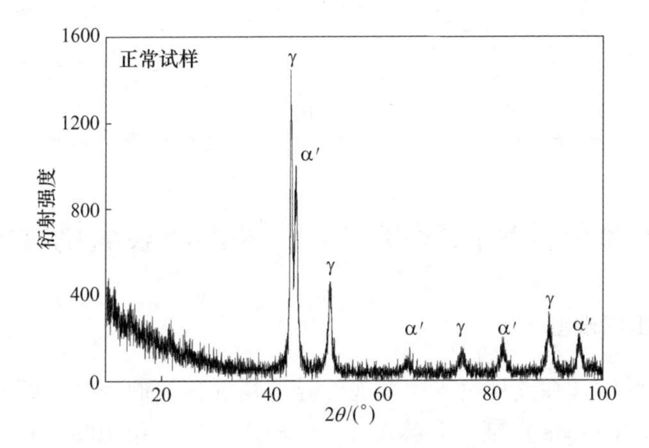

图 6-15　304M3 不锈钢钢丝正常试样 X 射线衍射图谱

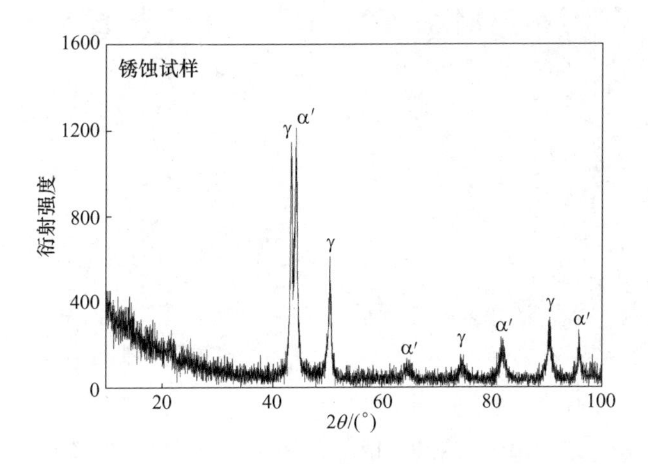

图 6-16　304M3 不锈钢钢丝锈蚀试样 X 射线衍射图谱

从衍射峰的强度上可以明显看出，锈蚀试样的 α′马氏体强度要高于正常试样的衍射峰强度。计算奥氏体相和马氏体相的体积分数，结果见表 6-2。两种试样组织中马氏体含量差异明显，对材料的耐腐蚀性能产生影响。材料在发生马氏体相变的同时产生大量的微观缺陷，而且马氏体相的腐蚀电位比奥氏体相的负，马氏体相被选择性先溶解，在腐蚀介质中容易形成腐蚀产物膜，这对材料的耐蚀性必然产生明显影响。同时，由于马氏体属于铁磁相，较多的马氏体含量将对材料的磁性产生影响，对于部分要求较高的无磁深加工产品需要控制形变诱发马氏体的含量。

表 6-2 不同试样奥氏体相和马氏体相的体积分数 (%)

组织	正常试样	锈蚀试样
奥氏体相分数	57.84	48.10
马氏体相分数	42.16	51.90

6.3 631 半奥氏体沉淀硬化不锈钢钢丝表面锈蚀问题研究

6.3.1 金相组织观察

631 不锈钢钢丝在使用过程中发现部分材料发生表面锈蚀，因此对锈蚀试样和正常试样采用 Viella 试剂（苦味酸 1g，HCl 5mL，酒精 100mL）浸蚀，观察其金相组织，结果如图 6-17 和图 6-18 所示。

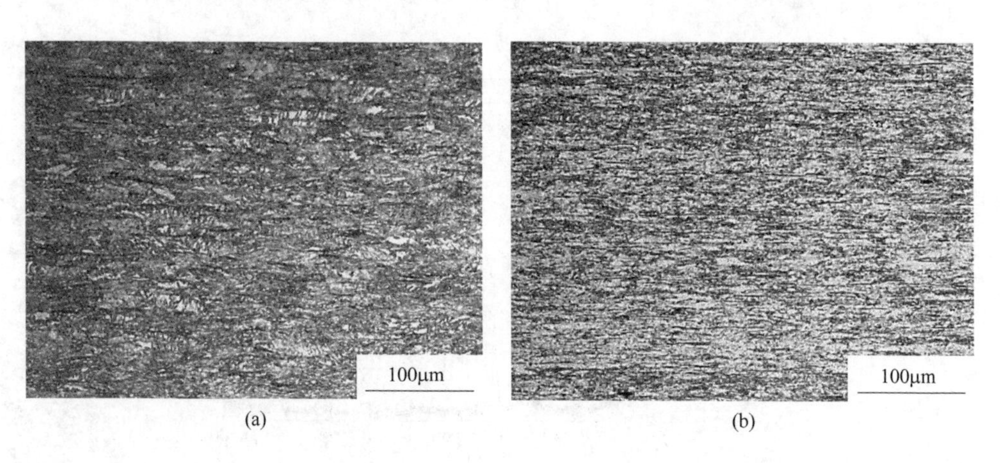

图 6-17 631 不锈钢钢丝试样纵向金相组织形貌对比（200×）
（a）锈蚀试样；（b）正常试样

由图可以观察到，锈蚀试样和正常试样的横向和纵向金相组织并无不同，均为奥氏体组织和板条马氏体组织。在纵向金相组织中可以明显看出沿拉拔方向的变形痕迹。对两种试样的组织在扫描电镜下进行进一步观察，结果如图 6-19 所

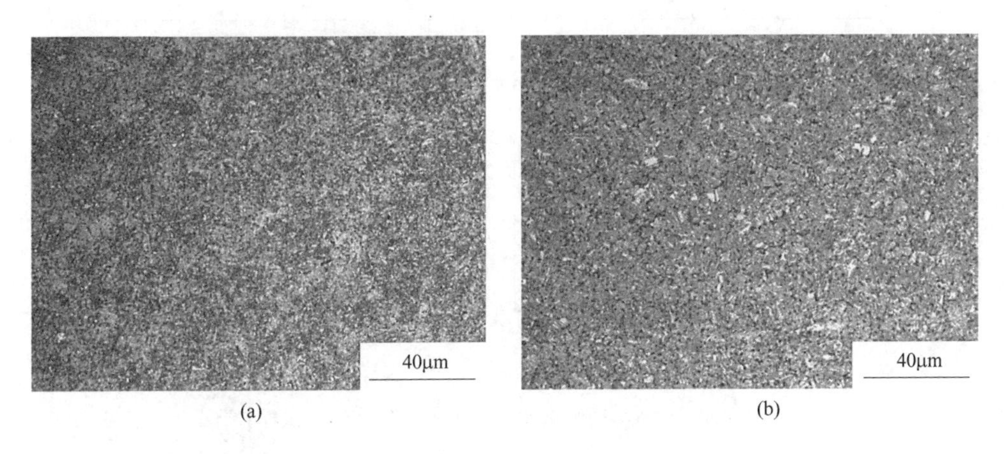

图 6-18　631 不锈钢钢丝试样横向金相组织形貌对比（500×）
（a）锈蚀试样；（b）正常试样

示。两种试样在扫描电镜观察下仍然没有区别，同样为板条马氏体组织，黑色的凹坑为析出的碳化物的腐蚀坑。

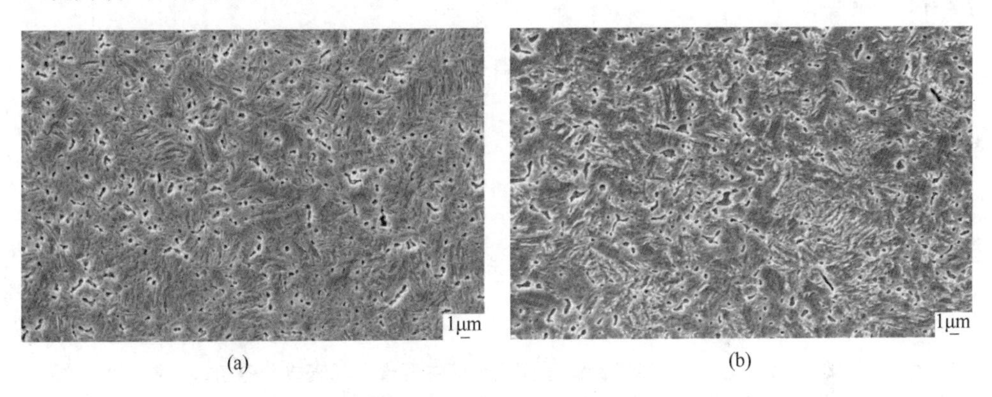

图 6-19　631 不锈钢钢丝试样微观组织形貌对比（2000×）
（a）锈蚀试样；（b）正常试样

6.3.2　试样成分分析

对比锈蚀试样和正常试样的基体成分，以确认在锈蚀试样中是否存在成分偏析，因为成分偏析是导致表面锈蚀的重要原因之一。对两种试样的基体进行 EDS 能谱扫描，各元素成分如图 6-20 和图 6-21 所示。

通过对两种试样进行选区成分分析，发现在决定钢丝耐蚀能力的几种主要元素上两种试样并没有显著差异，尤其是 Cr 含量均大于 14%，具体数据见表 6-3，结果表明样品未发生成分偏析，因此这并不是导致表面锈蚀的原因。

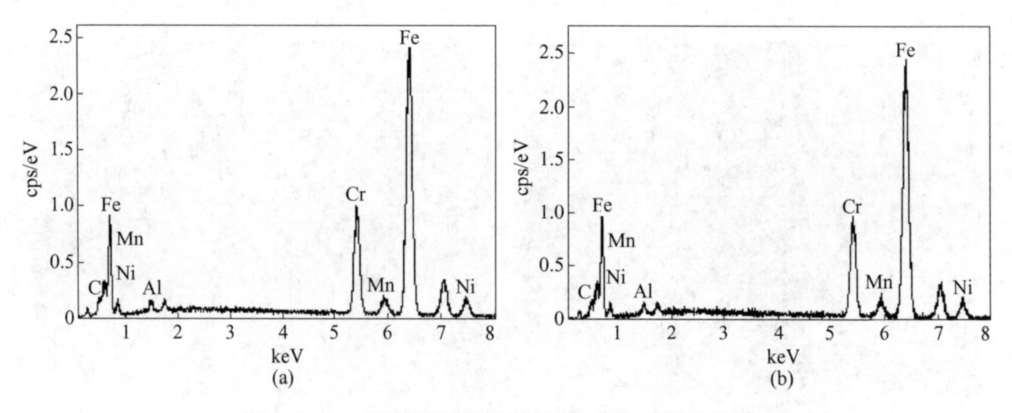

图 6-20 631 不锈钢钢丝试样组织成分（锈蚀试样）

（a）纵向；（b）横向

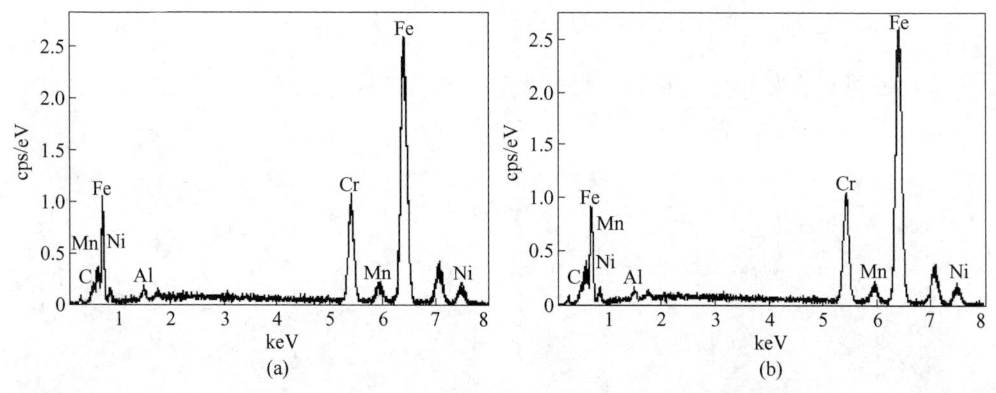

图 6-21 631 不锈钢钢丝试样组织成分（正常试样）

（a）纵向；（b）横向

表 6-3 631 不锈钢钢丝样品选区主要合金元素成分分析 （%）

合金元素	Al	Cr	Mn	Ni
生锈试样	1.02	14.67	1.16	5.30
	0.80	14.97	1.21	8.03
正常试样	0.87	14.46	0.92	4.69
	1.02	14.98	1.27	7.02

6.3.3 表面形貌分析

对锈蚀试样的表面氧化物进行成分分析，确定其元素构成，可以帮助确定锈蚀的原因。锈蚀试样表面氧化物形貌如图 6-22 所示。

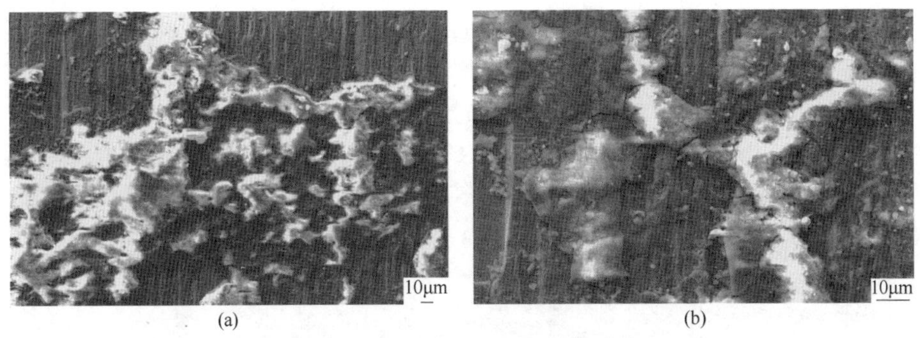

图 6-22 锈蚀试样表面氧化物形貌

对氧化物富集区域进行面扫描，分析其元素构成，结果如图 6-23 所示，结果显示在区域内含有较高的 O、S、K 元素，而 Fe、Cr、Ni 元素含量相对较低。

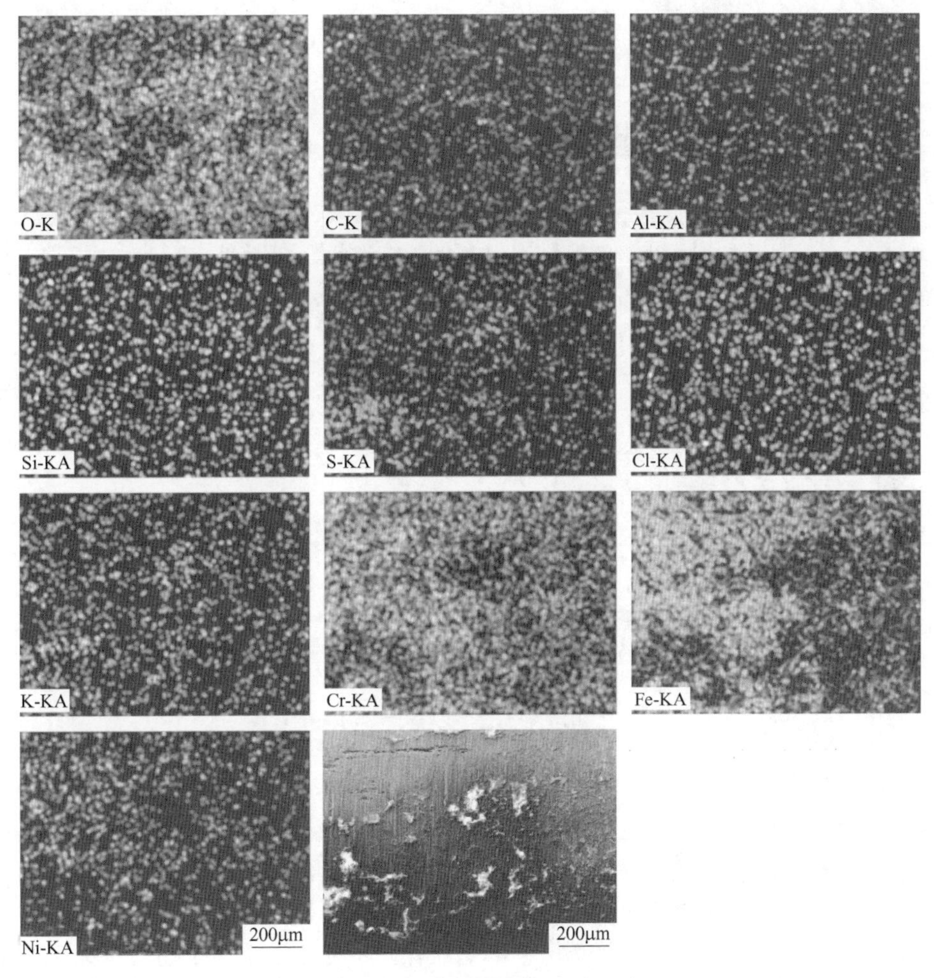

图 6-23 氧化物形貌及各元素分布

检测氧化物成分，发现其中 O、S 元素比较突出，而不锈钢对于材质基本要求其 S≤0.003%，超出正常范围。

对氧化物进行 EDS 能谱分析，结果如图 6-24 所示。EDS 结果显示氧化物中主要为 O、S、Cr、Fe，还有少量的 K、Ca 元素，但是 Ni 元素含量极低，推断该氧化物应为铁氧化物、铬氧化物以及 FeS。其中 S 元素可能来自外界环境，为大气腐蚀或者酸液腐蚀。而对比正常样品表面可以发现，样品表面只有 Cr、Fe、Mn、Ni 元素，如图 6-25 所示。

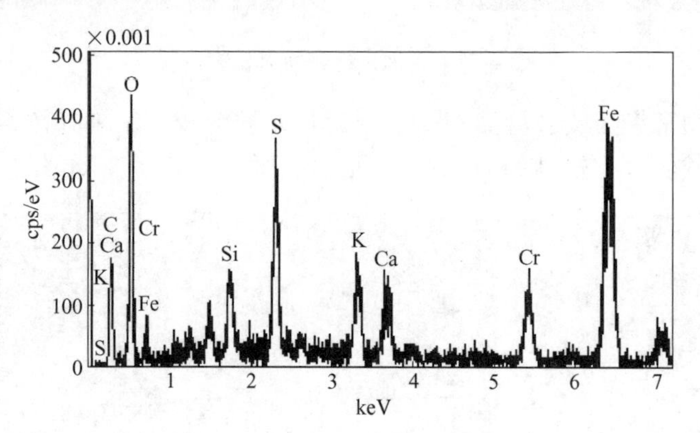

图 6-24 锈蚀试样表面氧化物 EDS 能谱分析结果

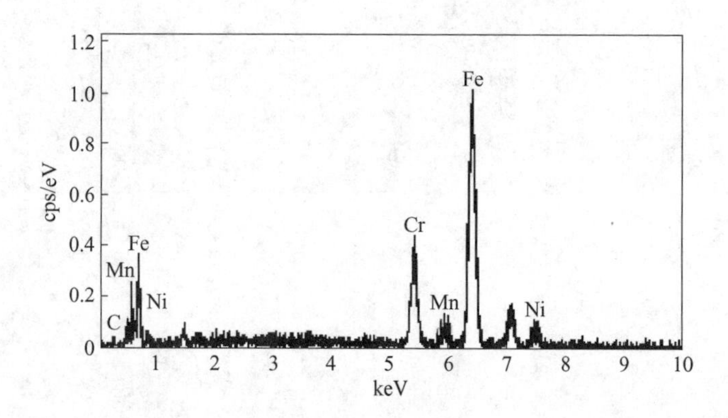

图 6-25 正常试样表面 EDS 能谱分析结果

S 元素的来源可能为大气腐蚀。大气中含有体积分数 0.01%的二氧化硫时，就可使金属的临界相对湿度由 70%下降到 50%。二氧化硫溶于金属制品表面的水膜中，使水膜成为酸性电解液，破坏有保护作用的氧化膜，加速金属锈蚀。同时二氧化硫还可氧化成三氧化硫，溶于金属表面水膜后生成硫酸，它对金属的锈蚀促进极大，在潮湿大气中，一个分子的二氧化硫可使几十个原子的铁腐蚀变成氧化物。

与此同时，在锈蚀表面试样的表面可以清晰观察到表面裂纹的存在，裂纹的存在使得钢丝表面致密的氧化膜遭到破坏，钢丝的耐蚀性能相应受到影响，出现局部腐蚀情况，如图 6-26 所示。

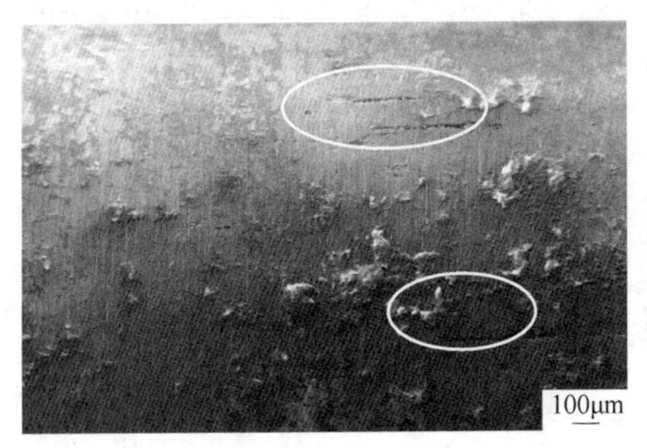

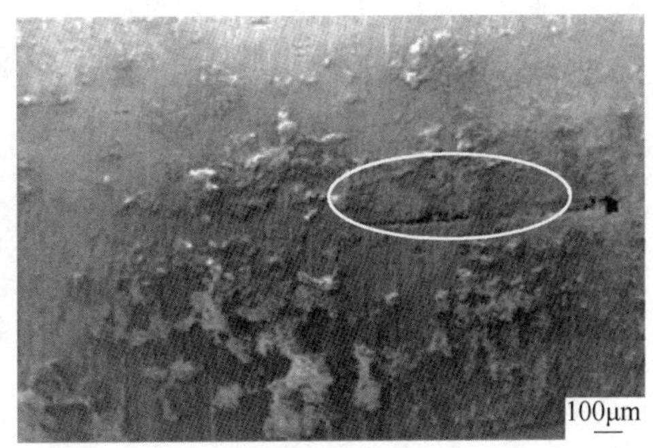

图 6-26 锈蚀试样表面不同位置的裂纹形貌

6.4 表面锈蚀原因及控制

（1）304B 不锈钢钢丝试样金相组织基体为奥氏体，拉拔变形过程中产生了孪晶和滑移带。试样表面附近和心部的组织并无显著差异，基体中也没有发现夹杂物。XRD 结果显示试样基体中除奥氏体外，还有一定量的马氏体和 $Cr_{23}C_6$，偏析的碳与晶界边缘的铬结合形成 $Cr_{23}C_6$，使晶粒边界附近形成贫铬区，降低了晶界附近的铬含量。试样表面锈蚀的原因为：原料表面铬元素（Cr）偏低；试样基体中有 $Cr_{23}C_6$，造成了局部贫铬；酸洗过程中表面残留了氯离子。

（2）304M3 奥氏体不锈钢钢丝正常试样和锈蚀试样的晶粒尺寸不同，均发现有非金属夹杂物的存在，但都不会导致表面生锈。锈蚀部分氧化物成分为磷钙的氧化物，来源是存放环境中的外来物或者是加工过程中的残留物与空气中的氧气和水结合形成氧化产物。304M3 不锈钢钢丝正常试样和锈蚀试样组织中的马氏体含量不同，材料在发生马氏体相变的同时产生大量的微观缺陷，而且马氏体相的腐蚀电位比奥氏体相的腐蚀电位负，马氏体相被选择性先溶解，在腐蚀介质中容易形成腐蚀产物膜；同时，较多的马氏体含量会增强材料的磁性。

（3）631 不锈钢钢丝正常试样和表面锈蚀试样的组织成分保持一致，无成分偏析。锈蚀区域氧化物的成分主要为 O、S、Cr、Fe，S 元素来自大气环境或者酸洗残留。同时在锈蚀试样表面观察到裂纹的存在，使钢丝表面致密的氧化膜遭到破坏，出现局部腐蚀的情况。

参 考 文 献

[1] 程晓波 . 304 不锈钢表面锈蚀原因分析 [J]. 腐蚀与防护，2010（12）: 946-948.
[2] 于晓飞 . 304、316 不锈钢晶间腐蚀的实验与理论研究 [D]. 济南：山东大学，2010：150.
[3] 刘芳，闫松毓，孙将达，等 . 304 不锈钢表面锈蚀层组成、结构及原因分析 [C]. 中国体视学与图像分析学术会议，2013.

7 不锈钢钢丝组织与性能不合成因分析及控制

7.1 304H 奥氏体不锈钢钢丝磁性问题

某企业生产的304H 铆钉用不锈钢钢丝，原材料在进行拉拔后，部分成品出现高磁性现象，采用金相显微镜观察显微组织，通过 XRD 实验分析其相组成，结合 EDS 能谱分析技术分析元素组成情况。

304H 不锈钢相比于传统的 304 不锈钢，碳含量有明显提高。304H 的碳含量在 0.04%~0.1%之间，304 不锈钢碳含量在 0.08%内（表 7-1）。304H 中的 H 指的是高温，而较高的碳含量就是高温强度的保障。并且 304H 还具有良好的弯曲和焊接性能，具有良好的持久强度和组织稳定性，冷变形能力非常好。使用温度最高可达 650℃，抗氧化温度最高可达 850℃。

表 7-1 304H 不锈钢化学成分 (wt. %)

成分	C	Si	Mn	P	S	Cr	Ni	Cu	Mo	N
含量	0.072	0.357	1.07	0.037	0.0018	18.28	8.04	0.27	0.05	0.11

7.1.1 金相组织观察

对 304H 不锈钢使用金相显微镜观察试样的显微组织，结果如图 7-1 所示。试样的基体组织主要为等轴奥氏体晶粒，尺寸分布较均匀，试样边缘和心部均存在大量细小的变形孪晶，同时还观察到一定量的马氏体组织。

这些少量的马氏体组织应该是由奥氏体转变而成的。奥氏体不锈钢在冷加工拉拔变形时，其中部分奥氏体会发生马氏体转变，这时面心立方的奥氏体就变成体心立方（或密排立方）的马氏体，并与原奥氏体保持共格，以切变方式在极短时间内发生无扩散性相变，即相变不需要原子的扩散，而是通过类似于机械孪生的切变方式产生。新相（马氏体）和母相（奥氏体）共格，因而（马氏体）能以极快的速度长大。马氏体的形成对不锈钢的力学性能和冷成形性能有重要的影响，并且会使材料具有磁性。

图 7-1 304H 不锈钢钢丝显微组织（500×）

7.1.2 XRD 分析

研究 304H 不锈钢中不同组织含量对钢磁性的影响，采用 XRD 实验分析其奥氏体与马氏体（铁素体）组织关系，其中 γ 为奥氏体组织，α+α′表示铁素体与马氏体组织。图 7-2 所示分别为高磁性、低磁性钢丝试样检测结果，从 304H 不锈钢组织变化来看，2 个试样组织中均含有马氏体和铁素体，但它们的 α+α′和 γ 的衍射强度峰比值不同，在图 7-2（a）中可见铁素体与马氏体组织体积分数较大，而图 7-2（b）中低磁性的试样较低。马氏体属于强磁性组织，如果奥氏体不锈钢中马氏体含量升高就会导致不锈钢磁性增加。

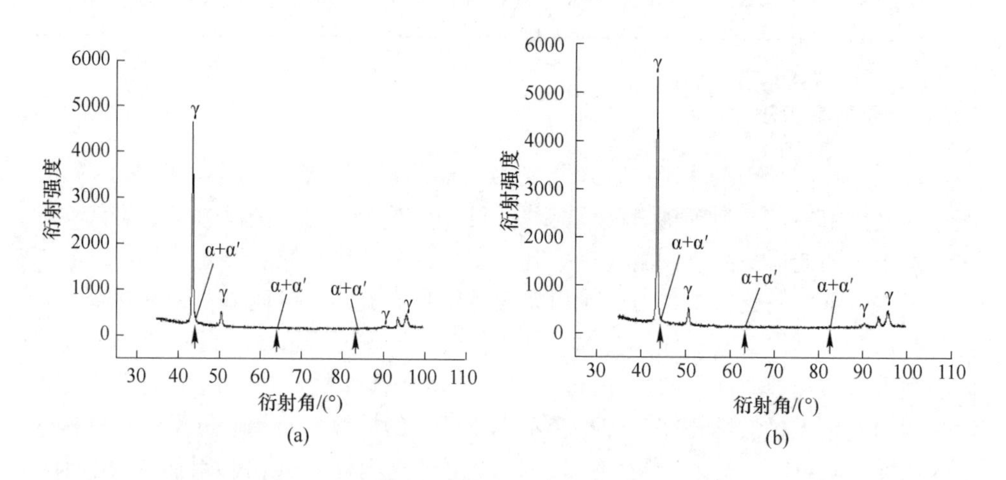

图 7-2 304H 不同磁性的不锈钢钢丝 XRD 图
（a）高磁性；（b）低磁性

7.1.3　扫描电镜和能谱分析

对磁性高、磁性低的钢丝进行面扫描，主要为检测各元素相对含量，结果分别如图 7-3、图 7-4 所示。磁性高与磁性低的钢丝谱图类似，均明显含有 Fe、C、Cr、Ni、Si 等元素，但元素含量有明显差异。

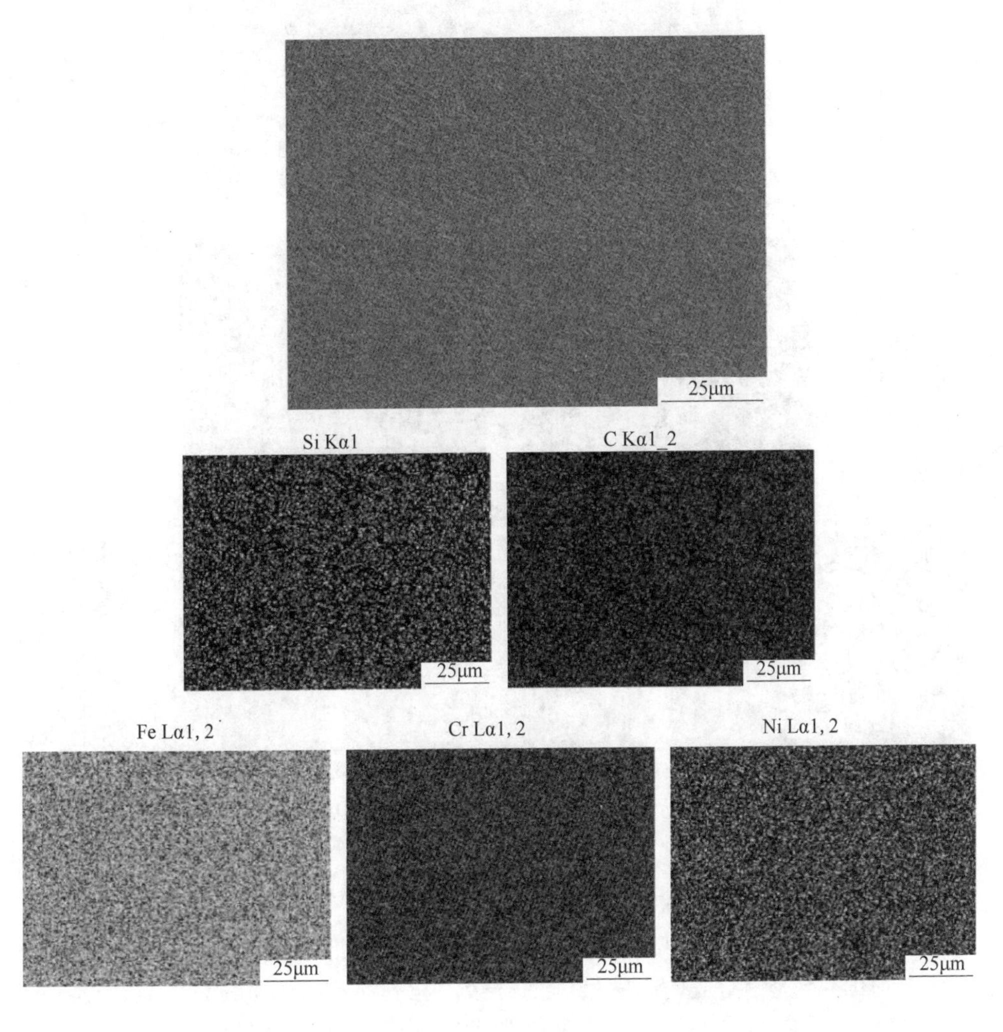

图 7-3　304H 高磁性不锈钢钢丝 EDS 图

奥氏体的稳定性是由材料成分决定的，一方面，Ni、N、C、Mn 等奥氏体形成元素越多，奥氏体越稳定；另一方面，铁素体生成元素 Cr 溶于奥氏体，会阻止奥氏体转变成马氏体，所以也能使奥氏体稳定。因此，分析了铬含量和镍含量之比，即 Cr/Ni 值越高，其磁性越强，即铁磁相组分（α′）越大。

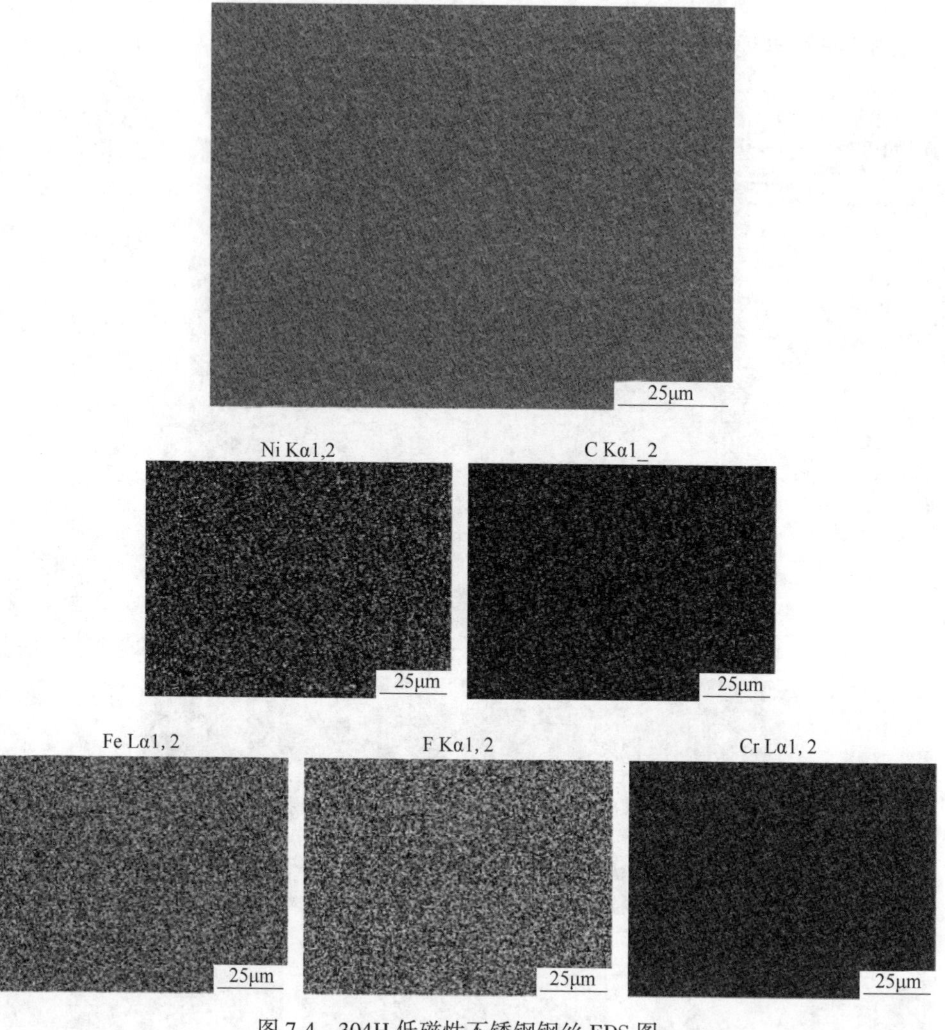

图 7-4　304H 低磁性不锈钢钢丝 EDS 图

7.2　304HC3 奥氏体不锈钢螺钉磁性问题

304HC3 不锈钢对应国内牌号 1Cr18Ni9，是一种奥氏体不锈钢，其化学成分见表 7-2，具有良好冷镦性能、耐腐蚀和无磁性能，能适应快速、高效、经济的加工方法。304HC3 不锈钢可以直接拉拔制成不同规格的钢丝后冷镦制造成螺栓、螺母、销钉、卷钉等标准件，主要应用于机械装备行业、数控机床等。

不锈钢钢丝及不锈钢销钉的来料如图 7-5 所示，尺寸规格见表 7-3。现根据企业提供的原料，对 3 种原料和 4 种螺钉分别进行了金相组织观察、XRD 检测和磁性测量。

表 7-2　304HC3 不锈钢化学成分　(wt. %)

成分	C	Si	Mn	P	S	Cr	Ni	Cu
含量	0. 05	0. 75	2. 00	0. 045	0. 015	18. 00~19. 00	8. 00~9. 00	2. 50~3. 50

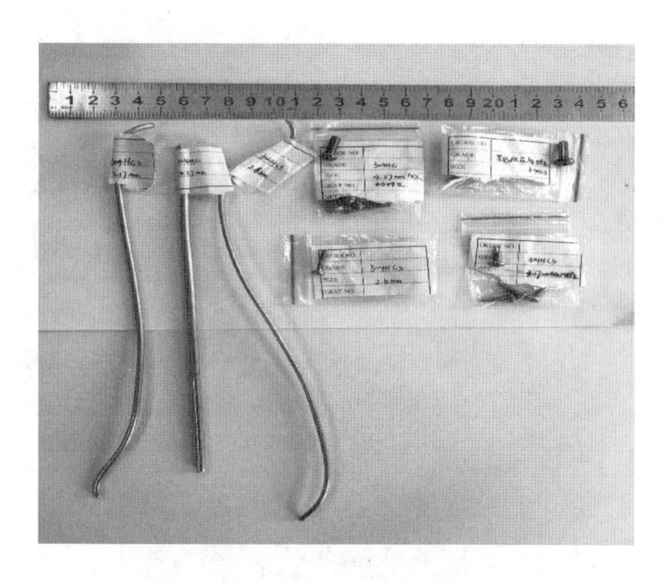

图 7-5　试样实物图

表 7-3　304HC3 不锈钢尺寸规格

型号	直径/mm	
	钢丝原线	螺钉
304HC3	4. 37	4. 37
	3. 17	3. 17
	2. 60	2. 60
	—	4. 30

7. 2. 1　金相组织观察

对 7 种试样进行切样、镶嵌、磨样、抛光，再用王水（盐酸∶硝酸=3∶1）进行浸蚀；然后在光学显微镜下观察其组织形貌，图 7-6 所示为 100 倍下 3 种钢丝的纵截面的金相组织形貌。从图中可以看出试样组织基体均为奥氏体，并且有明显的形变孪晶，随着钢丝直径的变小，晶粒尺寸有所变小，沿着拉拔方向出现明显的变形带，同时在奥氏体晶界处出现了部分形变孪晶，各晶粒的变形也呈现出不均匀性，原料中颗粒状的第二相组织被拉长呈条带状。拉拔结束后，原晶粒已被拉长形成纤维状组织，使不锈钢的塑性减弱，冷加工硬化率增大。

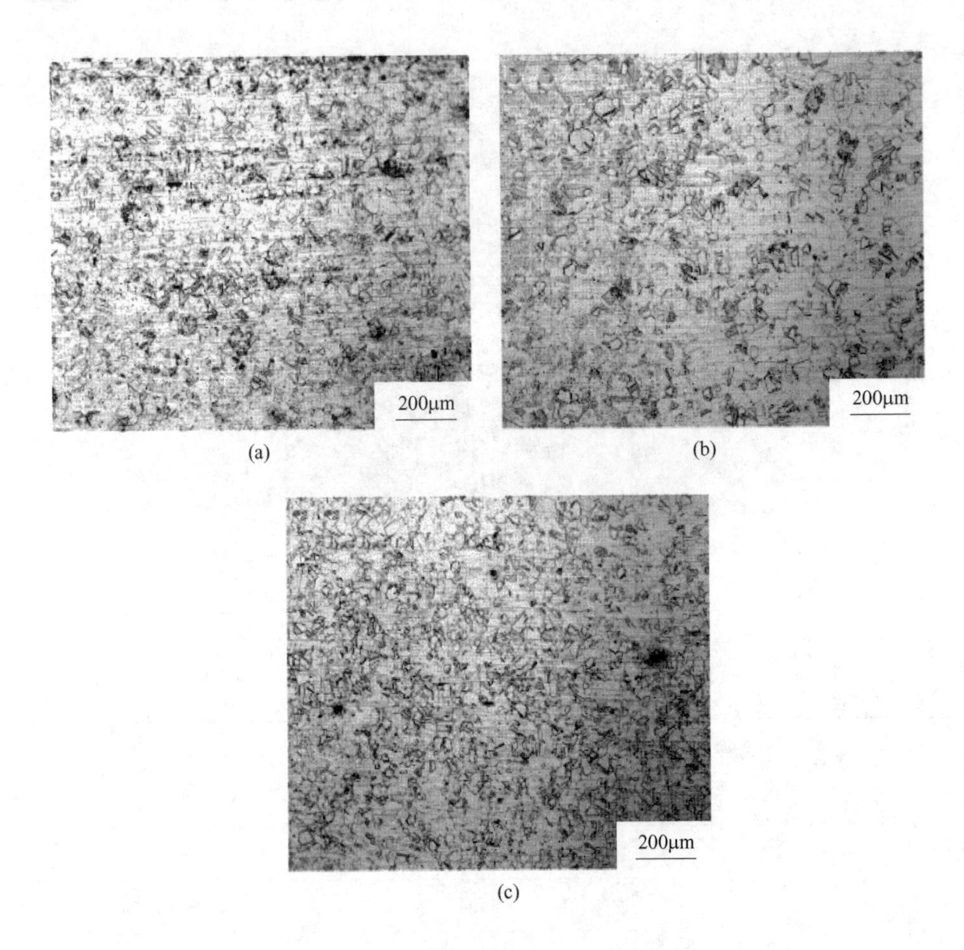

(a) (b) (c)

图 7-6 3 种原料金相组织

（a）ϕ4. 37mm；（b）ϕ3. 17mm；（c）ϕ2. 60mm

图 7-7 所示为 4 种螺钉在 100 倍下的纵向金相组织，由于螺钉是由拉拔后的不锈钢钢丝冲压以及后续深加工而成，所以纵截面仍然可以看到沿着变形方向有大量拉拔变形带。ϕ4. 37mm、ϕ3. 17mm、ϕ2. 60mm 这 3 种螺钉的晶粒变化规律和相应的钢丝原料一致，也是随着螺钉尺寸变小奥氏体晶粒越来越细小。其他厂商供应的螺丝直径尺寸约为 4. 3mm，虽然晶粒尺寸比螺钉更细小，但是拉拔变形带相比之下不明显。

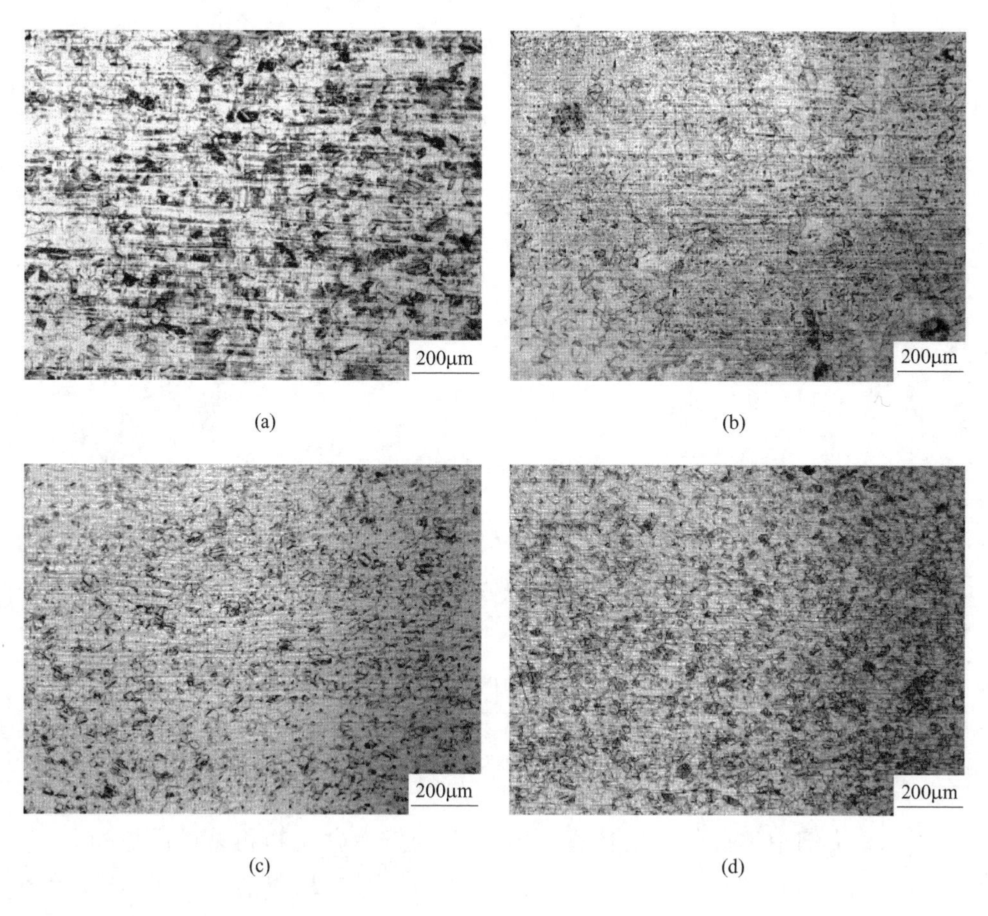

图 7-7　4 种螺钉金相组织

（a）ϕ4. 37mm；（b）ϕ3. 17mm；（c）ϕ2. 60mm；（d）其他螺钉

7.2.2　XRD 分析

为了分析组织中相的种类以及相的相对含量，分别对 3 种原料和 4 种螺钉进行 XRD 观察，所用的试样均取自纵截面，其 X 射线衍射图谱如图 7-8 所示。从图中可以看出，7 种试样衍射图谱中都有马氏体峰存在，奥氏体相发生应变诱发马氏体相变。有研究指出，奥氏体不锈钢发生形变诱导马氏体相变时，发生了 γ(fcc)→ε(hcp)→α'(bcc) 的转变过程。ε 为中间相，在应变的初期出现，随着应变的进行转化为 α'；或者是由于其较低的层错能，在马氏体相变时，由于较大的切变应力分量导致组织直接发生 γ(fcc)→α'(bcc) 的转变。此外，XRD 结果还显示 4. 17mm 的钢丝原线和螺钉试样的马氏体含量较其他试样高。

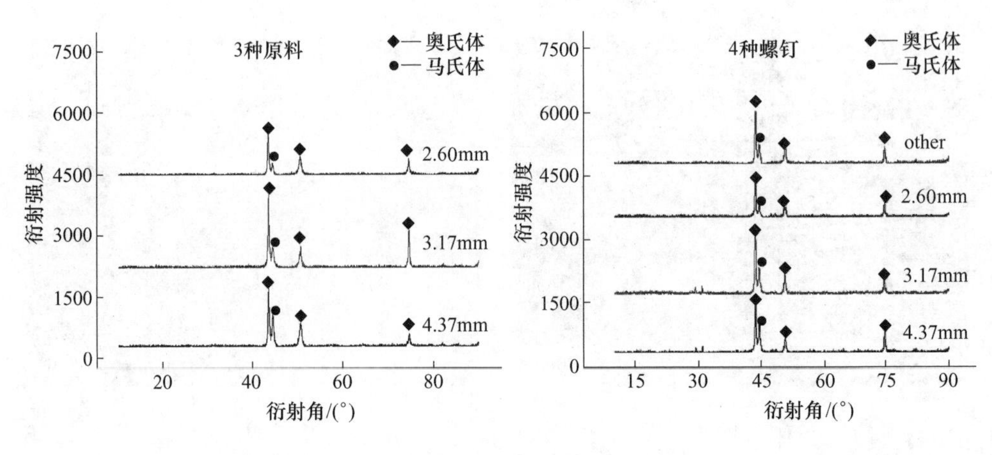

图 7-8 XRD 分析结果

根据 XRD 测试结果，及标准 GB 8362—87，计算 7 种不同拉拔变形量后钢丝的 γ、α′相的相对体积分数，其计算依据是每一相的衍射峰的积分强度正比于被测样品内对应相的体积分数。公式如下所示：

$$V_A = \frac{1 - V_C}{1 + G\dfrac{I_{M(hkl)_i}}{I_{A(hkl)_i}}}$$

式中，V_A 为钢中奥氏体相的体积分数；V_C 为钢中碳化物相总量的体积分数；$I_{M(nkl)_i}$为钢中马氏体（nkl）$_i$ 晶面衍射线的累积强度；$I_{A(nkl)_i}$ 为钢中奥氏体（nkl）$_i$ 晶面衍射线的累积强度；G 为奥氏体（nkl）$_i$ 晶面与马氏体（nkl）$_i$ 晶面所对应的强度有关因子之比，是 $G^{A(nkl)_i}_{M(nkl)_i}$的简写。

由表 7-4 可以看出，7 种试样中马氏体含量随着尺寸变小呈现略微减少的趋势，但是差异不太大，直径为 4. 37mm 的 304HC3 不锈钢钢丝及其螺钉的马氏体含量都较高。

表 7-4 7 种试样中马氏体相和奥氏体的含量

类型	直径/mm	铁素体+马氏体（体积分数）/%	奥氏体（体积分数）/%
钢丝	4. 37	23. 5	76. 5
	3. 17	21. 8	78. 2
	2. 60	20. 1	79. 9

续表 7-4

类型	直径/mm	铁素体+马氏体（体积分数）/%	奥氏体（体积分数）/%
螺钉	4.37	25.9	74.1
	3.17	22.3	77.7
	2.60	21.6	78.4
	其他	21.9	78.1

7.2.3　磁性检测

对 7 种材料进行磁性检测分析，磁化强度结果见表 7-5。3 种钢丝原线都带有微弱的磁性，螺钉的磁性明显高于钢丝原线。奥氏体不锈钢拉拔过程中马氏体的生成对其力学性能和冷成形性能产生重要影响，同时也会增强钢的磁性。一方面螺钉在加工过程中发生了冷变形，使得马氏体含量增加，磁性增强；另一方面，其他供应商提供的未车削螺纹的螺钉磁性明显较弱，所以推测是否螺纹加工器具带有磁性，螺钉加工后也带有了较强的磁性。

表 7-5　7 种试样磁化强度

型号	直径/mm	磁化强度/$emu \cdot g^{-1}$	
		原线	螺钉
304HC3	4.37	4.5	24.4
	3.17	4.3	15.7
	2.60	4.0	9.1
	—		3.5（其他供应商）

7.3　304M2 奥氏体不锈钢钢丝磁性问题

目前某不锈钢精线有限公司采用久立生产 304M2 不锈钢，其部分钢丝拉拔后钢丝出现磁性，且没有明显的分布规律。主要针对钢丝组织特性进行研究，对钢丝磁性位置与正常区域切取试样，观察其横截面与纵截面组织形貌，进行 XRD 物相分析与 EDS 能谱分析。涉及钢丝规格包括 ϕ4.8mm、ϕ2.25mm、ϕ1.97mm，其中 ϕ2.25mm 钢丝为退火后产品，其余为拉拔后硬线，表 7-6 为某企业生产 304M2 不锈钢化学成分。

表 7-6　304M2 不锈钢化学成分　（wt. %）

成分	C	Mn	Si	P	S	Ni	Cr	Cu	N
含量	0.046	2.55	0.40	0.035	0.001	7.1	17.36	0.35	0.099

与传统 304 不锈钢相比，304M2 不锈钢具有较高的锰、氮元素含量，但是镍元素含量较低。锰、氮元素用于抑制奥氏体不锈钢中的铁素体形成能力，并可有效改善钢的耐蚀性和提高强度。从节镍的角度出发，304M2 不锈钢降低了镍的使用，降低了原材料成本。

7.3.1　金相组织观察

对生产的 304M2 不锈钢进行金相组织观察对比，结果见表 7-7。

表 7-7　304M2 不锈钢金相组织对比

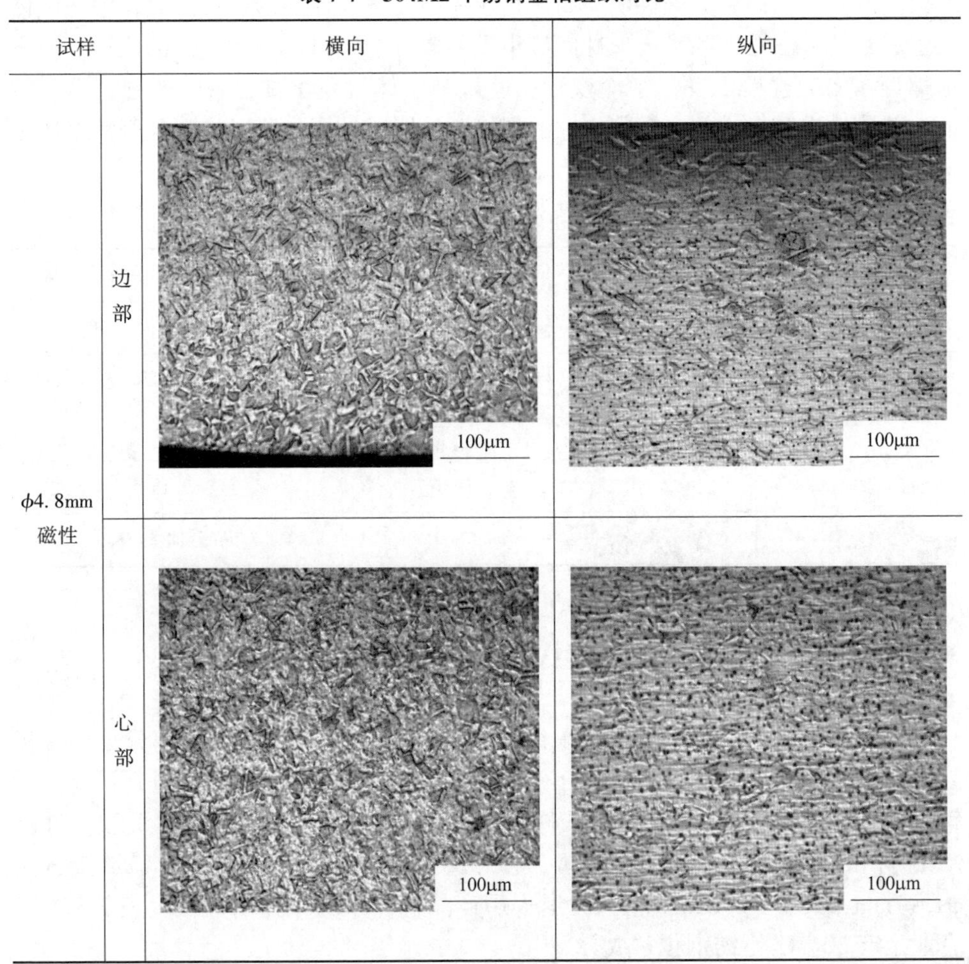

试样		横向	纵向
ϕ4.8mm 磁性	边部	100μm	100μm
	心部	100μm	100μm

续表 7-7

试样		横向	纵向
φ4.8mm 无磁	边部	 100μm	 100μm
	心部	 100μm	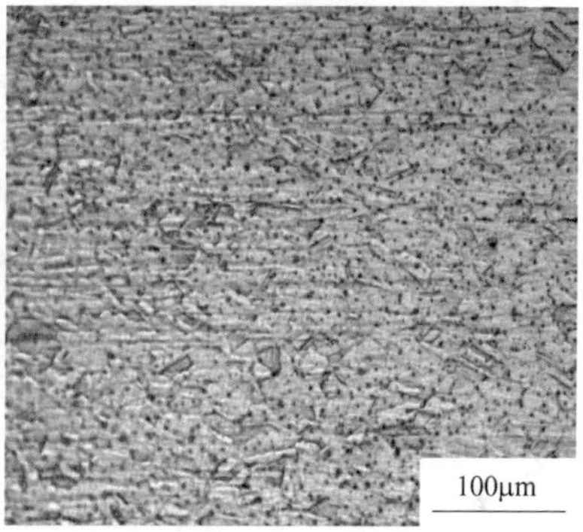 100μm
φ2.25mm 磁性	边部	 100μm	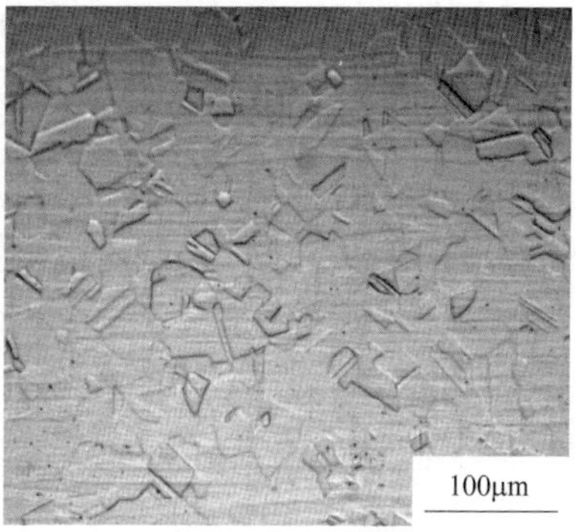 100μm

续表 7-7

试样		横向	纵向
ϕ2. 25mm 磁性	心部	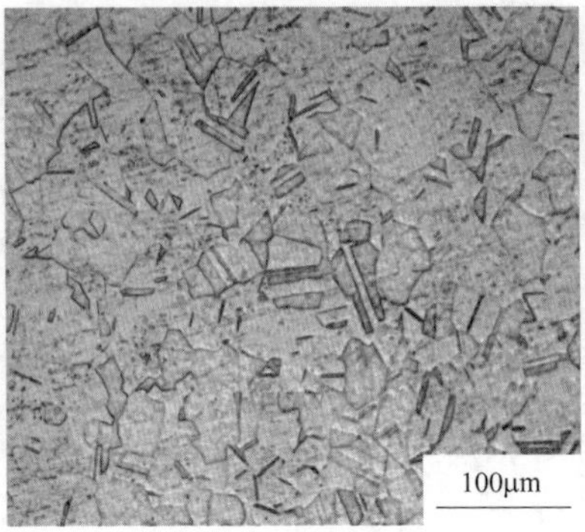 100μm	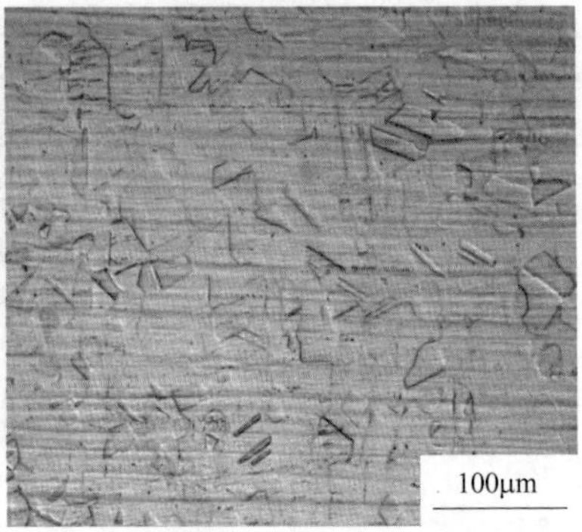 100μm
ϕ2. 25mm 无磁	边部	 100μm	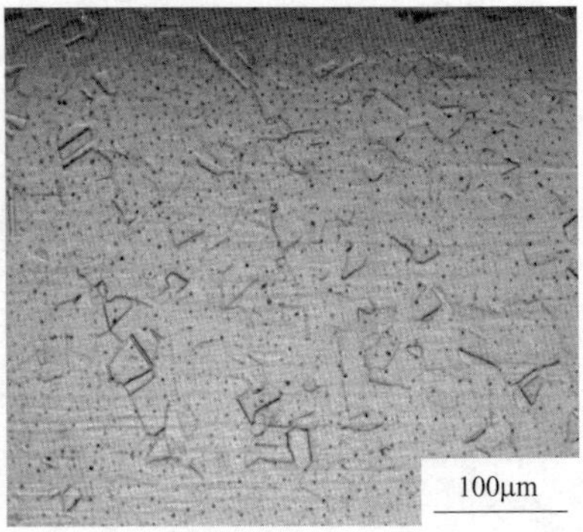 100μm
	心部	 100μm	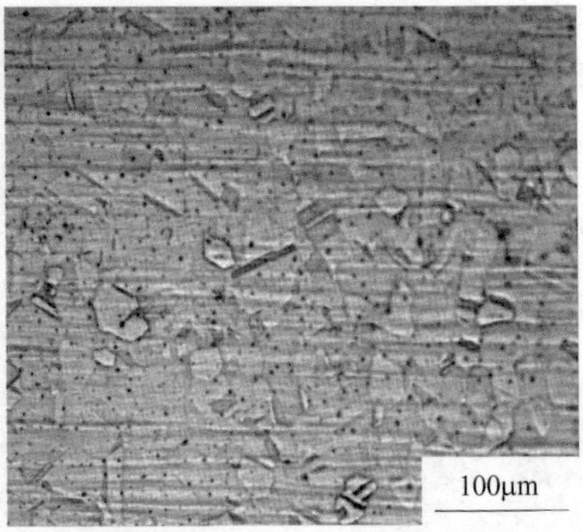 100μm

续表 7-7

试样		横向	纵向
ϕ1.97mm 磁性	边部	 100μm	 100μm
	心部	 100μm	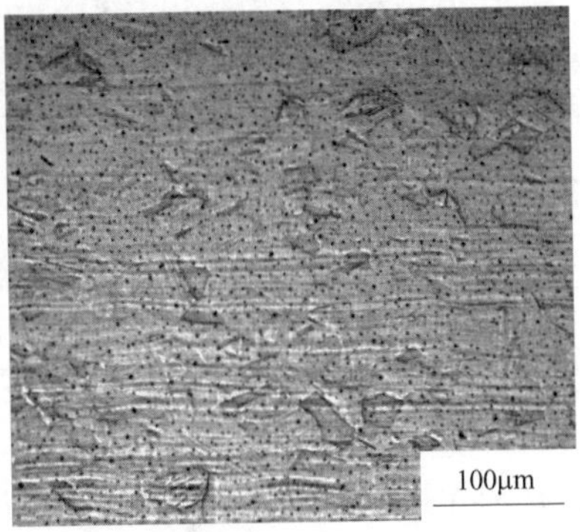 100μm
ϕ1.97mm 无磁	边部	 100μm	 100μm

续表 7-7

试样		横向	纵向
ϕ1.97mm 无磁	心部	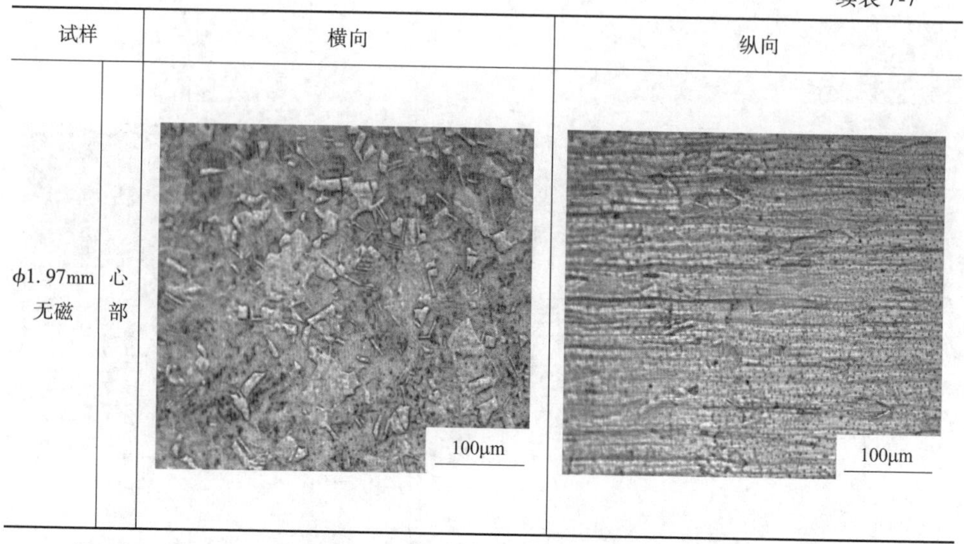	

在低倍数下（100×、200×）观察到的金相组织没有明显差异，钢丝边部主要为奥氏体组织，心部为沿拉拔方向的变形带组织；其中的黑点或带状为铁素体浸蚀后脱落形成的凹坑，边部较少，心部较多。

7.3.2 XRD 分析

研究 304M2 不锈钢中不同组织含量对钢磁性的影响，采用 XRD 实验分析其奥氏体与铁素体、马氏体组织关系，由于实验对试样尺寸的要求，选取了 ϕ4.8mm 钢丝磁性点与正常区域（3 号、6 号）进行对比分析，图 7-9～图 7-11 所示分别为无磁点、磁性 3 号、磁性 6 号试样 XRD 分析结果，其中 γ 为奥氏体组织，α+α′表示铁素体与马氏体组织。

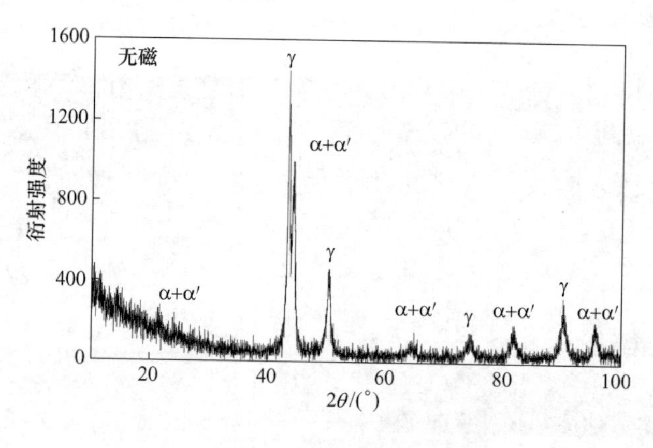

图 7-9 无磁正常区域 XRD 分析结果

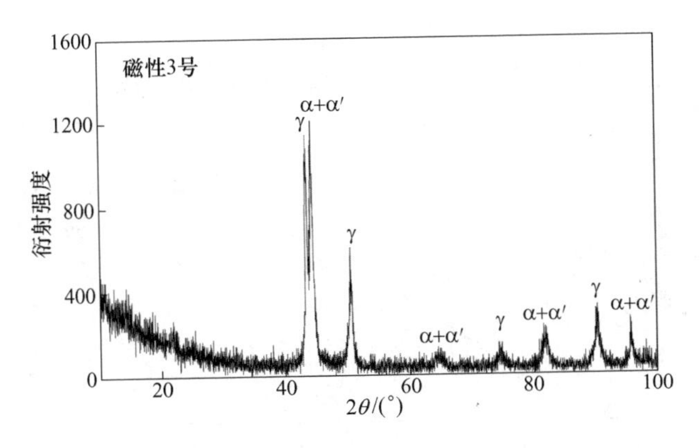

图 7-10　磁性 3 号区域 XRD 分析结果

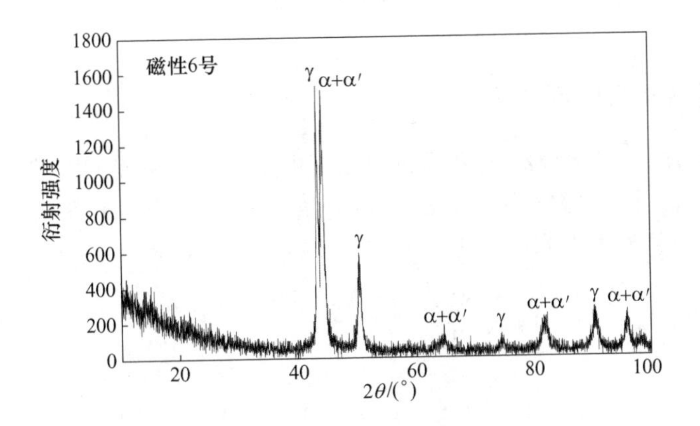

图 7-11　磁性 6 号区域 XRD 分析结果

分析计算不同区域试样奥氏体组织、铁素体与马氏体组织含量关系，其结果与变化关系见表 7-8 和图 7-12。

表 7-8　不同区域组织体积分数差异　(%)

组织	无磁	磁性 3 号	磁性 6 号
奥氏体相	57.84	51.63	48.10
铁素体+马氏体相	42.16	48.37	51.90

从 304M2 不锈钢组织变化来看，磁性区域含有较高的铁素体与马氏体组织含量，原料上无法发现明显的磁性变化，说明其铁素体含量差异很小；而钢中的铁素体组织含量不随拉拔变形发生变化，分析显示磁性区域马氏体组织含量高于正常区域组织。马氏体属于强磁性组织，其含量的变化会导致不锈钢磁性变化明显。

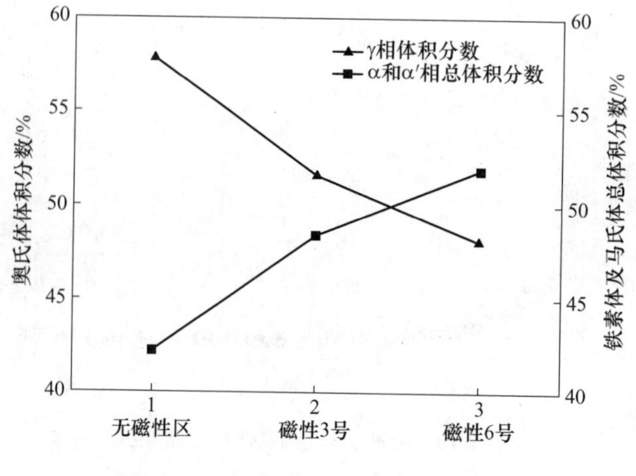

图 7-12 不同区域组织体积分数差异

7.3.3 扫描电镜与能谱分析

对3种不同直径钢丝组织进行面扫描，主要是为了检测该区域元素含量。面扫描结果显示，钢丝磁性点与无磁区域能谱图类似，均明显含有 Fe、Mn、Cr、Ni 等元素，但是元素含量存在差异（图 7-13）。

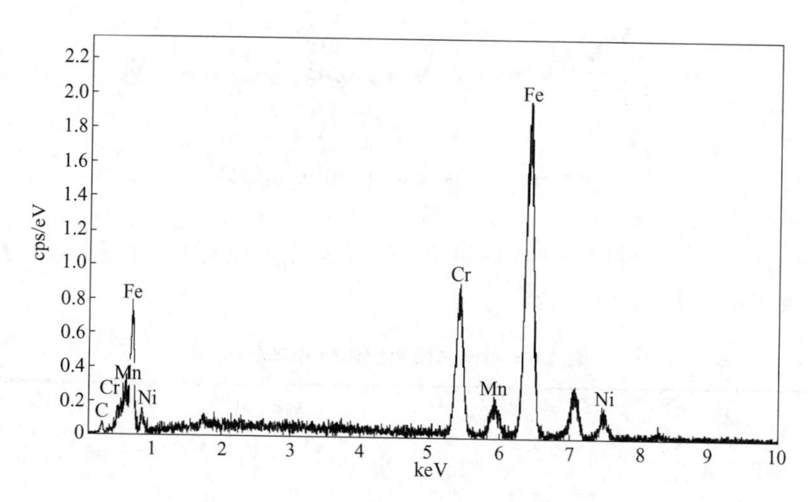

图 7-13 不锈钢钢丝组织能谱扫描

通过 EDS 数据可以看到，其化学成分存在一定的波动，其中 Cr 元素含量波动较小，但是 Ni 元素含量变化很大。同种规格试样相比较，磁性区域 Ni 含量低于正常点或相接近。ϕ2. 25mm 试样中正常点的 Ni 含量差距很大，说明 304M2 不锈钢化学成分波动是造成其冷拔过程中出现磁性的可能因素之一（表 7-9）。

表 7-9 各取样 Cr、Ni 元素对比

试样编号	直径 D/mm	特性	Cr/%	Ni/%	铬镍比
1.97CX	1.97	磁性	15.98	5.77	0.361
1.97WC	1.97	无磁	15.95	5.46	0.342
2.25CX	2.25	磁性	15.49	5.06	0.327
2.25WC	2.25	无磁	16.13	7.71	0.478
4.8CX	4.8	磁性	15.73	5.07	0.322
4.8WC	4.8	无磁	15.61	5.34	0.342

7.4 316 奥氏体不锈钢钢丝组织与性能不合问题

某企业生产的316奥氏体不锈钢钢丝的5种不同退火工艺见表7-10，通过不锈钢钢丝的表面形貌观察、金相组织观察以及夹杂物成分分析等手段，结合5种不锈钢钢丝模压后的产品质量，探究退火工艺对钢丝质量的影响。

表 7-10 316 奥氏体不锈钢钢丝 5 种退火工艺样品信息

品名	线径/mm	工艺编号	退火温度/℃	走线速度/$m \cdot s^{-1}$
316 不锈钢	1.6	A	1050	7
		B	1050	9
		C	1070	7
		D	1070	9
		E	1050	4.5

7.4.1 钢丝表面观察

对钢丝进行取样观察，样品经超声波清洗后，用吹风机吹干，采用金相显微镜对其表面进行观察，结果如图7-14所示。

工艺A试样表面划伤严重，划痕贯穿整个显微镜视场且深度较深，并且表面存在区域性的连续裂纹；工艺B试样表面虽然无较深的划伤存在，但表面凹坑及横向的轻微划痕较多；工艺C试样的表面裂纹较少且划痕较轻，但显微镜视场边部发现存在横向的划伤；工艺D试样的表面有明显的横向擦伤痕迹，沿拉拔方向

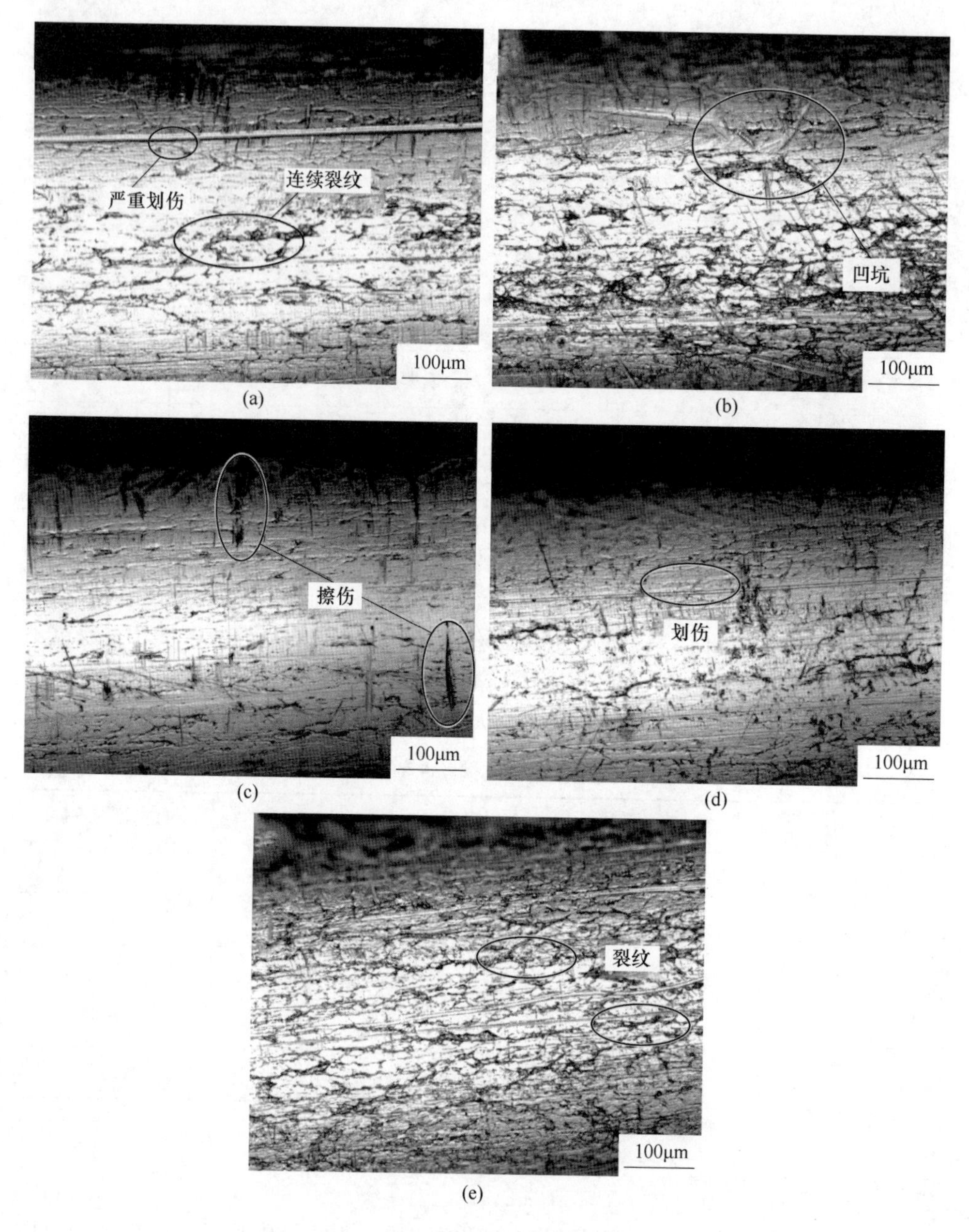

图 7-14 5 种不锈钢钢丝的表面样貌

(a) 工艺 A；(b) 工艺 B；(c) 工艺 C；(d) 工艺 D；(e) 工艺 E

存在划痕以及较多的裂纹；工艺 E 试样的表面存在大量裂纹，且存在翘皮的现象，有较深的划伤存在。5 组工艺生产的钢丝的表面均存在较多的缺陷，工艺 C、D 的试样表面质量优于 A、B、E 的试样表面。

7.4.2 金相组织观察

将5种不同退火工艺生产的不锈钢钢丝线切割后镶嵌制成金相样品，用王水和甘油的混合溶液进行浸蚀，观察其横截面的金相组织，结果如图7-15所示。

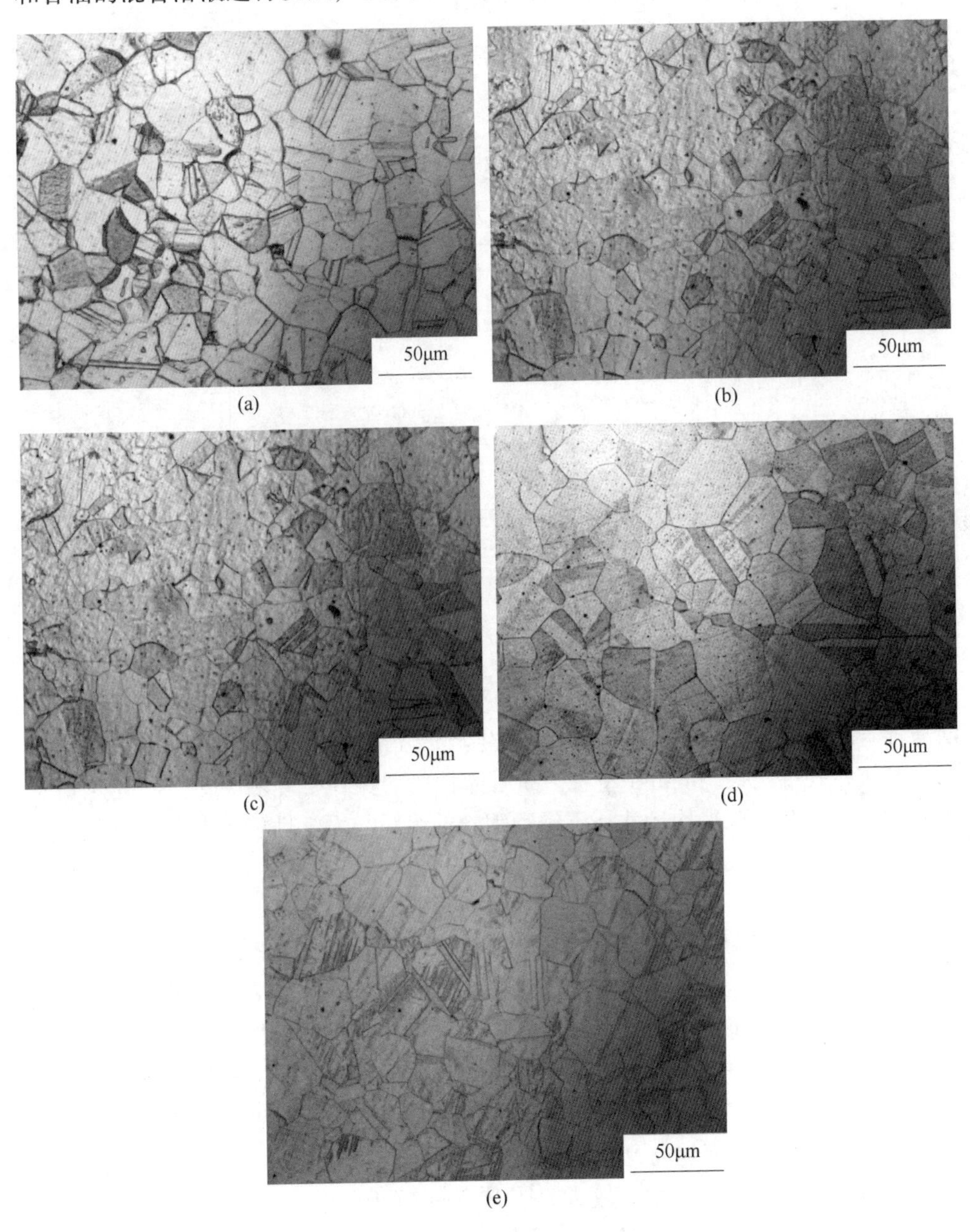

图7-15 5种不锈钢钢丝的金相组织

(a) 工艺A；(b) 工艺B；(c) 工艺C；(d) 工艺D；(e) 工艺E

工艺 A~E 试样的横向组织均为均匀的奥氏体组织，呈块状分布，同时存在一定数量的孪晶。经计算可知，5 组试样横截面平均晶粒尺寸分别为 36.9μm、31.06μm、28.0μm、46.3μm、44.1μm，晶粒平均尺寸的变化规律符合退火温度越高，走线速度越慢，晶粒尺寸越大的规律。

7.4.3 力学性能分析

分别对 5 种不锈钢钢丝试样进行准静态拉伸实验，测试其抗拉强度、屈服强度和断后伸长率，测得的实验结果见表 7-11。

表 7-11 5 种试样力学性能实验结果

试样标识	抗拉强度 R_m/MPa	规定塑性延伸强度 $R_{p0.2}$/MPa	断后伸长率 A/%
工艺 A	740.0	307.1	59.5
工艺 B	738.3	306.5	58.9
工艺 C	728.1	294.6	60.0
工艺 D	731.6	305.1	61.9
工艺 E	726.0	299.0	62.3

由表 7-11 可以看出，工艺 A 的不锈钢钢丝强度最高，工艺 E 的不锈钢钢丝断后伸长率最高，但 5 种不同退火工艺生产的不锈钢钢丝的力学性能差距并不大，其抗拉强度均在 730MPa 左右，断后伸长率均在 60%左右。结合不锈钢钢丝的金相组织以及晶粒平均尺寸，不锈钢钢丝的组织与力学性能不匹配。首先，根据霍尔-佩奇关系，强度与晶粒尺寸平方根的倒数呈线性关系，工艺 E 的晶粒尺寸最小，强度最低，断后伸长率最高，符合霍尔-佩奇关系。工艺 A、B、D、E 相较于工艺 C 的不锈钢钢丝晶粒尺寸均较大，工艺 C 的不锈钢钢丝晶粒尺寸最小，晶粒越细，晶界越多，阻滞位错运动的效果就越明显，从而在晶界处产生应力集中，强度升高而塑性降低，工艺 C 的不锈钢钢丝组织与性能不合，分析原因认为，在退火过程中，钢丝的实际退火温度或走线速度与设定的数值不匹配，工艺 A、B、D、E 的实际退火温度可能高于设定的退火温度或者走线速度低于设定的走线速度，退火温度越高，不锈钢钢丝再结晶越完全，再结晶后的晶粒回复及长大更为充分，晶粒尺寸相对较大。工艺 A 相较于工艺 B 走线速度慢，回火时间长，晶粒长大更充分，晶粒尺寸更大；同理，工艺 D 较工艺 E 走线速度慢，晶粒尺寸较大。

7.5　316L 奥氏体不锈钢钢丝组织与性能不合问题

某企业生产的 ϕ1.0mm 的钢丝，钢种为 316L 奥氏体不锈钢，国内代号 022Cr17Ni12Mo2，含碳量低，耐腐性好。本次试样为两种，分别是同一卷钢丝的头部和尾部，退火温度相同，但退火后抗拉强度不同，分析其可能存在的原因。

7.5.1　金相组织观察

由于样品直径为 ϕ1.0mm，故只对试样横截面进行金相观察，浸蚀剂为王水+甘油溶液，将两种样品分别编号为“头部”和“尾部”，其金相组织照片如图 7-16 所示。

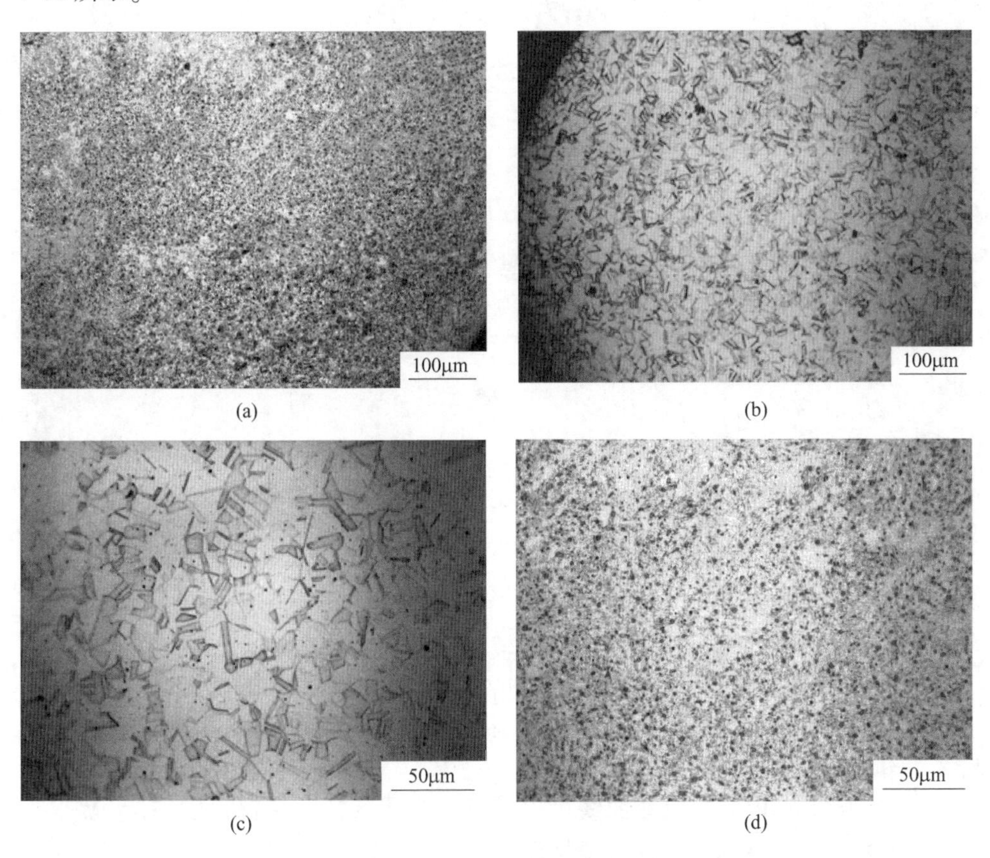

图 7-16　试样横截面金相组织形貌
（a）头部 200×；（b）头部 500×；（c）尾部 200×；（d）尾部 500×

观察试样的横纵截面金相组织可以明显观察到两种试样的金相组织有显著区别，在头部试样的金相照片中，能够明显观察到完整的奥氏体晶粒，再结晶较完全；而在尾部的金相照片中，奥氏体晶粒刚刚形核，晶粒未长大、不明显，再结晶未完成。

7.5.2　力学性能分析

分别对两种试样进行准静态拉伸实验，测试其抗拉强度和伸长率，数据结果见表 7-12，拉伸应力-应变曲线如图 7-17 所示。

表 7-12　两种试样力学性能实验结果

试样标识	抗拉强度 R_m/MPa	规定塑性延伸强度 $R_{p0.2}$/MPa	断后伸长率 A/%
头部 1 号	741.5	300.0	49.6
头部 2 号	742.7	300.8	52.1
尾部 3 号	932.7	715.1	22.4
尾部 4 号	936.5	716.8	23.9

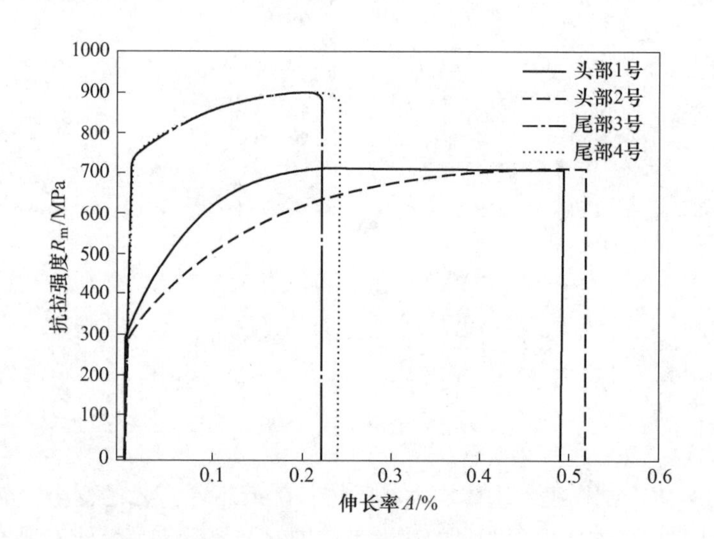

图 7-17　两种试样的拉伸应力-应变曲线

从拉伸数据和应力-应变曲线可以看到，头部试样的抗拉强度在 700MPa 左右，屈服强度为 300MPa，伸长率接近 50%左右；而尾部试样的抗拉强度达到了 900MPa 左右，屈服强度达到 700MPa，伸长率在 20%左右；这一结果和金相组织观察相吻合。首先，根据霍尔-佩奇关系，强度与晶粒尺寸平方根的倒数呈线性关系，头部试样的再结晶较完全，晶粒尺寸较大；而尾部试样的再结晶不完全，晶粒较小，单位面积内晶粒数量较多，所以头部试样抗拉强度较高而塑性较低。

其次，由于头部试样退火较完全，组织得到了充分的软化，组织中的缺陷也在退火过程中得到了充分的回复，有助于提高其伸长率，降低其强度。最后，由于常温下晶界对位错滑动有阻碍作用，晶粒越细，晶界越多，能够阻滞位错运动的地方越多，在晶界处产生应力集中，提高强度而使塑性降低。

下面研究造成两种试样力学性能不同的原因。由于两种试样来自同一卷退火钢丝，而原料的力学性能一致，所以影响退火后钢丝性能的主要因素为退火温度和走线速度，即原因主要集中在以下两个方面：

（1）在退火过程中，走线速度发生改变，退火初期钢丝走线速度较慢，但是在退火过程中提高了走线速度，导致尾部钢丝退火时间较短，致使尾部钢丝组织再结晶不完全，晶粒未充分长大，尺寸较小，强度较高而塑性较差。

（2）在整个退火过程中，退火温度发生改变，在头部钢丝退火时加热温度正常，在退火后期退火温度变低，可能的原因为炉温被人为调低或加热炉内某一加热炉区发生故障，使退火温度不能保证，致使尾部钢丝的退火未完全，晶粒长大不充分，晶粒尺寸较小，强度较高而塑性较差。

7.6 组织与性能不合原因及控制

（1）304H 不锈钢钢丝的显微组织为奥氏体以及因形变产生的少量马氏体组织，晶粒分布细小均匀，试样边缘存在细小的变形孪晶。磁性不同的钢丝组织无太大差别，磁性高的钢丝组织沿加工方向变形更加明显，可能因形变诱导马氏体相变而产生更多的马氏体，而马氏体具有较强磁性，因此导致钢丝在拉拔后存在磁性。304H 不锈钢钢丝显微组织 EDS 能谱分析结果显示，高磁性试样内部 Cr/Ni 比值较高，即奥氏体稳定性较低，因此更容易在低温冷拔下由奥氏体转变为磁性高的马氏体，从而导致磁性存在差异。304H 不锈钢钢丝 XRD 分析结果显示，磁性高的钢丝试样中，强磁性的马氏体、铁素体组织更多，而低磁性试样中含量较少，因此出现了磁性差异现象。

（2）304HC3 试样组织基体均为奥氏体，随着钢丝直径的变小，晶粒尺寸有所变小，沿着拉拔方向出现明显的变形带，同时在奥氏体晶界处出现了形变孪晶和马氏体。钢丝在拉拔和螺钉加工过程中发生了冷变形，使得马氏体含量增加，磁性增强。冷拉拔过程中，位错首先发生弯曲、缠结，为了协调组织变形，形成大量的形变孪晶呈条状，孪晶阻碍位错的运动，如果继续拉拔则促进组织继续孪生；如果存在足够的自由能，使 α′-马氏体在剪切带处切变形核，则切变后的马氏体聚集在一起形成马氏体板条。

（3）304M2 奥氏体不锈钢中存在铁素体与马氏体组织，两种组织会导致钢丝具有一定磁性，含量越高，磁性越强。无磁钢丝中 Cr/Ni 值较小。在冷变形时，304M2 磁性强度随着 Cr/Ni 值增加而增加，随 Ni 含量的增加而下降。结合生产工艺，磁性产生的原因为镍的含量较低，退火时间较短，导致铁素体残留；道次变形量较大，形变诱导产生马氏体，导致磁性增加。

（4）316 奥氏体不锈钢在 5 种不同退火工艺下，晶粒尺寸与力学性能与不锈钢钢丝实际的走线速度及退火温度联系紧密。在退火过程中，不锈钢钢丝实际的走线速度、退火温度与设定的走线速度及退火温度不符合，退火温度过高或走线速度过慢均会导致晶粒的长大，钢丝的强度降低，塑性升高；退火温度过低或走线速度过快，均会导致不锈钢钢丝在退火过程中再结晶不充分，晶粒未充分回复及长大，晶粒尺寸较小，晶粒越细，晶界越多，阻滞位错运动的效果就越明显，从而在晶界处产生应力集中，强度升高而塑性降低。

（5）316L 不锈钢两种试样力学性能不同的主要因素为退火温度和走线速度，原因主要集中在以下两个方面：在退火过程中，走线速度发生改变，退火初期钢丝走线速度较慢，但是在退火过程中提高了走线速度，导致尾部钢丝退火时间较短，致使尾部钢丝组织再结晶不完全，晶粒未充分长大，尺寸较小，强度较高而塑性较差；在整个退火过程中，退火温度发生改变，在头部钢丝退火时加热温度正常，在退火后期退火温度变低，可能的原因为炉温被人为调低或加热炉内某一加热炉区发生故障，使退火温度不能保证，致使尾部钢丝的退火未完全，晶粒长大不充分，晶粒尺寸较小，强度较高而塑性较差。

参考文献

[1] 陈登明，孙建春，马毅龙，等．奥氏体不锈钢相变磁性研究［J］．材料保护，2013（s1）：127-128.

[2] 杜洪奎，林志良，陆德康，等．冷加工后奥氏体不锈钢的磁性能［J］．机械工程材料，2016，40（11）：111-114.

[3] 胡钢，许淳淳，袁俊刚，等．奥氏体 304 不锈钢形变诱发马氏体相变与磁记忆效应［J］．无损检测，2008，30（4）：23-26.

[4] 姜建林．形变对奥氏体不锈钢由于应变诱发马氏体相变的影响［D］．上海：华东理工大学，2006.

[5] 杨春雷．304 奥氏体不锈钢冷拉拔及退火过程微观组织演变行为研究［D］．重庆：重庆大学，2020.

8 不锈钢钢丝成形缺陷成因分析及控制

8.1 200Cu 奥氏体不锈钢螺丝加工断裂问题

某企业生产的 200Cu 不锈钢螺丝，直径为 ϕ3. 2mm。钢丝在加工螺纹时在螺纹处发生断裂，现对断裂的螺丝样品进行分析测试，主要从金相组织方面分析其可能的断裂原因，来料实物如图 8-1 所示。

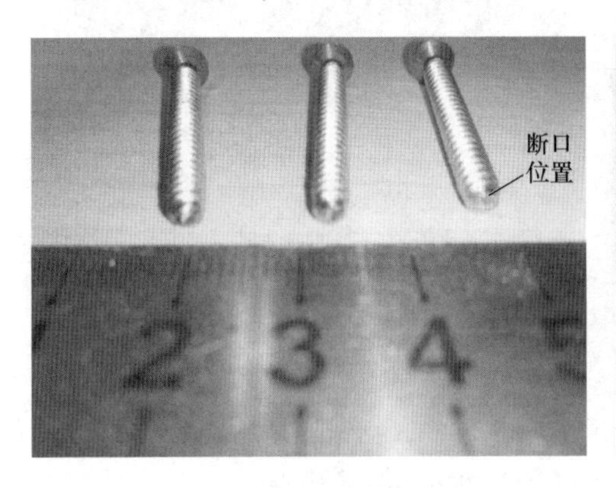

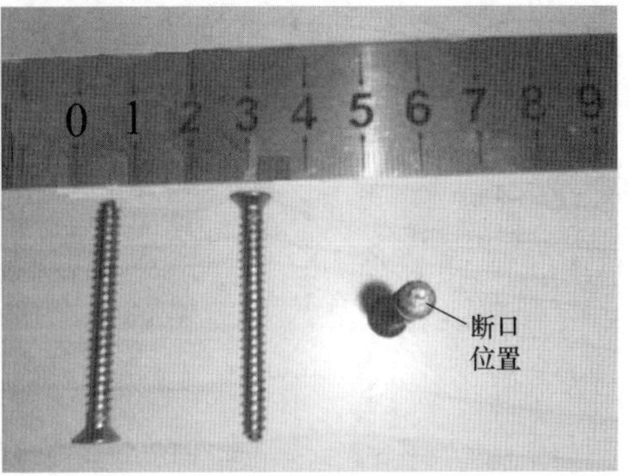

图 8-1　200Cu 不锈钢螺丝来料实物

8.1.1　金相组织观察

将直径为 ϕ3. 2mm 的 200Cu 不锈钢螺丝线切割后镶嵌制成金相样品，砂纸打磨再抛光后用王水进行浸蚀，观察其横截面的金相组织，将横截面的主要区域分为边部和心部进行对比，如图 8-2 所示。

由图 8-2 可知，ϕ3. 2mm 的 200Cu 不锈钢螺丝试样金相组织基体为奥氏体组织，同时也有部分细小的第二相粒子分布，边部和心部都能够看到大量的纵横交错的滑移带，这是由于钢丝在拉拔变形过程中奥氏体晶粒被拉长，在晶粒内部出现大量的交错滑移带，晶粒被滑移带分割成细小的小块儿。

一方面，由于存在较多的滑移带，滑移带附近的晶粒破碎，造成临界切应力提高，使继续变形发生困难，即产生了加工硬化现象；同时金属的硬度、强度增

图 8-2 ϕ3.2mm 的 200Cu 不锈钢螺丝试样横纵截面金相组织形貌
(a) 边部 200×；(b) 边部 500×；(c) 心部 200×；(d) 心部 500×

加，但塑性和韧性下降，在进行下一步加工螺纹时受到不均匀受力时容易发生断裂。

另一方面，在 500 倍的放大倍数下可以明显地看到有一定数量的形变诱导马氏体存在，相比于心部，边部由于直接接触变形程度大所以马氏体的比例更多，形变诱导马氏体是在不锈钢钢丝冷变形的过程中发生的，马氏体相硬而脆，提高钢丝强度的同时也降低钢丝的塑性，所以导致在进一步冲压时塑性变形能力不足而发生断裂。形变诱导马氏体相变的发生及马氏体含量的多少与钢丝的单次变形量的大小有关，同时也和退火软化处理过程中钢丝的软化程度有关。

8.1.2 断口形貌分析

在扫描电镜下对试样的断口形貌进行分析，断口宏观形貌如图 8-3 所示。从断口形貌可以看出 200Cu 螺丝的断裂方式为明显的脆性断裂，几乎没有明显的韧窝分布，中心部位存在一个明显的断裂孔洞，该孔洞处即为断裂源，边部平滑处为瞬时断裂区，瞬时断裂区也比较平整，没有过长的剪切唇区。一般而言，脆性断裂的主要原因是材料本身的塑性太差导致无法承受较大塑性变形，考虑到材料是在加工螺纹过程中出现的断裂，因此可以推断材料是在受到不均匀的剪切应力作用下发生断裂的。

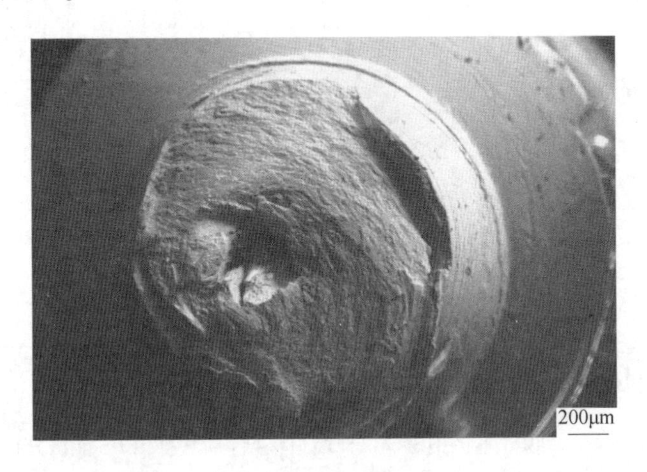

图 8-3 200Cu 不锈钢螺丝试样断口形貌

进一步对断口断裂源附近的区域在高倍下进行观察，如图 8-4 所示，可以看到断裂源区凹凸不平，局部区域还能看到极少数的韧窝，同时可以看到少量凸起的块状夹杂物和少量韧窝附近的椭球状夹杂物。

图 8-4 200Cu 不锈钢螺丝试样断口高倍形貌

对断口的突出物部分进行 EDS 能谱分析，结果如图 8-5 所示。基体部分的化学组成正常。椭球状的夹杂物含有大量的 Mn、C 和 O 三种元素，证明夹杂物主要是由于元素偏析导致，碳化物的偏析容易形成贫铬区而降低不锈钢的耐腐蚀性，而氧化物（主要是氧化锰）为硬质夹杂，它的存在会大大影响材料的塑性，因此确定氧化物夹杂物为断裂起源。由于此类属于硬质脆性夹杂，在变形过程中不与基体统一进行，因此在螺纹加工过程中受到不均匀的剪切应力时，在夹杂物附近产生微裂纹并扩展，使材料发生断裂。

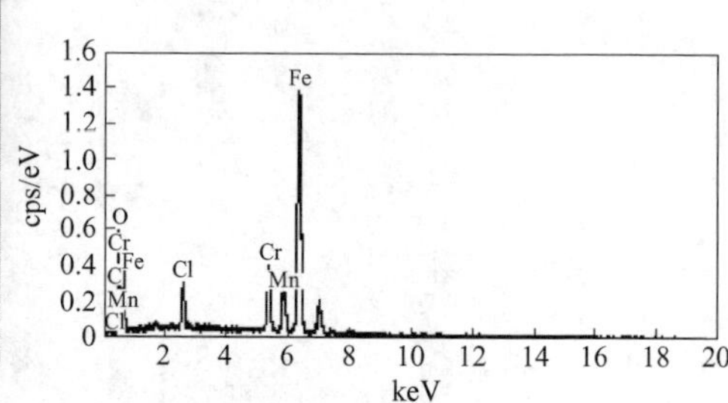

图 8-5 200Cu 不锈钢螺丝试样断口夹杂物形貌及 EDS 能谱分析

（1）200Cu 不锈钢螺丝试样基体金相组织为奥氏体组织，在晶粒内部存在大量的交错滑移带和形变诱导马氏体，使继续变形发生困难，即加工硬化现象严重，金属的硬度、强度增加，但塑性和韧性下降。

（2）200Cu 不锈钢螺丝的断裂方式为明显的脆性断裂，几乎没有明显的韧窝分布，中心部分断裂孔洞为断裂源，脆性断裂的主要原因是材料本身的塑性太差导致无法承受较大塑性变形，考虑到材料是在加工螺纹过程中出现的断裂，因此可以推断材料是在受到不均匀的剪切应力作用下发生断裂的。

（3）在断口区域中发现少量锰氧化物夹杂以及碳的偏析，在螺纹加工过程中受到不均匀的剪切应力时，夹杂物附近产生微裂纹并扩展导致材料发生断裂。

8.2 304ES 奥氏体不锈钢钢丝压扁边部开裂问题

某企业生产 304ES 不锈钢钢丝，在实际生产过程中发现钢丝在后续压扁后在边缘出现大量开裂裂口缺陷。304ES 不锈钢送样如图 8-6 所示，从中挑选了一部分开裂比较严重的区域进行取样分析。304ES 化学成分见表 8-1。它是在 304 奥氏体不锈钢钢丝的基础上减少了 2%~3%的 Ni，同时增加了约 2%的 Mn 和 2%的 Cu，代替了不锈钢中一部分镍元素的作用，属节镍型不锈钢，加工硬化较低，切削性能较好。

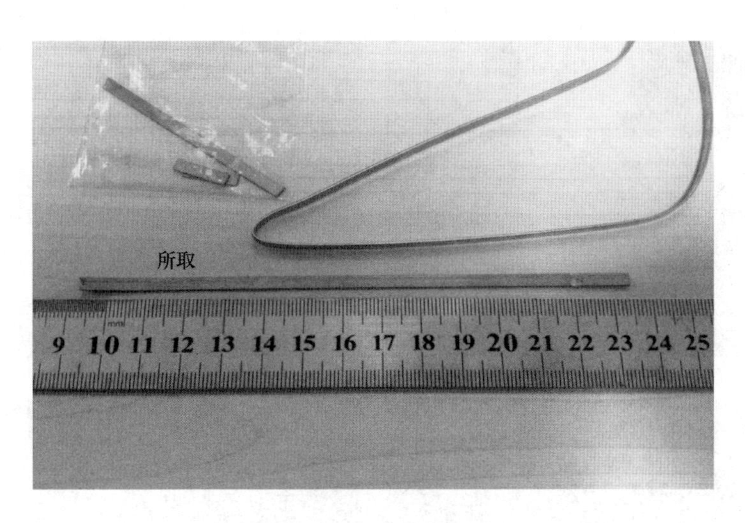

图 8-6　304ES 试样宏观图

表 8-1　304ES 不锈钢化学成分　(wt. %)

成分	C	Si	Mn	P	S	Cr	Ni	Cu
含量	0.06~0.08	≤1.00	2.00~4.00	≤0.045	≤0.03	16.00~18.00	6.00~7.00	2.0~3.0

8.2.1　表面形貌观察

将线切割好的试样放入丙酮试剂中，使用超声波清洗仪清洗 3min，然后用大量蒸馏水冲洗，吹干，并在扫描电镜下观测较为明显的试样中边部缺陷的分布与形貌特征。

图 8-7 所示为 304ES 边部区域出现边裂的表面形貌。图 8-7（a）、(b）为较低放大倍数下的表面形貌，扩展裂纹、开裂、破皮等缺陷出现在试样的侧面边部，缺陷较分散，且周围存在一定数量的暗灰色夹杂物。此外，金属表面还存在一定的划伤。图 8-7（c）、(d）为较高放大倍数下的形貌，可以清晰看到缺陷形貌类似层状撕裂，表层的一部分开裂后剥落，开裂口处可以看到亮白色的夹杂物，缺陷的尺寸较大，且沿着钢丝边部分布。图 8-8 所示为沿着横向观察到的压扁后的边部开裂形貌，可以看到边部有一些毛刺，同时也有一些开裂口和部分剥落后的痕迹。从形成形貌来看应该是由脆性夹杂物处开始进行裂纹扩展，在压扁过程中进一步破坏剥落，剥落处留下参差不齐的毛刺。试样缺陷的形貌符合钢丝在冷压过程中的受力特征。

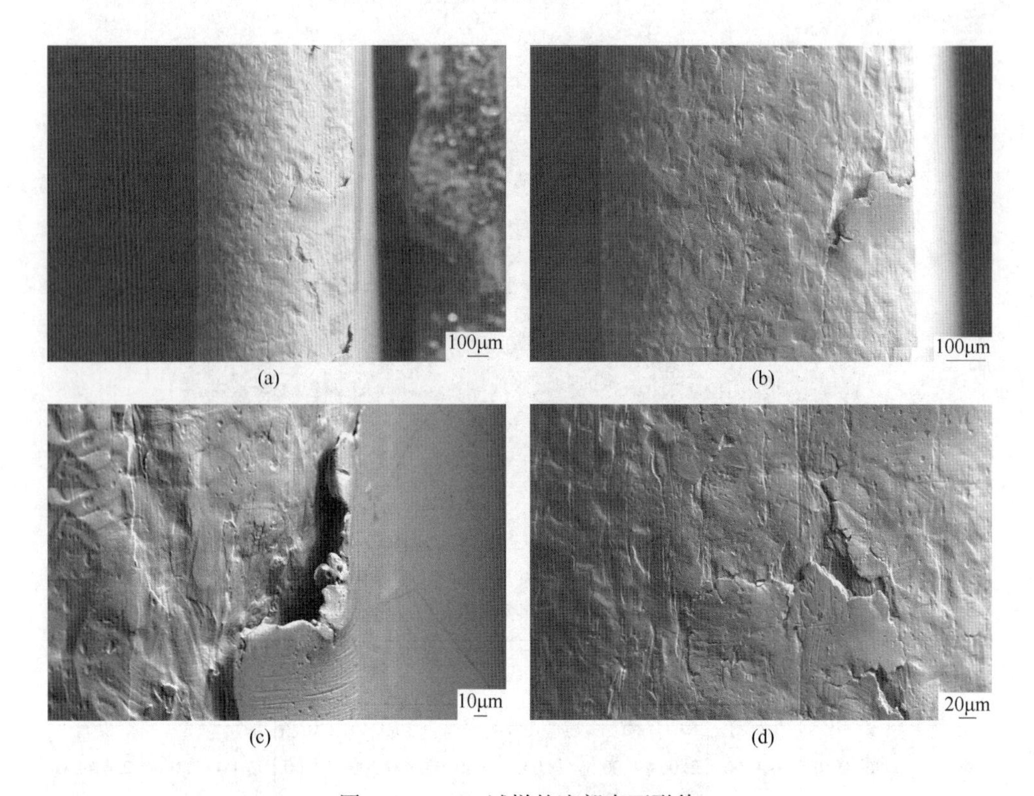

图 8-7　304ES 试样的边部表面形貌
（a）（b）低倍；（c）（d）高倍

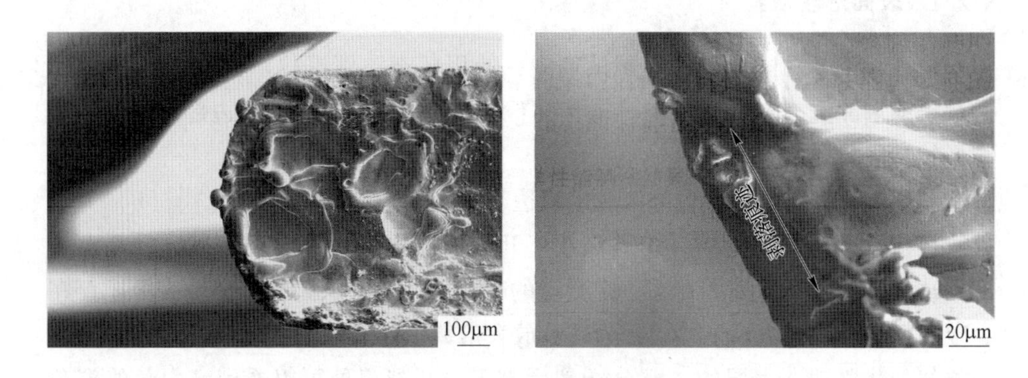

图 8-8　横向观察的 304ES 试样边部形貌

8.2.2　应力状态分析

研究钢丝在冷压过程中的受力状态有利于分析钢丝裂纹产生的原因，由于钢丝加载区域与工具接触，受到摩擦力作用，因此接触面存在指向对称轴的附加压应力；而在压缩的过程中间金属向两侧流动，心部金属受到附加拉应力，而且这个拉应力在压扁后的边部值达到最大，如图 8-9 所示。

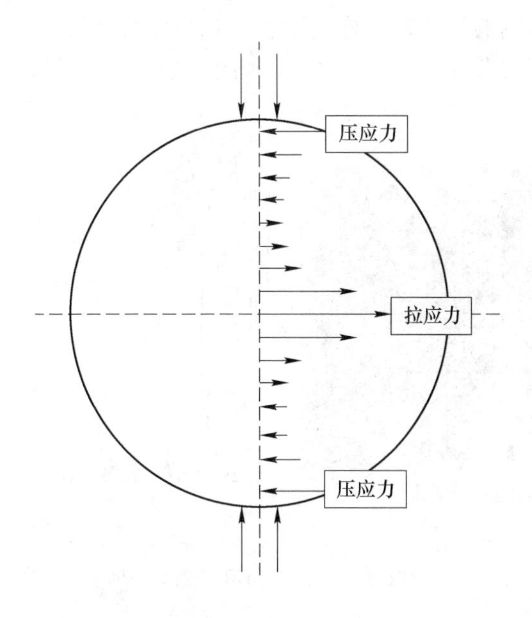

图 8-9 钢丝压缩过程中的应力分布

如图 8-10 所示，材料压缩试样在变形过程中，金属的流动和变形可以分为大变形区、小变形区和难变形区三个区域。试样压扁时由于直径较小，在摩擦力的作用下，试样难变形区、小变形区较大，而大变形区较小。当压缩程度逐渐增大至压扁时，凹陷区域和边部变形程度不同，所以发生不均匀变形。在大变形区由于金属变形程度最大，塑性较差，容易成为裂纹源，故而使得来料 304ES 压扁后的边部容易出现开裂缺陷。

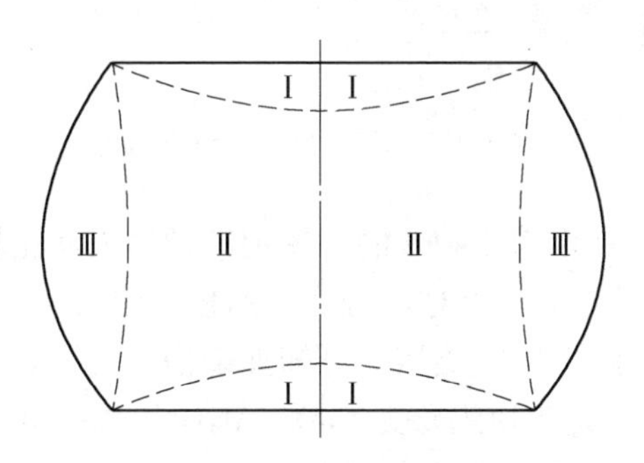

图 8-10 压缩变形分区

Ⅰ—难变形区；Ⅱ—大变形区；Ⅲ—小变形区

8.2.3 夹杂物分析

将 304ES 不锈钢的不合格试样洗净，在扫描电镜下观测表面的夹杂物形貌特征，并对其进行 EDS 能谱分析。图 8-11 和图 8-12 所示为试样中的部分夹杂物形貌及其分布。

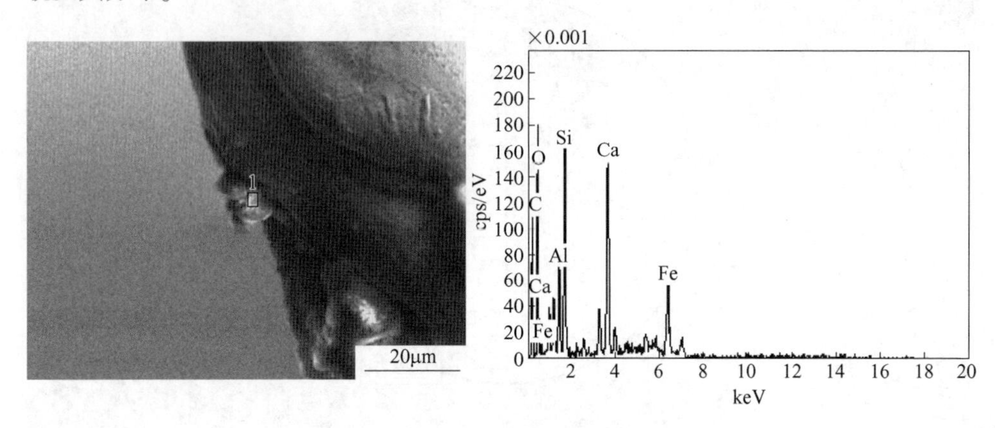

图 8-11 夹杂物 EDS 能谱分析

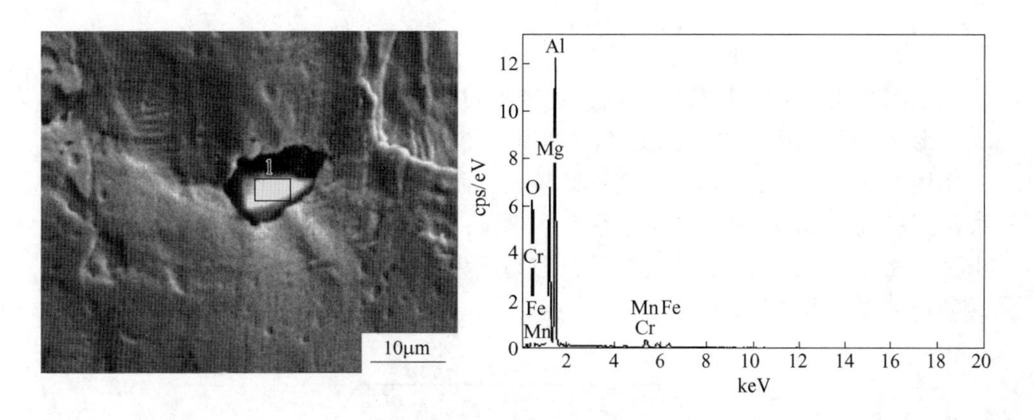

图 8-12 夹杂物 EDS 能谱分析

图 8-11 和图 8-12 所示为 304ES 的不锈钢试样的表面比较典型的夹杂物。夹杂物在表面边部集中分布，呈椭球状分布，颜色呈暗灰色。夹杂物尺寸约为 8~10μm。根据 4 种夹杂物的 EDS 能谱，可知夹杂物中主要还有 Al、O、Si、Ca 等元素。因此可以推断，夹杂物主要为 CaO、Al_2O_3、钙基硅酸盐及硫化物等。其中，Al_2O_3 属于 Al 脱氧产物；硅酸盐是金属氧化和硅酸根的化合物，是钢中常见的夹杂物。

钢中的非金属夹杂物破坏了金属的连续性，降低了钢的力学性能、物理性能、化学性能及工艺性能，塑性夹杂物过高会引起钢的热脆性，钢中较多的非金属夹杂物会引起应力集中从而形成裂纹，降低疲劳强度。钢液在加热时会出现一定程度的氧化，而 FeO 是钢中氧化铁皮的重要成分，在之后的脱氧过程中，炉渣很容易与其他化学成分反应，形成 Al_2O_3、CaO 的化合物（硅酸钙等），残存于钢中，所以在冶炼过程中不可避免地会出现氧化物夹杂和硅酸盐夹杂。夹杂还可能来自于脱落的氧化铁皮和加工环境带入的夹杂。夹杂物的存在会使压扁过程中金属表面尤其是边部受拉应力的作用形成裂纹并迅速扩展，最终导致边缘开裂。

试样在被压扁的过程中，材料表面由于受摩擦力作用形变较小，而心部受拉应力作用形变较大，变形不均，边部受很大的拉应力不利于塑性变形；组织中又存在一些硅酸盐等夹杂，在复杂的应力环境下，夹杂物随着塑性变形的进行，伸长，产生裂纹并迅速扩展，导致断裂。

综上所述，导致 304ES 压扁后边部出现开裂的原因有以下两个方面：

（1）加工工艺原因。试样的冷压压扁变形，材料内部变形差异较大，产生应力梯度，边部受较大拉应力不利于塑性变形，应力集中处形成裂纹源，随后不断扩展导致试样边部开裂，建议在完全退火软化后冷压或者冷压的过程中使用模压方式，这样可使边部为非自由表面，改善受力状况。

（2）组织原因。组织内部存在硅酸盐等夹杂物，这些夹杂混杂在金属内部，破坏了金属的连续性和完整性。随着变形的进行，外侧的夹杂由于组织变形较大而被拉长，由于其与基体塑性不一致，极易成为裂纹源并最终导致开裂。

8.3　304H 全空心铆钉顶端开裂问题

某企业生产的 304H 不锈钢全空心铆钉，其化学成分见表 8-2。图 8-13 所示为检测样品的实物图。图 8-13（a）为全空心铆钉装配后的整体形貌，图 8-13（b）为铆钉头部裂纹的局部放大图。对两个头部开裂样品进行分析，分别对样品的头部和杆部进行显微组织观察和硬度测试，分析造成铆钉头部开裂的可能原因。

表 8-2　304H 不锈钢化学成分　（wt. %）

成分	C	Mn	Si	P	S	Ni	Cr	Cu
含量	0.070	1.05	0.045	0.039	0.002	8.04	18.17	0.31

采用金相显微镜和扫描电子显微镜对头部开裂样品的头部和杆部进行显微组织观察，采用显微维氏硬度计对样品的硬度进行测试。

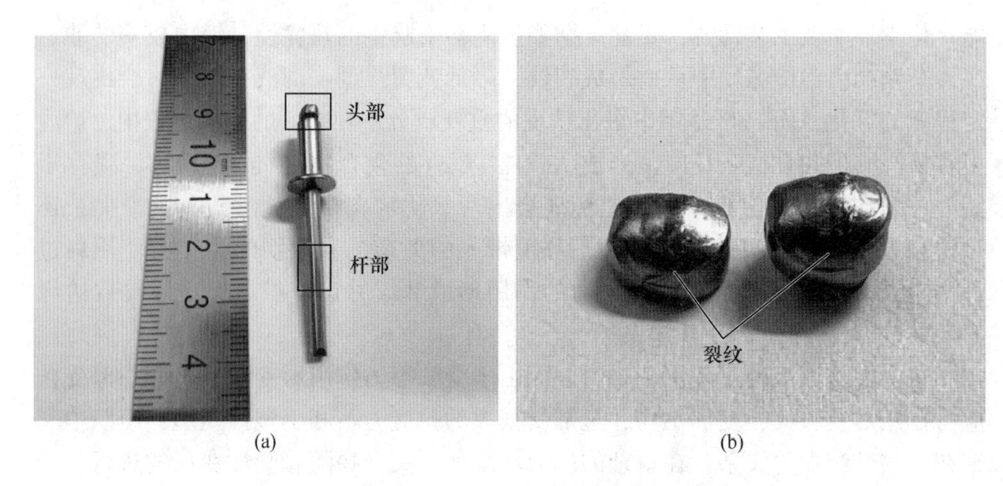

图 8-13　304H 不锈钢全空心铆钉头部开裂样品实物图
（a）铆钉全貌；（b）铆钉头部裂纹

8.3.1　金相组织观察

对两组样品分别编号 1 号、2 号，对样品的头部显微组织进行横截面观察，如图 8-14 所示。样品的晶粒碎化明显，因而无法对平均晶粒尺寸进行统计。1 号样品头部裂纹有剥离样品表面的趋势，裂纹向内延伸至一定深度后折返向表面蔓

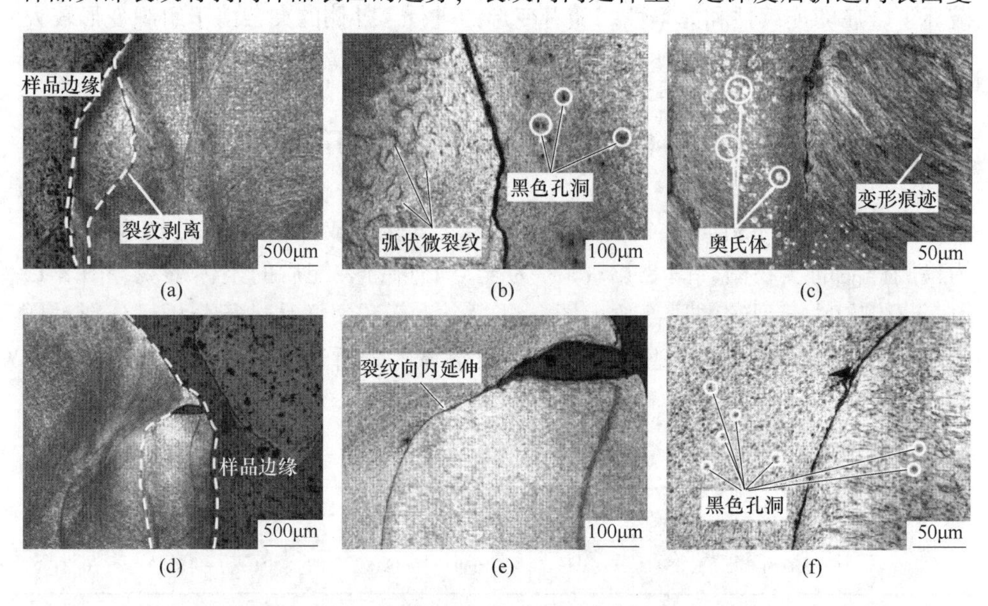

图 8-14　样品头部横截面光学显微镜照片
（a）1 号，裂纹全貌 50×；（b）1 号，200×；（c）1 号，500×；
（d）2 号，裂纹全貌 50×；（e）2 号，200×；（f）2 号，500×

延，如图 8-14（a）所示。对裂纹最深处进行放大（图 8-14（b）），主裂纹两侧的基体组织上存在大量弧状微裂纹和黑色孔洞。靠近样品表面的裂纹附近的组织中，表面一侧存在大量白色块状奥氏体组织，另一侧显示出明显的变形痕迹，如图 8-14（c）所示。2 号样品头部裂纹一直向内部延伸，同时也呈现出环绕样品表面的趋势（图 8-14（d）、（e））。对 2 号样品内部裂纹两侧的显微组织进行观察，发现其裂纹两侧同样存在大量黑色孔洞，如图 8-14（f）所示。

对 1 号、2 号样品的头部显微组织进行纵截面观察，如图 8-15 所示。1 号样品的晶界处存在明显的扭曲变形（图 8-15（b）），2 号样品晶界变形不明显（图 8-15（d））。

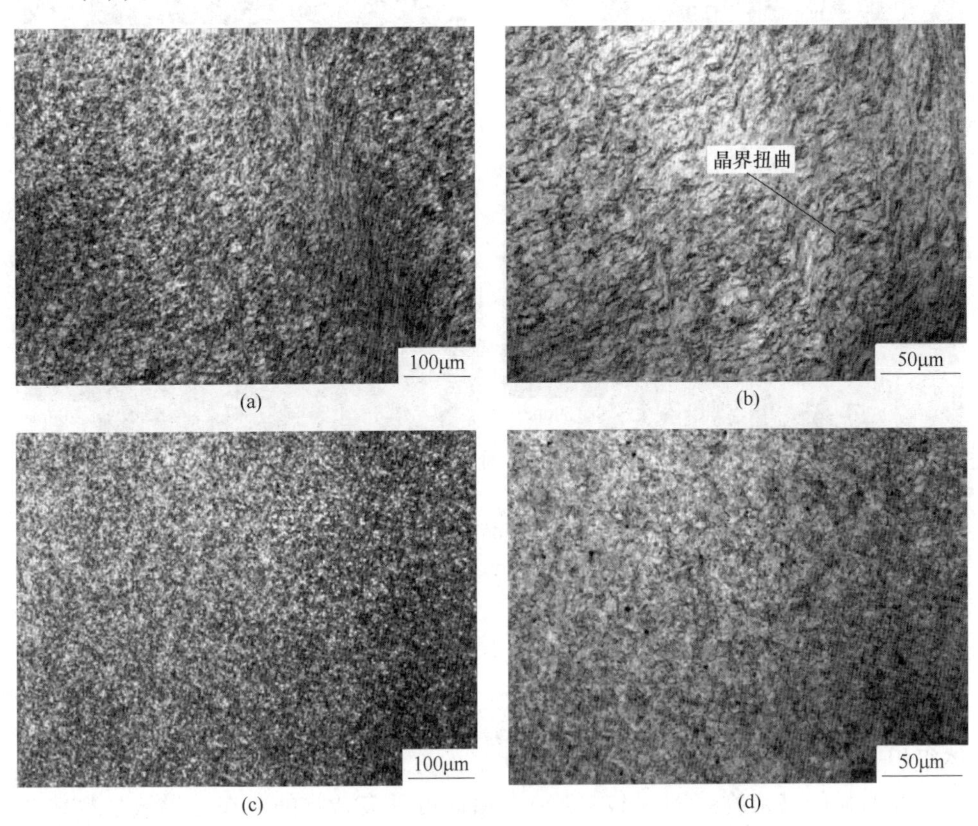

图 8-15　样品头部纵截面光学显微镜照片

（a）1 号，200×；（b）1 号，500×；（c）2 号，200×；（d）2 号，500×

对 1 号、2 号样品的杆部显微组织进行观察，如图 8-16 所示。杆部晶粒沿变形方向伸长，为典型的拉拔变形组织。在奥氏体组织上同时存在大量的黑色条纹组织。对于奥氏体不锈钢来说，其在经历大变形后会发生形变诱导马氏体转变，黑色的条纹组织即为形变马氏体组织。

图 8-16 头部断裂样品杆部光学显微镜照片
(a) 1 号，500×；(b) 1 号，1000×；(c) 2 号，500×；(d) 2 号，1000×

8.3.2 扫描电镜和能谱分析

对 1 号样品裂纹处进行 SEM 观察，如图 8-17 所示。裂纹最深处一侧的基体组织上存在大量黑色孔洞，且具有明显的方向性（图 8-17（a））。裂纹尖端处存在明显的夹杂物（图 8-17（b）），由此可见夹杂物的存在是导致材料在变形过程中产生裂纹的主要原因。此外在裂纹附近的基体上还存在大量的微裂纹。

对 1 号样品的基体组织进行 SEM 观察和 EDS 能谱分析，如图 8-18、图 8-19 所示。1 号样品基体上分布着大量尺寸在 80～200nm 的球状析出物（图 8-18（a）），EDS 点扫描分析结果显示析出物的 C、Cr 元素含量明显高于基体，Ni 元素含量低于基体（图 8-18（c）），表明基体上的析出物为富 Cr 碳化物。奥氏体不锈钢在经历剧烈变形后会产生形变诱导析出，基体上出现的大量富 Cr 碳化物

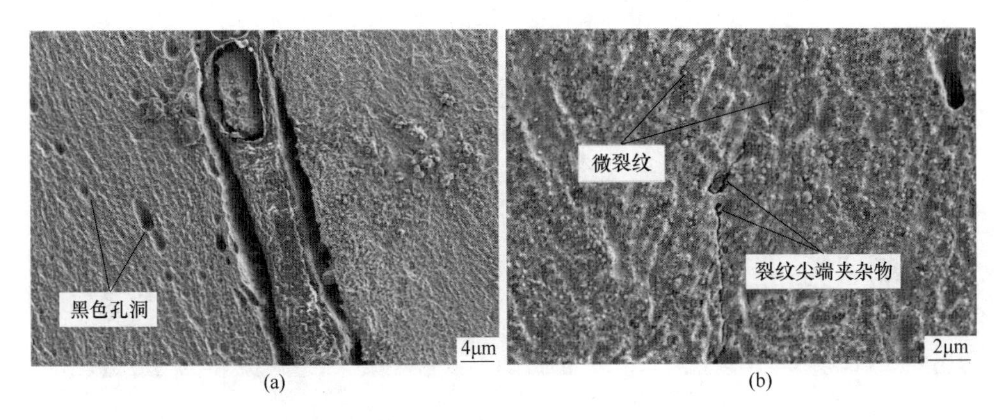

图 8-17　1 号样品裂纹处 SEM 照片
（a）裂纹最深处；（b）裂纹尖端

即是材料经历剧烈变形产生的。图 8-19 所示为 1 号样品基体夹杂物的 EDS 能谱分析结果。夹杂物尺寸在 2μm 左右，主要含有 O、Al、Si、Ca 等元素，推测其可能是在冶炼过程中产生的 Al_2O_3、SiO_2、CaO 等内生夹杂物。

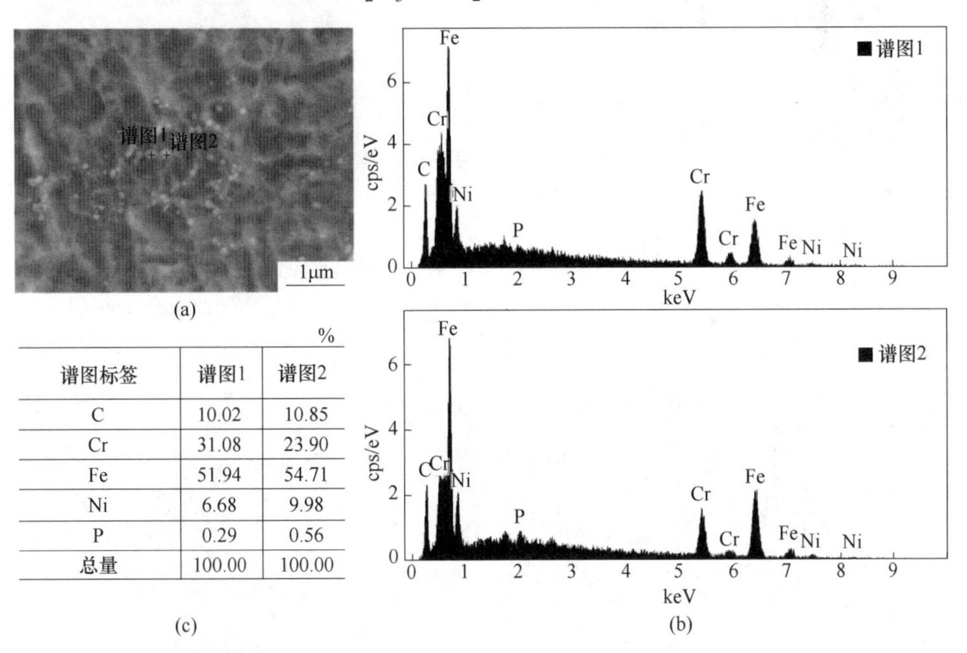

%

谱图标签	谱图1	谱图2
C	10.02	10.85
Cr	31.08	23.90
Fe	51.94	54.71
Ni	6.68	9.98
P	0.29	0.56
总量	100.00	100.00

图 8-18　1 号样品基体析出物 EDS 能谱分析结果
（a）析出物形貌；（b）EDS 点扫描谱图；（c）元素重量百分比

对 2 号样品裂纹处进行 SEM 观察，如图 8-20 所示。2 号样品裂纹起始处一侧的基体组织上同样存在大量黑色孔洞，且具有明显的方向性，如图 8-20（a）

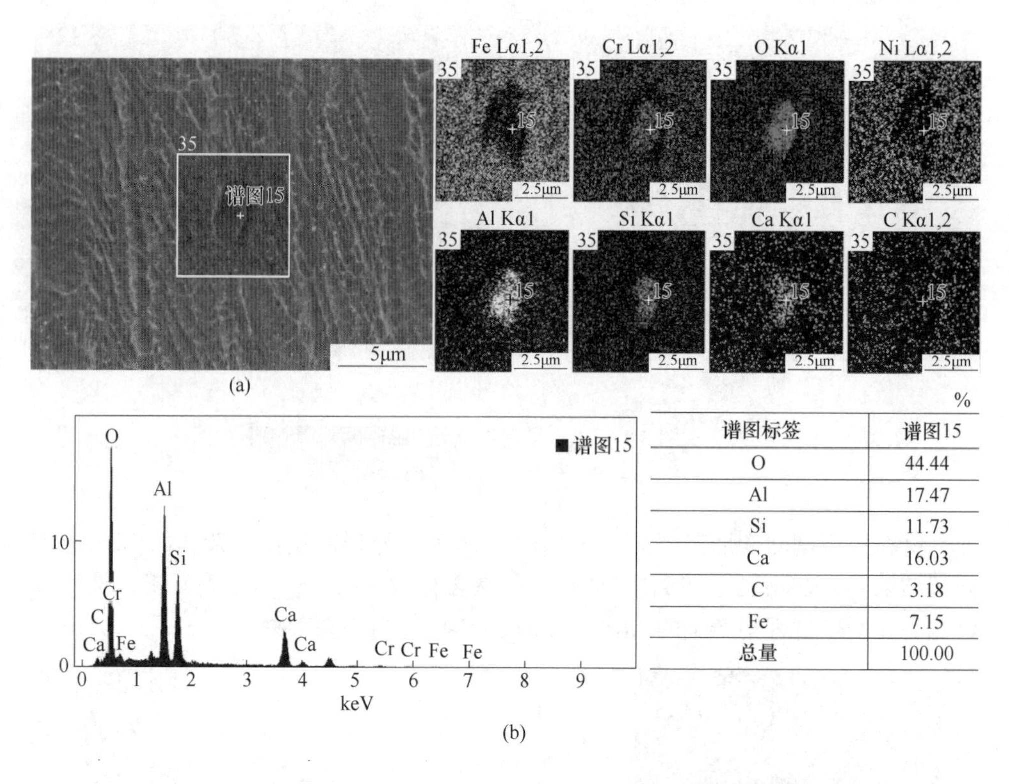

%

谱图标签	谱图15
O	44.44
Al	17.47
Si	11.73
Ca	16.03
C	3.18
Fe	7.15
总量	100.00

图 8-19　1 号样品基体夹杂物 EDS 能谱分析结果
（a）EDS 面扫描分布图；（b）EDS 点扫描谱图

所示。2 号样品裂纹尖端两侧的基体组织上均存在孔洞，但两侧孔洞的数量和分布情况明显不同。一侧的孔洞数量较少，且仅存在于紧邻裂纹的位置；而另一侧则相反，孔洞数量较多，且沿裂纹向外扩展分布。

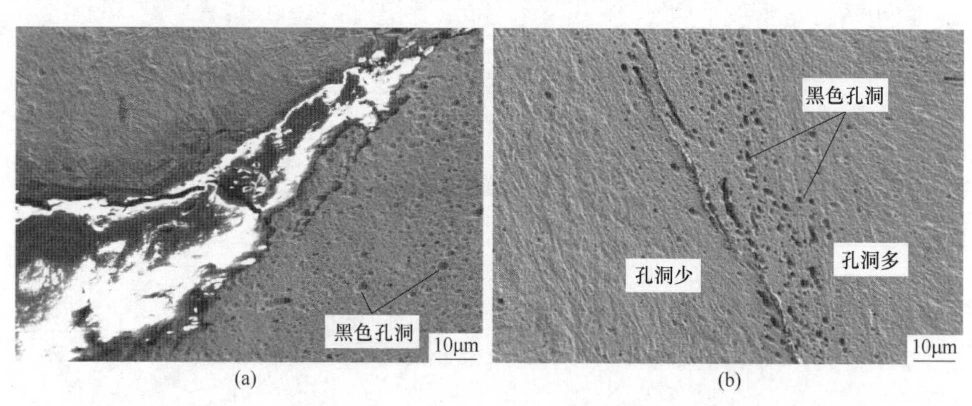

图 8-20　2 号样品裂纹处 SEM 照片
（a）裂纹起始处；（b）裂纹尖端

对2号样品的基体组织进行SEM观察和EDS能谱分析。与1号样品相似，2号样品的基体上同样分布着大量尺寸在80~200nm的球状析出物和尺寸在2μm左右的夹杂物，如图8-21（a）所示。分别对析出物和夹杂物进行EDS能谱分析，结果表明2号样品基体上的析出物和夹杂物与1号样品相同，析出物为富Cr碳化物，夹杂物为Al_2O_3。

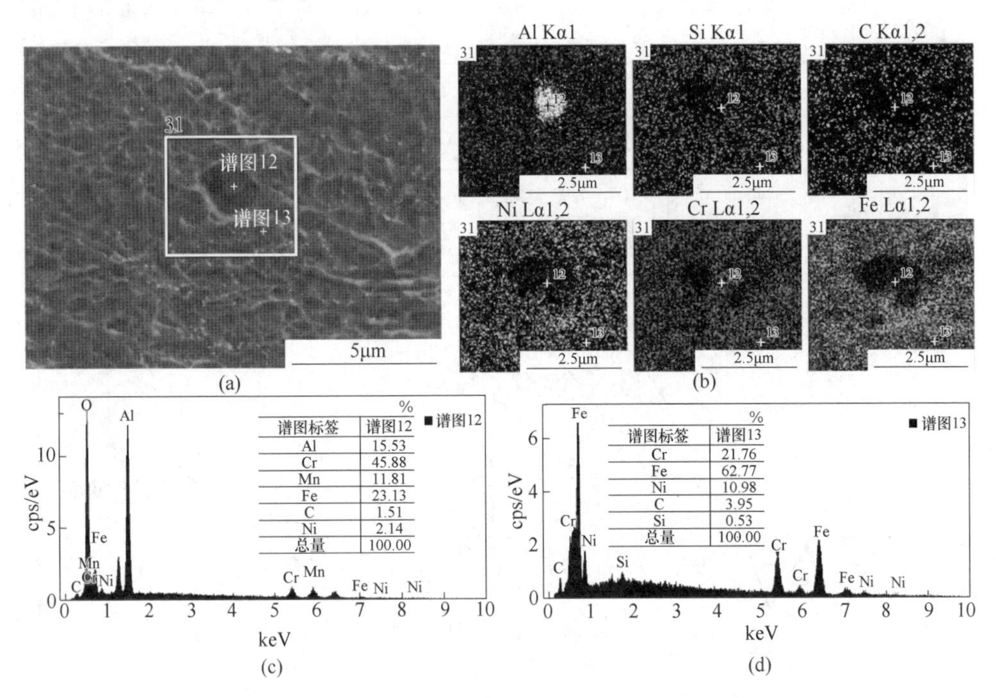

图8-21 2号样品基体析出物、夹杂物EDS能谱分析结果

（a）SEM形貌；（b）夹杂物EDS面扫描分布图；

（c）夹杂物EDS点扫描谱图；（d）析出物EDS点扫描谱图

8.3.3 显微硬度分析

根据8.3.1节的分析可知，夹杂物的存在破坏基体组织的连续性，是裂纹萌生的源头，但裂纹的扩展受多方面因素的影响。从图8-14（a）和图8-14（d）对1号、2号样品头部裂纹的观察中可以发现，头部裂纹均起始于样品表面后向内部延伸，环绕样品表面蔓延，在裂纹两侧的基体上存在不同的组织特征。为了进一步明确裂纹扩展的原因，分别对1号、2号头部断裂样品的头部和杆部进行显微硬度测试。显微硬度的测试标准采用GB/T 4340.1—2009，从样品的边部向心部测量10个点，取前5个点的平均值作为样品边部的硬度值，后5个点的平均值作为样品心部的硬度值，取10个点的平均值作为基体的硬度值，测试结果见表 8-3。为了更加直观地显示 1 号、2 号头部断裂样品的硬度分布情况，将测量得到的数据点绘制成折线图，如图 8-22 所示。

表 8-3　304H 不锈钢全空心铆钉显微硬度（HV0.1）

样品编号		测量数据点					边部	测量数据点					心部	平均值
		1	2	3	4	5		6	7	8	9	10		
1号	头部	443	432	444	433	451	441	455	473	481	472	480	472	457
	杆部	416	419	427	429	428	424	431	435	432	438	448	437	431
2号	头部	474	446	428	431	429	442	464	446	508	495	478	478	460
	杆部	415	409	415	419	417	415	454	444	448	446	439	446	431

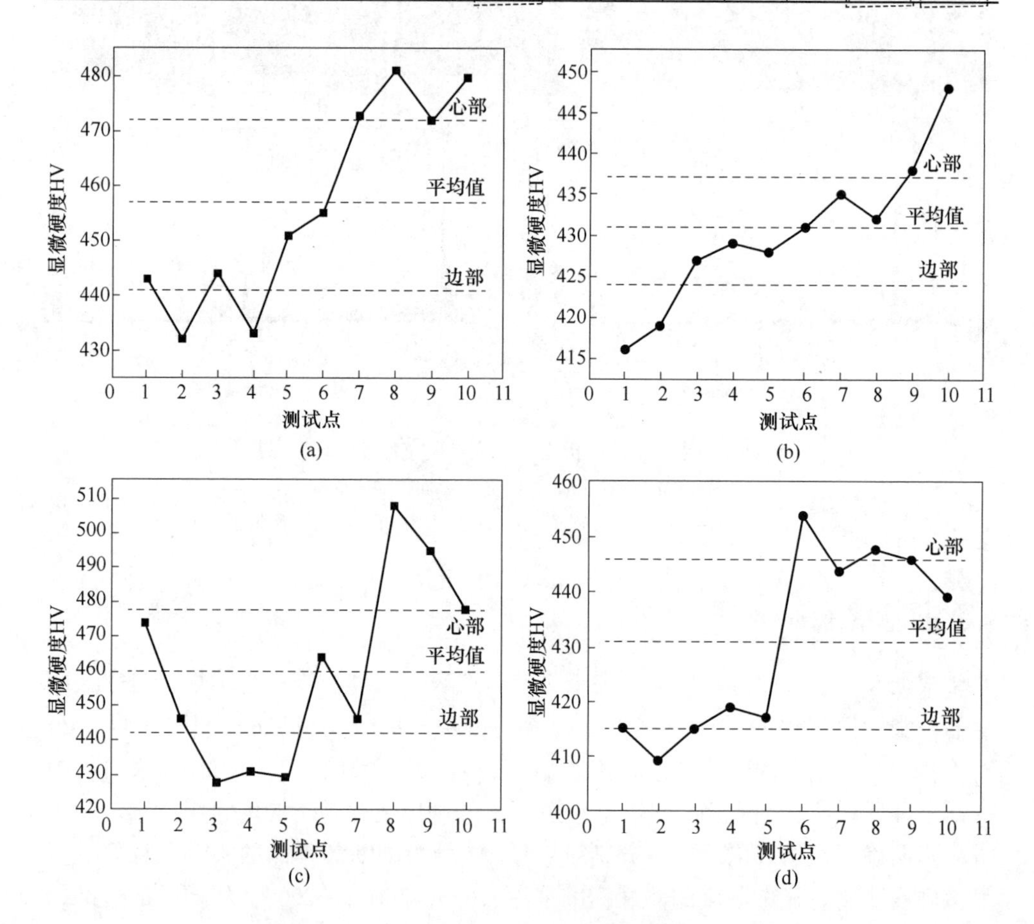

图 8-22　304H 不锈钢全空心铆钉显微硬度分布

（a）1 号头部；（b）1 号杆部；（c）2 号头部；（d）2 号杆部

从图 8-22 中可以看出，1 号和 2 号样品无论是头部还是杆部均表现出边部硬度低于心部的特点，且头部的平均硬度高于杆部。304H 不锈钢全空心铆钉在生产过程中经历了剧烈的拉拔变形和退火，剧烈变形使奥氏体组织发生形变诱导马氏体相变，材料的硬度升高，为了便于进行后续的变形加工，需对材料进行退火，退火使马氏体组织重新转变为奥氏体。从硬度测量结果可以看出，材料的退火不够充分，对于 1 号样品其头部位置的边部硬度为 HV441，而心部硬度为 HV472，二者相差 HV31；对于 2 号样品其头部位置的边部硬度为 HV442，心部硬度为 HV478，二者相差 HV36，边部与心部硬度值相差过大，裂纹在夹杂物处萌生，随后沿着硬组织和软组织的边界蔓延（图 8-14（c）裂纹一侧为大量白色块状奥氏体组织，另一侧显示出明显的变形组织（形变诱导马氏体）），从而形成周向裂纹。

1 号和 2 号样品各部位的平均硬度值相当（表 8-3 虚线框所示），表明 304H 不锈钢全空心铆钉的质量稳定。

综上所述，导致 304H 全空心铆钉开裂的原因主要有以下两个方面：

（1）基体组织中存在冶炼夹杂。夹杂物的存在会破坏基体组织的连续性，夹杂物所在位置易萌生裂纹。

（2）变形后的退火不充分。304H 不锈钢全空心铆钉在生产过程中经历了剧烈的拉拔变形，剧烈变形使奥氏体组织发生形变诱导马氏体转变和形变诱导析出，材料的硬度升高，为了便于后续的加工变形，需对材料进行退火，退火使马氏体组织重新转变为奥氏体。显微硬度测试结果表明，无论是铆钉头部还是杆部，其边部位置的硬度均低于心部，说明材料变形后退火不充分，边部位置得到了有效的软化而心部硬度仍然较高，变形诱导的马氏体组织未能完全消除，从而使材料的基体组织中形成了硬组织（形变马氏体）和软组织（退火奥氏体），硬度不同的两种组织的交界处为裂纹扩展提供了条件，因而铆钉的头部裂纹呈现出沿周向扩展的形态。

8.4 304HC 不锈钢螺丝冷镦开裂问题

冷镦加工工艺是依靠冲头的冲击使金属线材在模具内发生塑性变形以达到预期的形状和尺寸的加工方法。此加工方法生产效率高，节约材料。但是冷镦生产过程中金属材料发生的形变较大，不锈钢又是冷镦用钢中变形强化效应较大的钢种（奥氏体不锈钢固溶处理后虽有优良的塑性指标，但由于塑性滑动的阻力随着冷成形的进行而大幅度增加，从而大大地降低了奥氏体不锈钢的冷镦性能），因此生产出来的产品发生开裂的倾向更为明显，且冷镦加工由于自身工艺的限制更适合于生产形状简单的标准件螺丝。钢材优秀的表面质量和均匀致密的组织是保证冷镦工艺得以高质量进行的重要前提。

以 304HC 不锈钢钢丝为原材料，采用冷镦工艺加工出来的部分螺丝存在开裂现象。图 8-23 所示为某企业生产的 304HC 不锈钢冷镦试样样品实物，表 8-4 为其化学成分。

图 8-23 304HC 不锈钢螺丝冷镦开裂样品实物图

表 8-4 304HC 不锈钢化学成分 （wt. %）

成分	C	Mn	Si	P	S	Ni	Cr	Cu
含量	0. 025	0. 86	0. 460	0. 040	0. 0010	8. 08	18. 20	2. 530

8. 4. 1 金相组织观察

首先使用金相显微镜对试样的显微组织进行观察。图 8-24 所示为头部冷镦开裂螺丝试样不同部位的金相组织。图 8-24（a）所示为螺丝头部位置放大 50×的金相组织，可以看出试样的基体组织主要为等轴的奥氏体晶粒，尺寸细小，总体上呈现出由边缘到心部尺寸愈加细小的趋势。此外，可以看到螺丝中心部分存在明显的因变形而产生的加工痕迹。图 8-24（b）所示为试样头部位置基体放大 200×的金相组织，可以看到试样的基体组织中部分奥氏体晶粒存在因冷镦工艺而破碎的现象，破碎的奥氏体晶粒会使得晶界更加曲折，内部应力分布状态、变形运动及位错滑移过程更趋复杂，会极大地影响材料的各项性能。

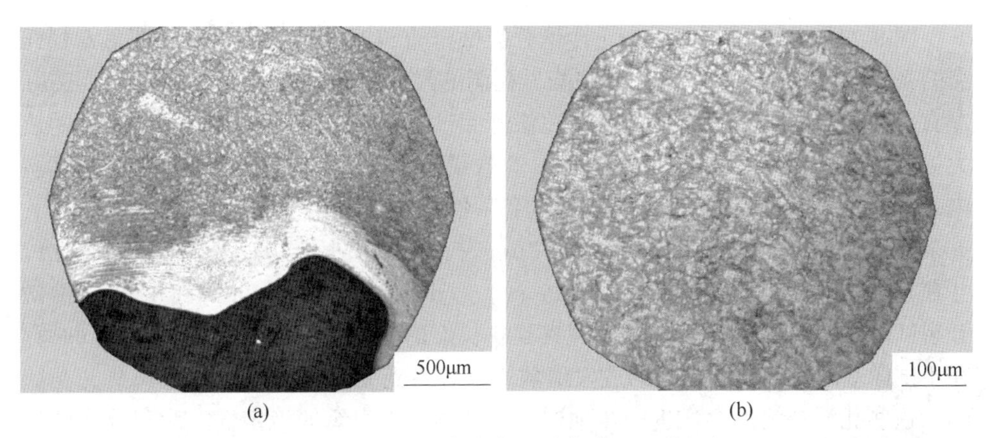

图 8-24　304HC 不锈钢螺丝头部位置显微组织
（a）50×；（b）200×

8.4.2　扫描电镜和能谱分析

对 304HC 不锈钢冷镦试样进行 SEM 组织观察，结果如图 8-25 所示。

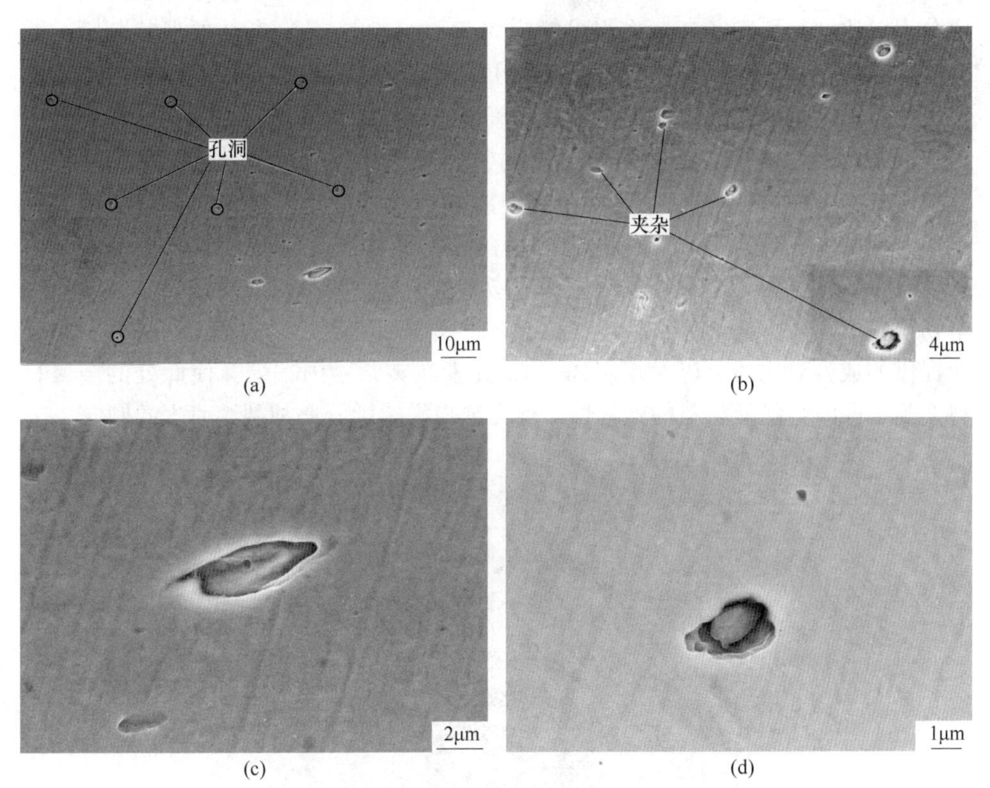

图 8-25　304HC 不锈钢试样头部位置附近的 SEM 照片
（a）1000×；（b）2000×；（c）5000×；（d）6000×

图 8-25（a）所示为 1000×下冷镦开裂试样的 SEM 形貌照片，可以明显看到样品的基体上存在弥散分布的孔洞缺陷，孔洞的尺寸分布较为均匀，大小在 1～2μm 左右。图 8-25（b）所示为 2000×下冷镦开裂试样的 SEM 形貌图片，在 2000×的放大倍数下可以看到孔洞内存在夹杂物，且数量较多，分布密集，严重增加了该区域内基体组织的不连续性，使材料整体的各项性能下降。结合图 8-25（a）可以看出，夹杂物的尺寸分布并不均匀，尺寸在 1μm 左右的细小夹杂物较多，但同时存在尺寸在 6μm 左右的大尺寸夹杂。图 8-25（c）、（d）所示分别为 5000×和 6000×下冷镦开裂试样的 SEM 形貌图片，可以观察到狭长形的夹杂物和椭球形的夹杂物同时存在于试样基体中，另外在高的放大倍数之下观察到夹杂物附近也存在一些孔洞缺陷，这些孔洞缺陷的存在进一步削弱了夹杂物附近组织的稳定性，为裂纹在此处的形核长大提供了有利条件。冷镦工艺的自身特点决定了材料在加工过程中会发生剧烈的塑性变形，这就对材料的变形能力提出了更高的要求，也意味着材料的内部需要更均匀细小的组织和更少的缺陷才能满足高质量的冷镦加工需求。

对基体中存在的夹杂物进行 EDS 点扫描，分析其元素组成情况，结果如图 8-26 所示。可以看出夹杂物的成分中富集了 Al、Mg、O 元素，与企业所提供的成分表对比，初步判断夹杂物很可能为 $MgO \cdot Al_2O_3$；从夹杂物的形状判断，圆润的椭球形与 Al_2O_3 夹杂物的常见形貌相吻合。Al、Mg 元素是不锈钢生产冶炼过程中不可或缺的脱氧剂，难免会在脱氧反应过程中生成 Al_2O_3 而留存在钢液中形成夹杂物，而当 Mg 元素含量过高时，MgO、Al_2O_3 就会相互依附形核形成 $MgO \cdot Al_2O_3$。夹杂物的存在会对基体组织的连续性产生不利影响，也会为裂纹提供有利的形核位点，夹杂物附近高度的应力集中更会加快裂纹长大速率，而 304HC 不锈钢强烈的变形强化效应和冷镦工艺的剧烈形变更会增加这种裂纹在夹杂物位置形核长大的趋势，最终导致部分螺丝产品出现开裂的现象。另外，与企业提供的成分对比还可以发现，Mn、Cr 元素在夹杂物内偏聚，使此处的金属材料变脆，同时会降低材料的塑韧性，增大缺口敏感性，增加裂纹萌生的倾向。

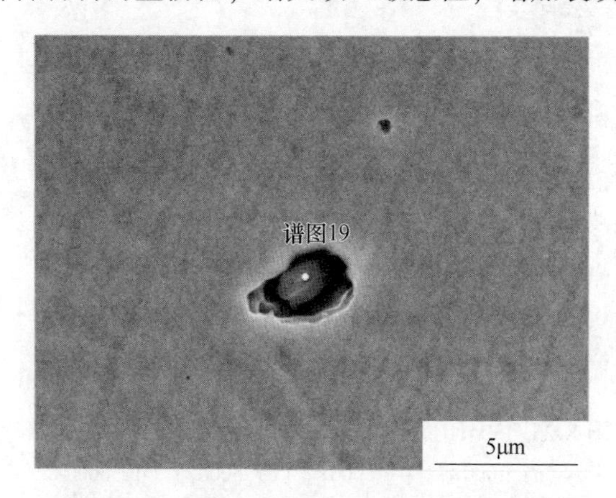

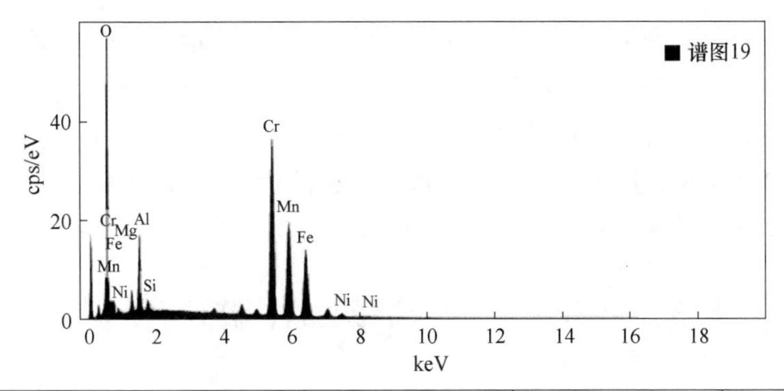

元素	线类型	质量分数/%	σ	原子分数/%
Cr	K 线系	37.66	0.17	27.80
Mn	K 线系	20.10	0.16	14.05
Fe	K 线系	19.97	0.16	13.72
Ni	K 线系	1.66	0.10	1.08
O	K 线系	14.17	0.10	34.00
Al	K 线系	4.55	0.06	6.47
Si	K 线系	0.61	0.03	0.83
Mg	K 线系	1.30	0.04	2.05
总量		100.00		100.00

图 8-26 304HC 不锈钢试样夹杂物 EDS 点扫描分析结果

综上所述，304HC 不锈钢螺丝冷镦开裂的原因主要有以下 4 个方面：

(1) 304HC 不锈钢试样的组织主要为奥氏体晶粒，尺寸细小，分布较均匀，可以观察到螺丝头部由边部到心部晶粒逐渐变得更加细小的特点和因冷镦剧烈变形造成奥氏体晶粒破碎的现象。

(2) SEM 观察结果显示，304HC 不锈钢试样内部存在弥散分布的细小的孔洞缺陷，以及部分尺寸较大的夹杂物。

(3) 304HC 不锈钢试样的 EDS 能谱分析结果显示，试样的基体组织中存在夹杂物，夹杂物的 O、Al、Mg 元素含量较高，分析其可能为在冶炼过程中残留的 $MgO \cdot Al_2O_3$ 夹杂。此外，夹杂物存在 Mn、Cr 元素偏聚的现象，这些情况都会降低金属材料的塑性，增加材料的缺口敏感性。

（4）结合样品实物图，螺丝的头部表面出现周向裂纹，与其在冷镦过程中的受力状态有直接的关系，头部尺寸较大，表面受到拉应力，出现应力集中，内部缺陷不能及时焊合，表面缺陷位置为裂纹扩展、应力释放提供了有利条件。冷镦工艺本身就伴随着金属材料剧烈的塑性变形，这使得裂纹在 Al_2O_3 等夹杂物附近形核的倾向增加，同时 304HC 不锈钢强烈的形变强化效应也会使裂纹扩展的速率大大提高，增大了螺丝生产过程开裂等不良产品产生的几率。

8.5 304HC2 不锈钢铆钉冷镦开裂问题

以 304HC2 不锈钢钢丝为原材料，采用冷镦工艺加工出来的部分铆钉存在头部开裂现象。冷镦加工过程中最常见的质量问题就是冷镦开裂，而引起开裂的原因大致可分为不锈钢盘条内在质量问题、盘条表面质量问题和用户深加工工艺不当。

图 8-27 所示为某企业生产的 304HC2 不锈钢冷镦试样样品实物，表 8-5 为其化学成分。

图 8-27 304HC2 不锈钢冷镦开裂样品实物

表 8-5 304HC2 不锈钢化学成分 （wt. %）

成分	C	Si	Mn	P	S	Cr	Ni	Cu	Mo	N
含量	0.018	0.374	0.78	0.03	0.002	18.22	8.04	2.06	0.02	0.033

采用金相显微镜、场发射扫描电子显微镜对试样的显微组织进行观察，结合 EDS 能谱分析技术分析元素组成情况。

8.5.1 金相组织分析

使用金相显微镜对试样的显微组织进行观察。图 8-28 所示为头部冷镦开裂铆钉试样不同部位的金相组织。图 8-28（a）所示为铆钉头部开裂位置放大 50×的金相组织，可以看出断口边缘呈现不规则的锯齿状，且失效范围较大，已延伸至试样中心部位。图 8-28（b）所示为试样开裂位置附近基体放大 500×的金相组织，可以看到试样的基体组织主要为等轴奥氏体晶粒，尺寸细小均匀，但部分晶粒内部存在变形孪晶，晶粒出现因冷镦工艺留下的变形痕迹，如图 8-28（b）中箭头所示。

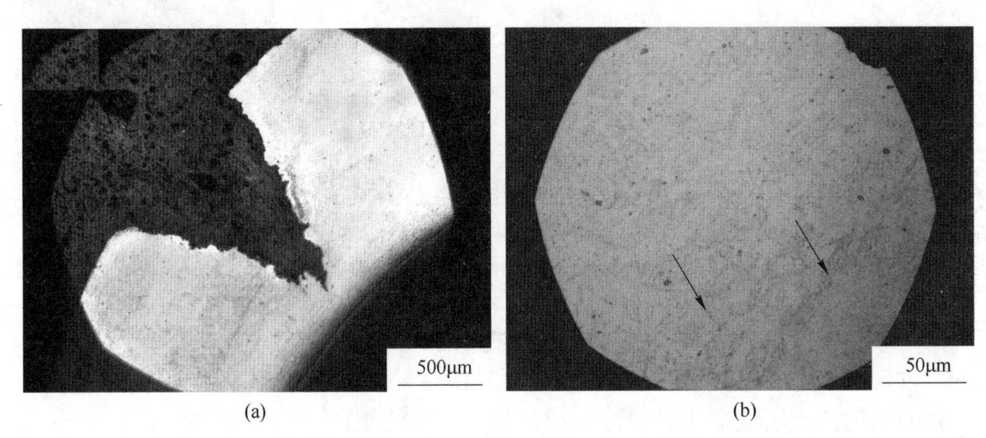

图 8-28　304HC2 不锈钢铆钉头部开裂部位显微组织
（a）裂纹 50×；（b）基体 500×

8.5.2　扫描电镜和能谱分析

对 304HC2 不锈钢冷镦试样进行 SEM 组织观察，结果如图 8-29 所示。图8-29（a）为 500×下冷镦开裂试样的 SEM 形貌照片，样品的基体上存在大量孔洞，部分奥氏体晶粒由于冷镦工艺而破碎，破碎的奥氏体晶粒必然影响金属材料本身的各项性能，从而增加各种缺陷生成的概率。图 8-29（b）为 3000×下试样的 SEM 照片，孔洞内部存细小的夹杂物，尺寸在 0.4μm 左右。由于冷镦工艺的自身特点，材料会发生剧烈的塑性变形，这对材料的变形能力提出了更高的要求，意味着要求材料内部需要更为均匀细小的组织和更少的缺陷。

对基体中存在的多处夹杂物进行 EDS 点扫描，分析其元素组成情况，结果如图 8-30 所示。可以看出夹杂物的成分中富集 Al、O 元素，而 Al 元素并没有出现在企业提供的成分中，初步判断夹杂物为 Al_2O_3，夹杂物呈现出椭球形，与 Al_2O_3 夹杂物的常见形貌相吻合。Al 元素是不锈钢生产冶炼过程中不可或缺的脱氧剂，难免会在脱氧反应过程中生成 Al_2O_3 而留存在钢液中形成夹杂物，影响基体组织的连续性，夹杂物存在的位置为裂纹提供形核位点，剧烈变形的冷镦工艺

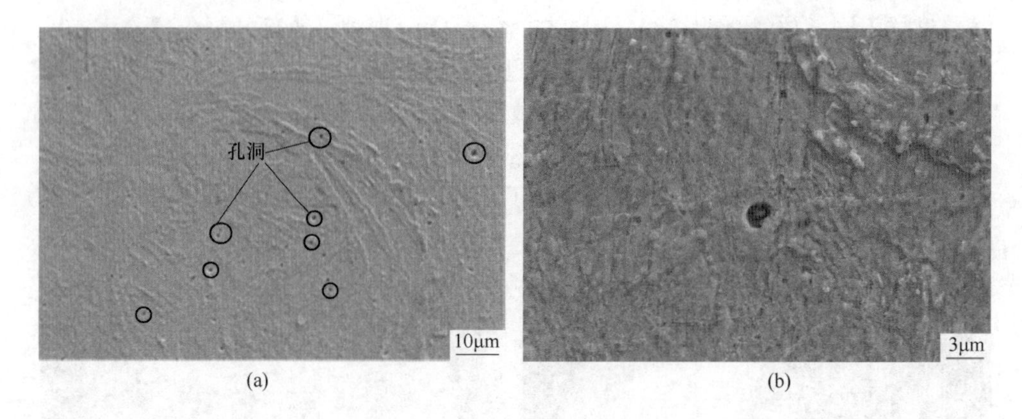

图 8-29　304HC2 不锈钢试样开裂位置附近的 SEM 照片
（a）500×；（b）3000×

使得在 Al_2O_3 夹杂物附近生成裂纹的倾向急剧增加，加速了裂纹长大的过程，从而使得生产出的铆钉产品出现头部开裂的现象。另外，与企业提供的成分对比还可以发现，Mn、Cr 元素在夹杂物内偏聚，使此处的金属材料变脆，同时会降低材料的塑韧性，增大缺口敏感性，增加裂纹萌生的倾向。

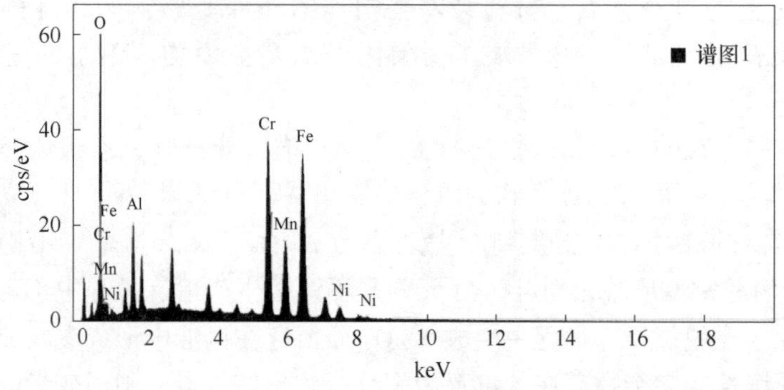

元素	线类型	质量分数/%	σ	原子分数/%	氧化物	氧化物含量/%	氧化物 σ
Cr	K 线系	23.42	0.12	14.53	Cr_2O_3	34.23	0.17
Mn	K 线系	9.98	0.11	5.86	MnO	12.89	0.14
Fe	K 线系	32.69	0.14	18.89	FeO	42.06	0.18
Ni	K 线系	3.21	0.09	1.77	NiO	4.09	0.11
O	K 线系	27.13	0.13	54.70			
Al	K 线系	3.56	0.04	4.26	Al_2O_3	6.73	0.07
总量		100.00		100.00		100.00	

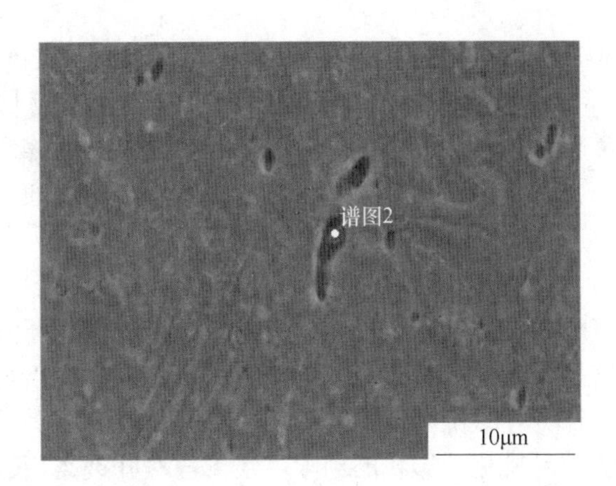

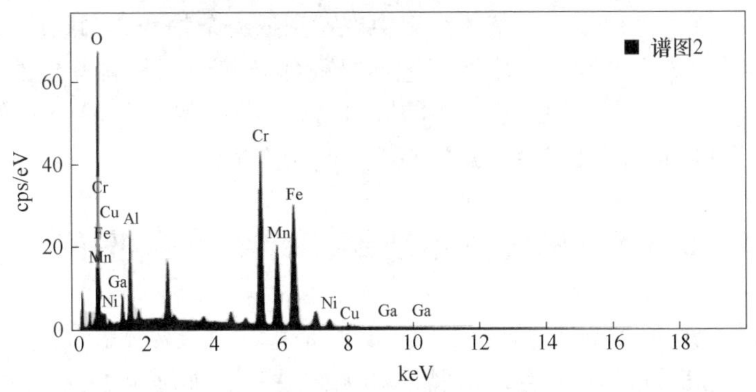

元素	线类型	质量分数/%	σ	原子分数/%	氧化物	氧化物含量/%	氧化物 σ
Cr	K 线系	25.99	0.12	15.97	Cr_2O_3	37.98	0.18
Mn	K 线系	12.30	0.11	7.16	MnO	15.89	0.14
Fe	K 线系	27.11	0.14	15.51	FeO	34.87	0.17
Ni	K 线系	2.56	0.08	1.39	NiO	3.26	0.10
O	K 线系	27.61	0.13	55.13			
Al	K 线系	3.84	0.04	4.55	Al_2O_3	7.25	0.07
Ga	K 线系	0.00	0.09	0.00	Ga_2O_3	0.00	0.13
Cu	K 线系	0.60	0.08	0.30	CuO	0.75	0.09
总量		100.00		100.00		100.00	

图 8-30 304HC2 不锈钢试样夹杂物 EDS 点扫描分析结果

综上所述，304HC2 不锈钢铆钉冷镦开裂主要有两种形式：

（1）冷镦内部塑性型开裂。塑性型开裂的表面主要特点是裂纹没有贯通现象。表现形式通常有两种：一种是试样开裂裂纹相对轴线呈 45°，裂纹较深，但金属肉不外翻；另一种是沿试样圆周呈密集、不规则、不贯通、向纵向延长的微细型裂纹。

（2）冷镦表面裂纹源型开裂。裂纹源型开裂其表面特点是裂纹沿纵向直线贯通。表现形式有两种：一种是试样上出现的裂纹沿纵向贯通开裂，裂口处有新鲜的金属内翻，这是冷镦开裂最常见的形式；另一种是试样出现的裂纹呈断续纵向贯通开裂，裂口处有片状微翻的毛刺。

综上所述，受样品尺寸、形状的局限，还无法对开裂类型进行判断。根据已有检测分析结果，可初步判断基体组织中观察到的夹杂物和孔洞缺陷可能是不锈钢铆钉冷镦开裂的主要原因。冷镦工艺本身就伴随着金属材料剧烈的塑性变形，这使得裂纹在 Al_2O_3 夹杂物附近形核的倾向增加，同时裂纹扩展的速率也会大大提高，增大了铆钉生产过程头部开裂等不良产品产生的几率。

8.6 304HC3 奥氏体不锈钢铆钉冷镦端部开裂问题

304HC3 不锈钢对应国内牌号 1Cr18Ni9，是一种奥氏体不锈钢，其化学成分见表 8-6，具有良好冷镦性能、耐腐蚀和无磁性能，能适应快速、高效、经济的加工方法。304HC3 不锈钢可以直接或经拔制成不同规格的钢丝后冷镦制造成螺栓、螺母、销钉、卷钉等标准件，主要应用于机械装备行业、数控机床等。304HC3 不锈钢材料的开裂宏观形貌如图 8-31 所示。现根据企业提供的原料，从金相组织、断口形貌等方面分析 304HC3 不锈钢产销钉端部断裂的原因。

表 8-6 304HC3 不锈钢化学成分 (wt. %)

成分	C	Si	Mn	P	S	Cr	Ni	Cu
含量	0.05	0.75	2.00	0.045	0.015	18.00~19.00	8.00~9.00	2.50~3.50

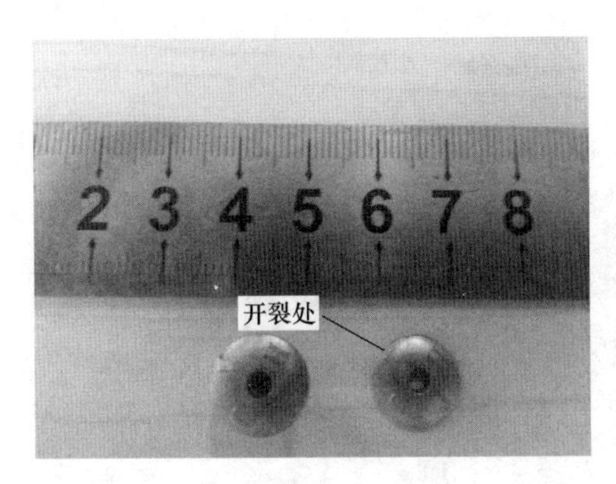

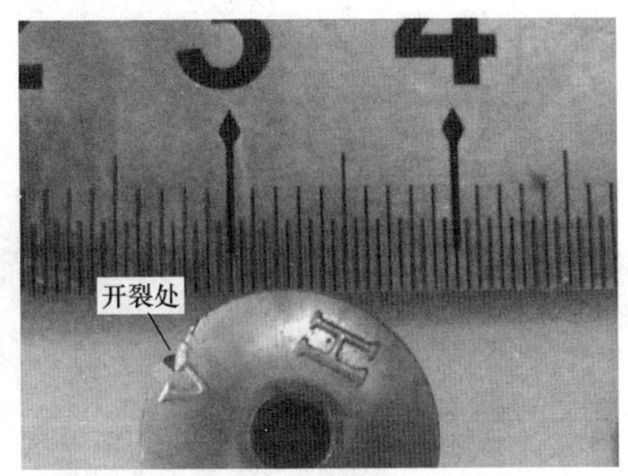

图 8-31 304HC3 不锈钢销钉来料

8.6.1 表面形貌观察

将试样放入丙酮试剂中，使用超声波清洗仪清洗 3min，然后用无水乙醇冲洗，吹干，并在扫描电镜下观测较为明显的试样中表面裂纹缺陷的分布与形貌。

在扫描电镜下观察 304HC3 不锈钢试样形貌，如图 8-32 所示，可以看到在断口附近存在一定量的微裂纹。扩展裂纹、开裂、破皮等缺陷出现在销钉端部的表面，缺陷较集中，裂纹开裂和扩展的方向与冷镦变形方向，也就是之前的拉拔变形方向呈 45°夹角，同时在非自由表面分布较为密集。此外，金属表面还存在一定的划伤。

由图 8-33 可以看出，304HC3 不锈钢断口边部区域存在大量的等轴韧窝，且韧窝尺寸较小，深度较浅；同时可以看到韧窝存在一定的方向性，指向断口边缘。韧窝是微观区域内由于塑性变形产生的显微空洞，经过形核、长大、聚集，最后相互连接而导致断裂后在断口表面留下的痕迹。韧窝尺寸小、深度浅说明材料的塑性较差。由于材料塑性较差，在冷镦变形的过程中应力集中直接导致变形方向脆性开裂出现裂纹，随后微裂纹向各个方向进行裂纹扩展。

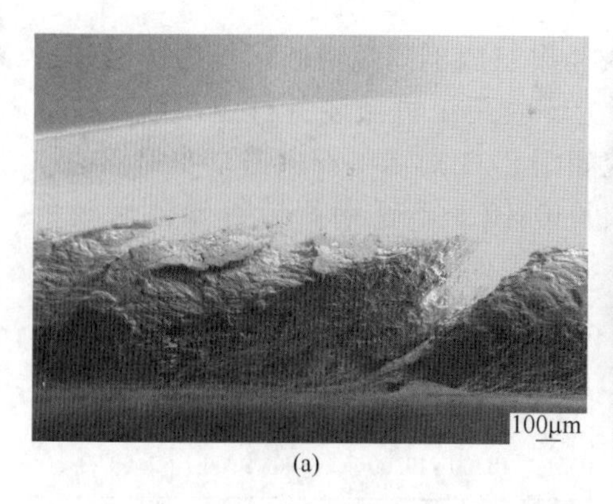

(a) (b)

图 8-32 304HC3 试样的表面开裂低倍形貌

（a）纵向观察开裂形貌；（b）横向观察开裂形貌

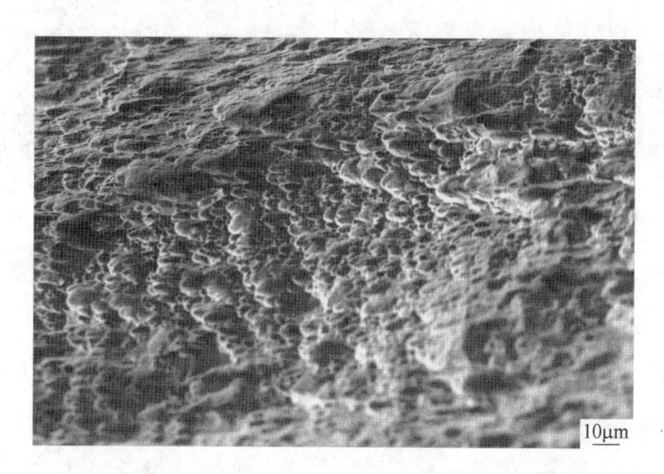

图 8-33 304HC3 试样的表面开裂高倍纵向形貌

在高倍横向形貌图中可以看到韧窝处有明显的夹杂物，如图 8-34 所示。夹

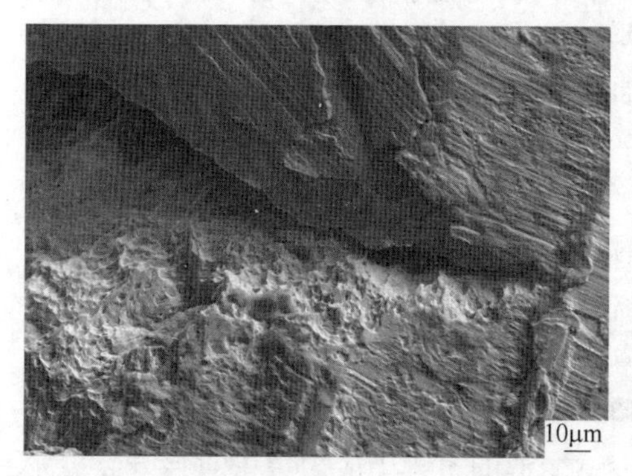

图 8-34 304HC3 试样的表面开裂高倍横向形貌

杂物尺寸及形貌对材料内部应力分布产生重要影响，在冷加工过程造成附加应力形成裂纹源。夹杂物对不锈钢的冷加工变形产生较大的影响，因此需要观察夹杂物形貌及分布并进行能谱（EDS）分析。

8.6.2 EDS 能谱分析

对 304HC3 不锈钢试样，利用超声波清洗机在丙酮试剂中进行清洗，吹干，然后在扫描电镜下观察其夹杂物与缺陷分布及能谱分析。选取 1 号和 2 号两个比较典型的区域，如图 8-35 和图 8-36 所示。

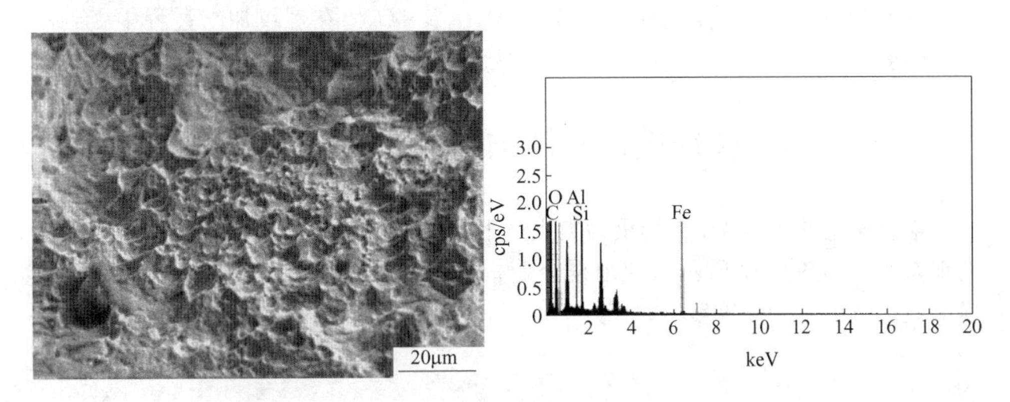

图 8-35 1 号区域夹杂物形貌及 EDS 能谱分析

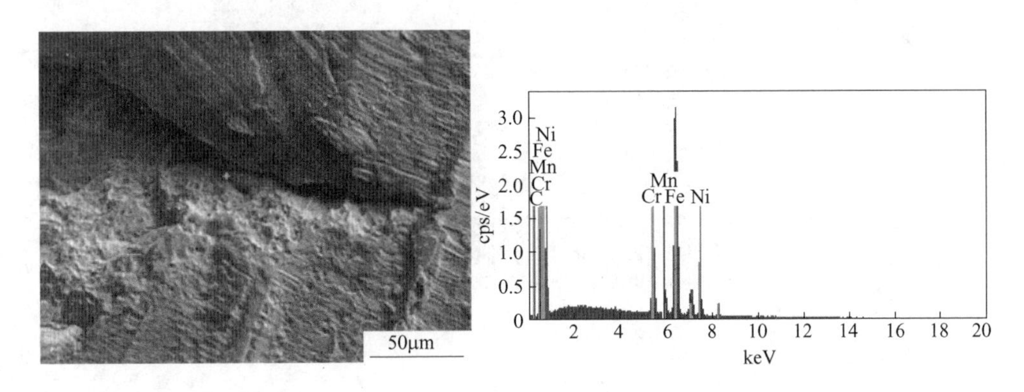

图 8-36 2 号区域夹杂物形貌及 EDS 能谱分析

1 号区域的扫描电镜观察及能谱（EDS）分析显示，该夹杂物中主要含有 O、Si、Al 等异常元素，推断夹杂物为硅铝氧化物。由于氧化硅和氧化铝属于脆性夹杂，在变形过程中不与基体统一进行，因此在加工过程中，在夹杂物附近产生微裂纹并扩展使材料发生开裂。

2 号区域的扫描电镜观察及能谱（EDS）分析显示，基体中碳含量相比理论值高出许多，结合扫描电镜中发现的韧窝尺寸较小、深度较浅可以推断出由于原料中碳含量控制不当，导致材料塑性降低，因此在塑性变形过程中发生开裂现象。

综合以上分析可得：

(1) 304HC3 不锈钢试样开裂区域的韧窝分布很不均匀，且韧窝普遍较浅，说明试样的塑性较差。韧窝形貌带有明显的趋向性，推断材料是在受到不均匀的剪切应力作用下发生断裂的。

(2) 试样中夹杂物主要呈灰色块状，数量较少，且分布较分散。夹杂物中异常元素为 O、Al，可能的夹杂主要是 Al_2O_3、SiO_2，在螺纹加工过程中受到不均匀的剪切应力时，夹杂物附近产生微裂纹并扩展，导致材料发生断裂。

8.7 304M 奥氏体不锈钢铆钉冷镦端部开裂问题

某企业生产的 304M 不锈钢为奥氏体不锈钢，钢丝加工成铆钉后在铆钉端部出现裂纹，如图 8-37 所示，现根据企业提供原料及成品钢丝，从金相组织、扫描形貌等方面分析裂纹形成原因。

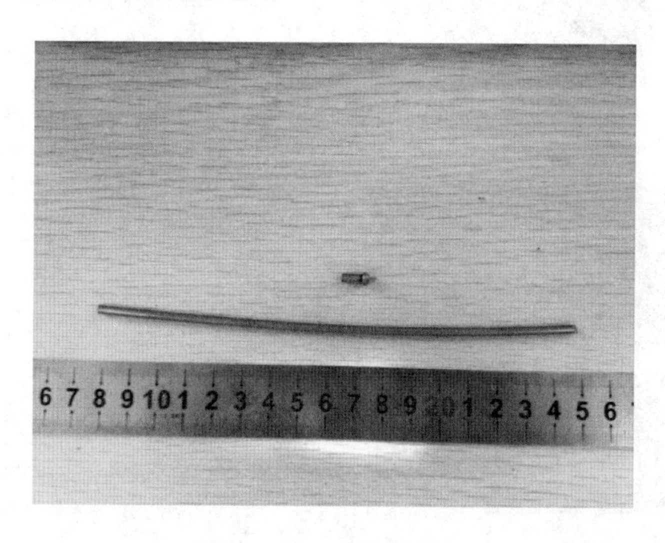

图 8-37 304M 不锈钢原料

8.7.1 金相组织分析

将 304M 不锈钢的原料与成品钢丝经线切割后镶嵌制成金相样品，用王水进行浸蚀，观察其横纵截面的金相组织。

如表 8-7 所示，304M 不锈钢钢丝金相组织主要是奥氏体、马氏体以及第二相组织，在纵截面可以观察到明显的拉拔痕迹，原料试样中，晶界比较清晰；对原料试样加工后，成品试样中的晶界模糊不清，晶粒被分割成细小的小块，晶粒尺寸不均匀，钢丝塑性较差。

表 8-7 不锈钢试样金相组织

<table>
<tr><th></th><th>放大倍数</th><th>原料</th><th>成品</th></tr>
<tr><td rowspan="2">横截面</td><td>200×</td><td>
</td><td>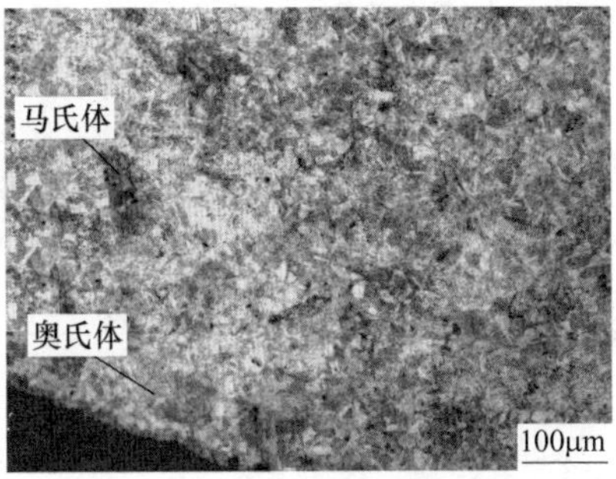
</td></tr>
<tr><td>500×</td><td>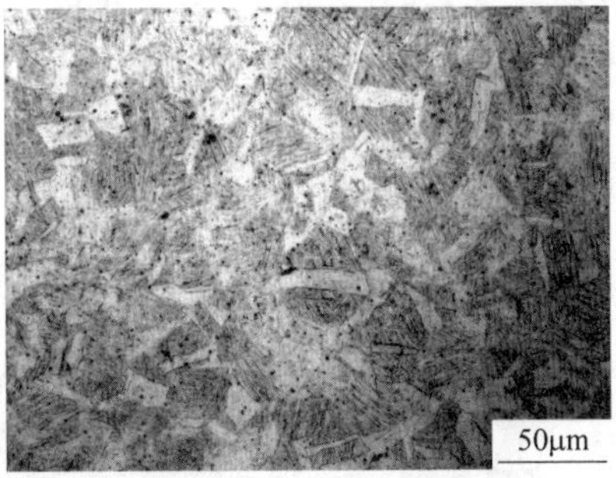
</td><td>
</td></tr>
<tr><td>纵截面</td><td>200×</td><td>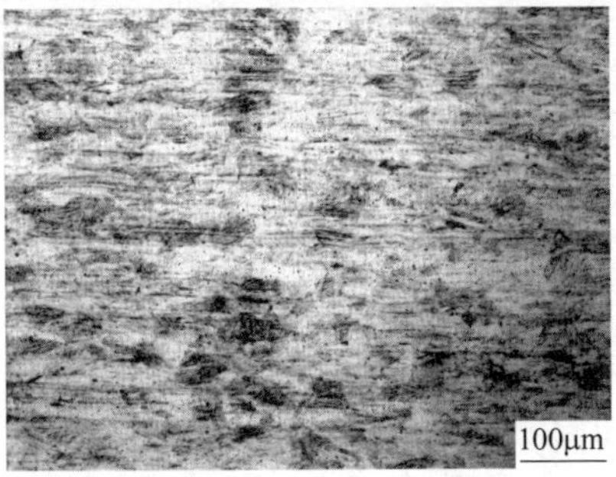
</td><td>
</td></tr>
</table>

续表 8-7

	放大倍数	原料	成品
纵截面	500×	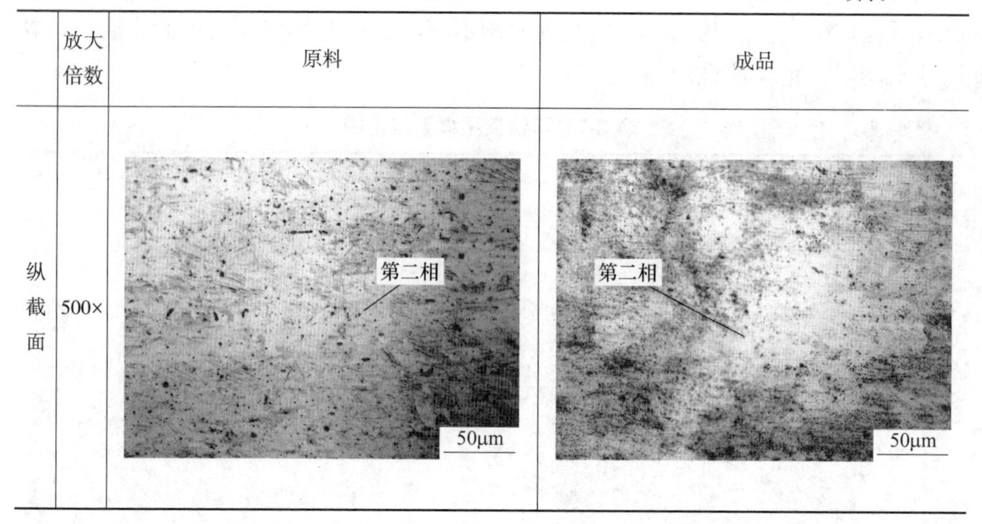	

8.7.2 裂纹形貌观察和 EDS 能谱分析

在扫描电镜下对成品试样裂纹的形貌进行观察，如图 8-38 所示。可以观察到在铆钉端部中心部位有一宽度较大裂纹，在它的周围还有一些细小的裂纹，通过测量可得宽度较大裂纹的平均宽度为 66. 85μm。对裂纹内部及周围微观组织进行观察，可以看到在裂纹内部以及周围微裂纹区均存在夹杂物，如图 8-39 和图 8-40 所示。

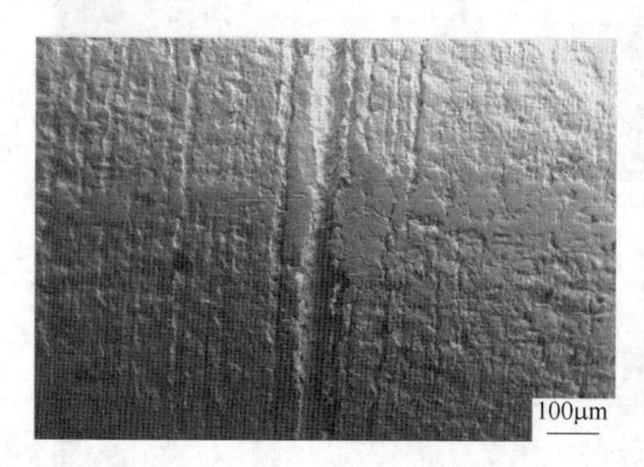

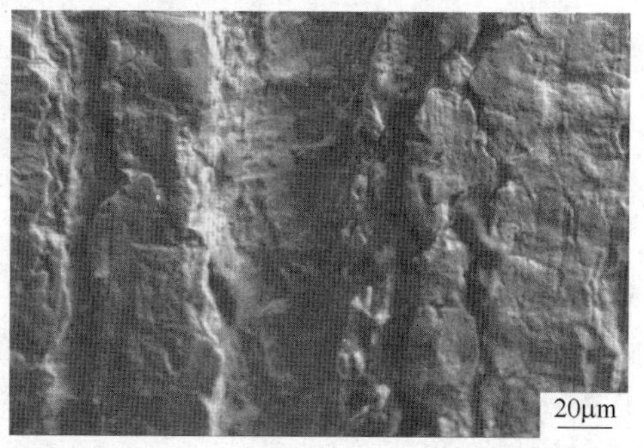

图 8-38 钢丝表面裂纹形貌

由图可知，夹杂物成分主要含有 Al、Ca、Si 和 O 四种元素，夹杂物可能为 Al、Ca、Si 的氧化物。加工过程中，由于基体中的氧化硅、氧化铝以及氧化钙属于脆性夹杂，在变形过程中不与基体协同变形，在局部区域导致应力集中，形成裂纹源，扩展形成裂纹。

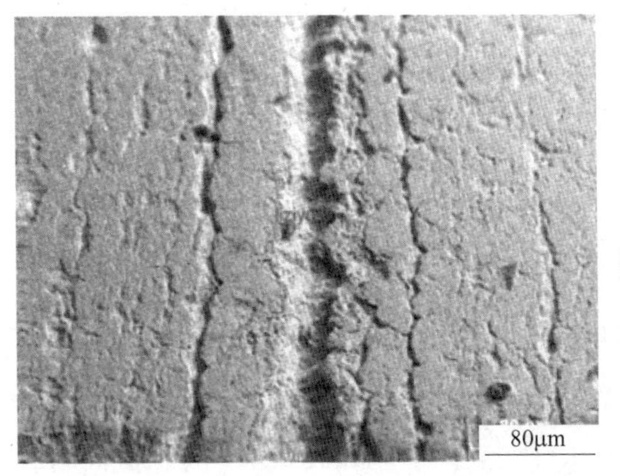

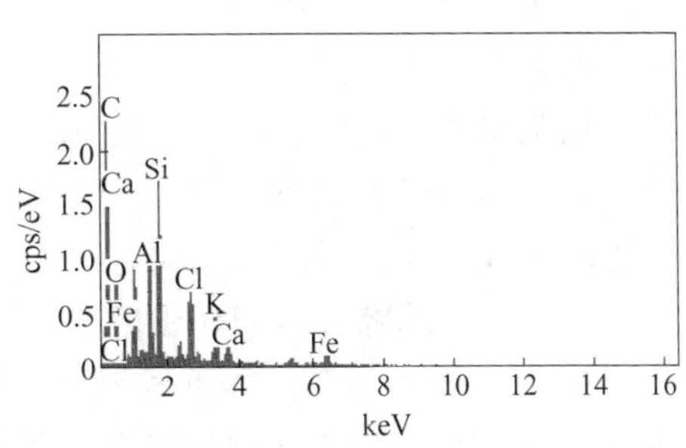

图 8-39　中心裂纹区夹杂物形貌及 EDS 能谱分析

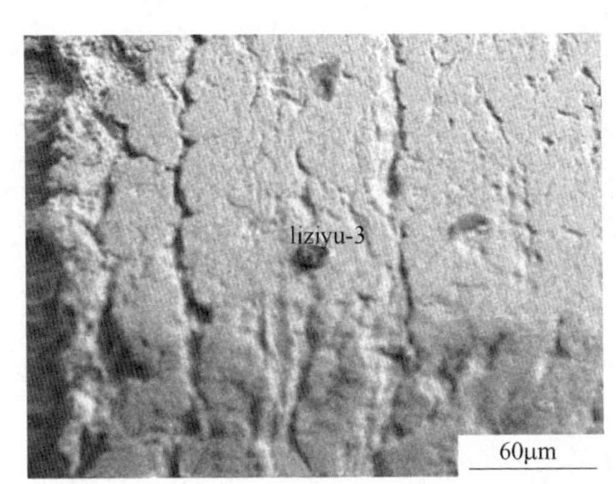

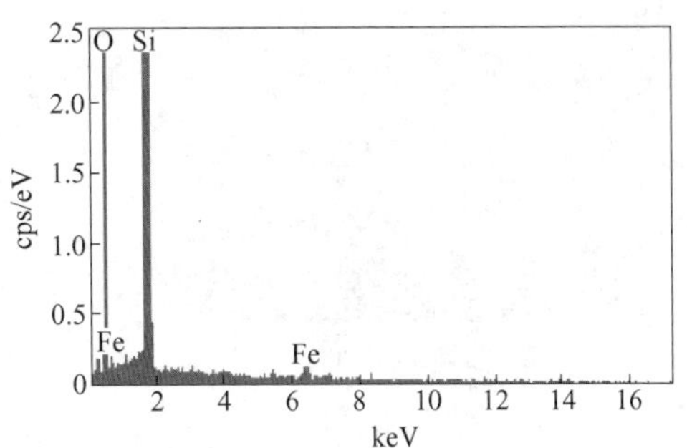

图 8-40　边部微裂纹区夹杂物形貌及 EDS 能谱分析

304M 为奥氏体不锈钢，在加工过程中由于发生形变诱导生成马氏体，同时组织中含有大量第二相组织，钢丝由原料加工到成品铆钉过程中，晶界变得模糊不清，晶粒被分割成细小的小块，晶粒尺寸不均匀，在发生塑性变形时由于塑性较差易形成裂纹；对裂纹形貌进行观察，中心部位宽度较大裂纹的平均宽度为 66.85μm，周围还有一些细小的裂纹，在中心裂纹及周围裂纹区均发现夹杂物，夹杂物主要含有 Al、Ca、Si 和 O 四种元素，可能为 Al、Ca、Si 的氧化物，夹杂物的存在破坏了基体的协调性，在发生塑性变形时导致局部区域应力集中，形成裂纹源，最终扩展成裂纹。

8.8　316L 奥氏体不锈钢眼镜框架模压缺陷问题

316L 不锈钢属于美国 20 世纪 70 年代 AISI300 奥氏体不锈钢系列产品，是经典的 18-8（Cr-Ni）不锈钢成分改型合金，旧牌号为 00Cr17Ni12Mo2，新牌号为 022Cr17Ni12Mo2。它是为改善耐腐蚀性能而发展的一种 Cr-Ni-Mo 型超低碳不锈钢。国内某公司生产的 316L 不锈钢钢丝，主要用于制作眼镜框架。下游眼镜框架生产企业在应用该钢丝生产过程中，钢丝表面尤其是边部在压扁弯曲模具作用下，局部出现牙齿印、凹坑等缺陷，严重影响产品的表面质量。本节以企业生产的 316L 不锈钢钢丝和冲压过程中出现表面缺陷的半成品为研究对象，对其表面缺陷的形成原因进行研究，同时结合实际，对生产工艺进行优化，从而提高钢丝及其下游产品的综合性能和质量。

316L 不锈钢为奥氏体不锈钢，试样宏观形貌如图 8-41 所示，其化学成分见表 8-8。采用 LEO-1450 型扫描电镜观察试样的表面形貌和夹杂物；将横截面制成金相试样磨抛后用王水浸蚀观察其金相组织。使用 CMT4150 微电子万能试验机对钢丝原料进行力学性能检测。

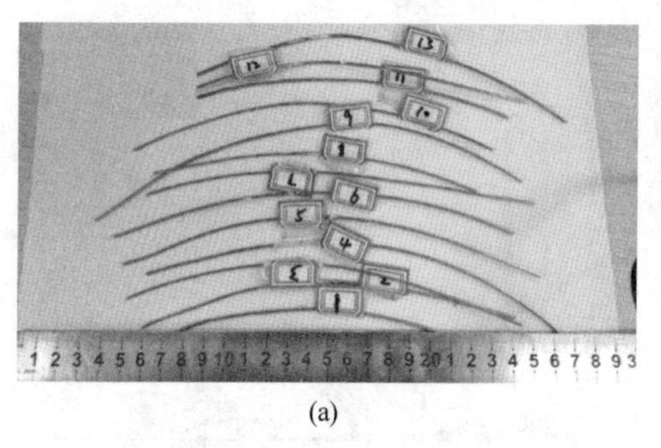

(a)

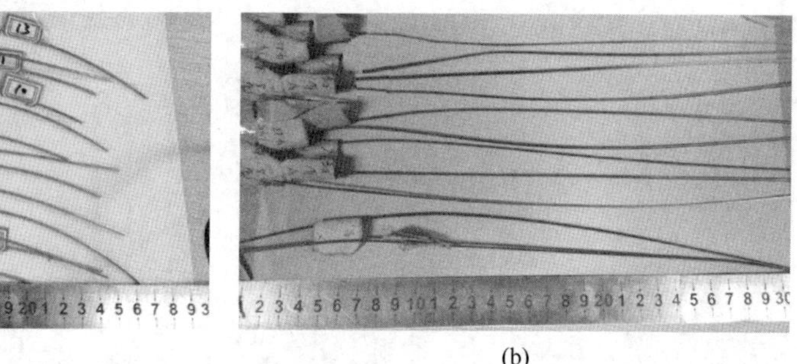

(b)

图 8-41　316L 不锈钢钢丝试样
（a）钢丝原料；（b）冲压后

表 8-8　316L 不锈钢化学成分　（wt. %）

成分	C	Si	Mn	P	S	Cr	Ni	Mo
含量	≤0. 03	≤1. 00	≤2. 00	≤0. 035	≤0. 03	16. 00~18. 00	10. 0~14. 0	2. 0~3. 0

8. 8. 1　表面形貌观察

此次出现缺陷的钢丝拉拔前盘圆原料共有两种，分别为国产和进口，在扫描电镜下观察到的表面形貌如图 8-42 所示。从图中可以看出不合格试样的表面缺陷主要有牙齿印、凹坑和擦伤，且试样Ⅱ的缺陷较多且程度较深。

8. 8. 2　金相组织观察

图 8-43 所示为试样横截面金相组织照片，从图中可以看出试样的横向组

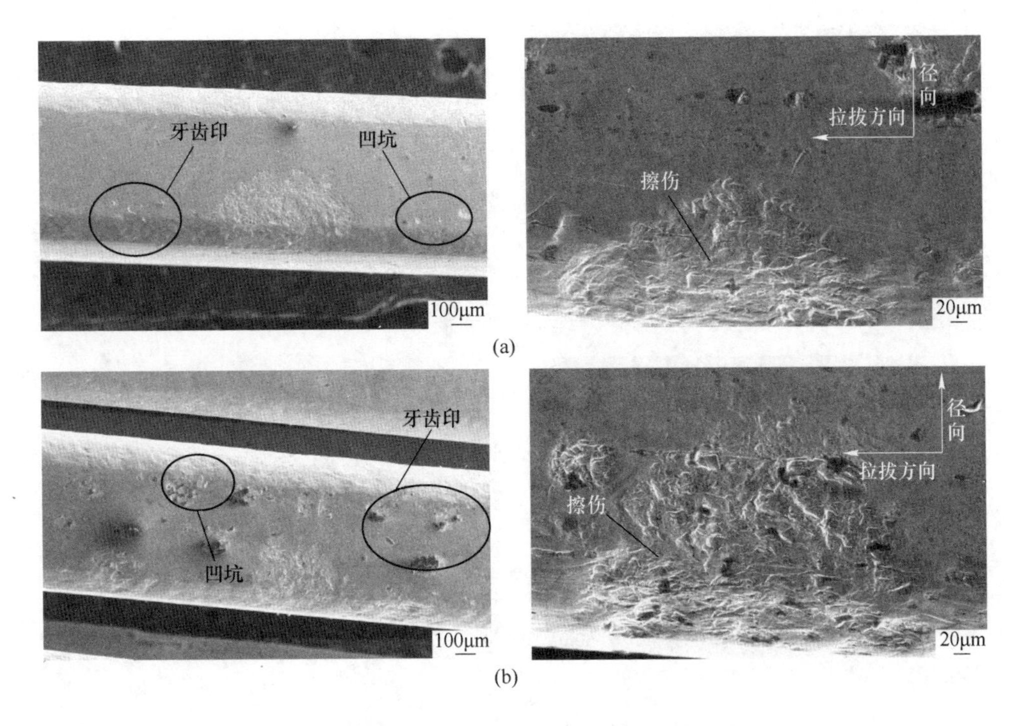

图 8-42 不锈钢试样的表面形貌

（a）试样Ⅰ；（b）试样Ⅱ

织基体都为均匀的奥氏体，呈块状分布，同时也存在一定数量的孪晶组织和球状铁素体。在冲压变形的过程中，由于试样在中部受力被压扁，导致该区域塑性变形程度极大，晶粒受力破碎，导致晶界变多，耐蚀性降低，该区域在浸蚀过程中迅速变黑。边部区域变形程度相对较小，依然为网状的奥氏体晶粒组织。

两种试样的组织尺寸存在明显差异。试样Ⅰ的组织分布均匀，且晶粒尺寸较小；而试样Ⅱ的组织分布不均匀，且晶粒尺寸较大。测量两种试样的晶粒大小可知，试样Ⅰ的晶粒尺寸约为20.9μm，晶粒度为8.0~8.5级，试样Ⅱ的晶粒尺寸约为33.7μm，晶粒度为7.0~7.5级。这说明试样Ⅱ的组织不均匀，导致了变形的不均匀性。钢丝在拉拔过程中进行的退火能够提高塑性和韧性，但退火时间较长或退火温度过高都会导致退火后晶粒的粗大，所以应该严格控制退火时间和退火温度，避免出现粗大的奥氏体晶粒组织。

8.8.3 应力状态分析

冲压过程为不均匀变形，金属在不均匀塑性变形时，变形体内应力分布也不均匀，各个部分的工作应力与基本应力差别较大。所以对图8-44中的1号、2号

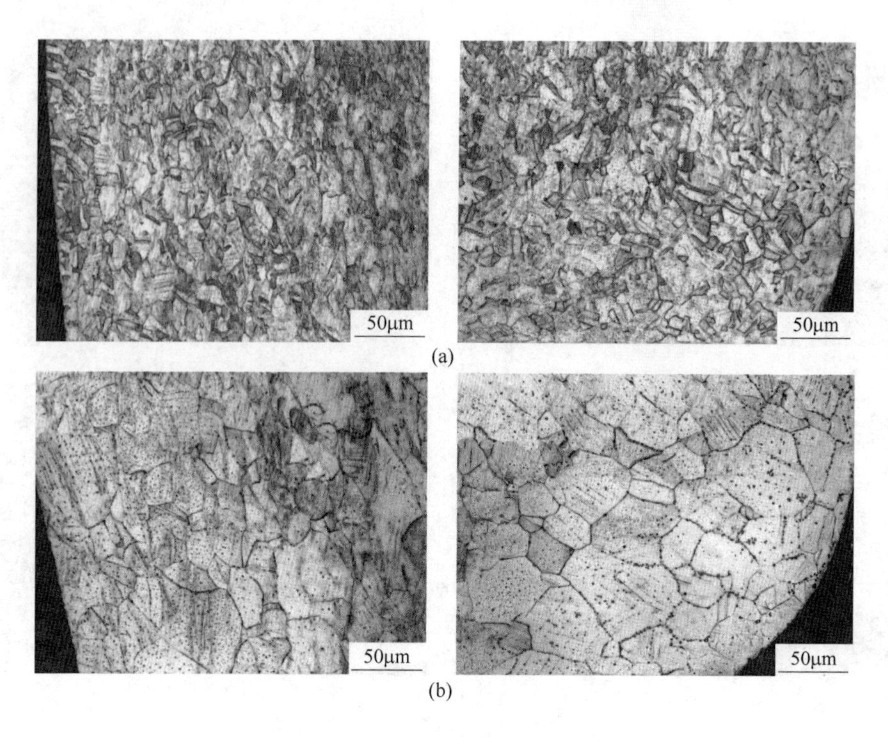

图 8-43　冲压后试样横截面组织形貌
（a）试样Ⅰ；（b）试样Ⅱ

和 3 号部位进行了应力状态分析。结果表明：1 号部位的应力状态为两向压缩一向拉伸，2 号和 3 号部位的应力状态均为两向拉伸一向压缩。试样经过一向压缩两向拉伸变形后，点缺陷可能变成面缺陷，因此对塑性的危害较大。两拉一压状态使得试样表面的塑性变差，在变形过程中的协调性变差。在对不合格试样的表面形貌观察中，凹坑、划痕和龟裂等缺陷主要出现在 2 号和 3 号部位，这与应力状态分析相符。

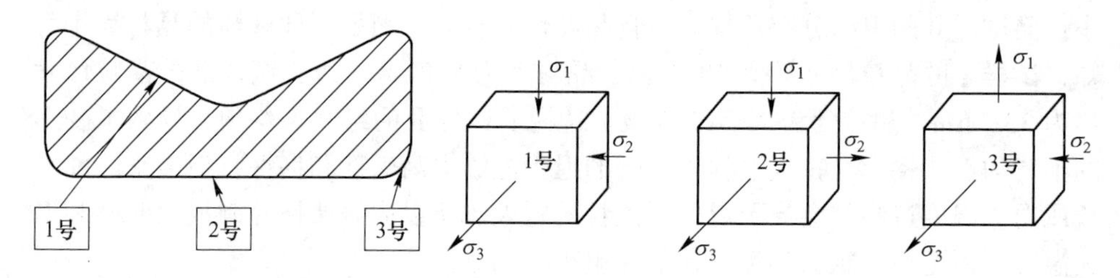

图 8-44　试样横截面示意图和应力状态简图

通过力学性能和微观组织两个方面的分析，得出缺陷形成原因如下：钢丝原料伸长率低，冲压过程中表面“两拉一压”的应力状态和晶粒粗大且不均匀，都导致试样的表面塑性降低、脆性提高，当模具表面不光滑或有硬质颗粒杂质时，冲压过程中杂质压入形成凹坑和牙齿印。此外，退火过程中形成的氧化铁皮脱落，在冲压时对钢丝表面进行擦刮，从而形成较大面积的擦伤。

随着走线速度的加快，退火时间缩短，钢丝的断后伸长率呈现下降趋势，而屈服强度和抗拉强度则呈现升高趋势，故当退火温度为1050℃时，为了保证钢丝强度和塑性有良好的配合，最佳走线速度为6m/min。

8.8.4　力学性能分析

通过拉伸实验对两组钢丝原料试样的力学性能进行对比，在相同的拉伸参数下测得的性能数据见表8-9。数据显示两组试样的抗拉强度相差较小，均为670MPa左右。但试样Ⅱ的规定塑性延伸强度（屈服强度）较高，为287.7MPa，比试样Ⅰ高约5%；同时，试样Ⅱ的断后伸长率的测量结果仅为47.9%，明显低于试样Ⅰ的56.9%，故试样Ⅱ的强度较高，塑性较差。

表8-9　316L不锈钢钢丝力学性能

试样编号	规定塑性延伸强度 $R_{p0.2}$/MPa	抗拉强度 R_m/MPa	断后伸长率 A/%
Ⅰ	272.9	671.4	56.9
Ⅱ	287.8	672.9	47.9

8.9　成形缺陷原因及控制

（1）200Cu断裂螺丝试样为脆性断裂，在晶粒内部存在大量的交错滑移带和形变诱导马氏体，加工硬化现象严重，金属的硬度、强度增加，但塑性和韧性下降。脆性断裂的主要原因是材料本身的塑性太差导致无法承受较大塑性变形，考虑到材料是在加工螺纹过程中出现的断裂，因此可以推断材料是在受到不均匀的剪切应力作用下发生断裂的。

（2）304ES压扁后边部出现开裂的原因有两个方面：加工工艺方面试样的冷压压扁变形，材料内部变形差异较大，产生应力梯度，边部受较大拉应力不利于塑性变形，应力集中处形成裂纹源，随后不断扩展，导致试样边部开裂，建议在完全退火软化后冷压或者冷压的过程中使用模压方式，这样可使边部为非自由表面，改善受力状况。微观组织方面，组织内部存在硅酸盐等夹杂物，这些夹杂混杂在金属内部，破坏了金属的连续性和完整性。随着变形的进行，外侧的夹杂由于组织变形较大而被拉长，因其与基体塑性不一致，极易成为裂纹源并最终导致开裂。

（3）304H 全空心铆钉开裂主要由基体组织中存在冶炼夹杂以及退火不充分造成。夹杂物的存在会破坏基体组织的连续性，夹杂物所在位置易萌生裂纹。退火不充分，铆钉边部位置得到了有效的软化而心部硬度仍然较高，变形诱导的马氏体组织未能完全消除，从而使材料的基体组织中形成了硬组织（形变马氏体）和软组织（退火奥氏体），硬度不同的两种组织的交界处为裂纹扩展提供了条件，因而铆钉的头部裂纹呈现出沿周向扩展的形态。

（4）304HC 不锈钢螺丝冷镦开裂的原因主要是由试样内部夹杂物引起，304HC 不锈钢试样内部存在弥散分布的细小的孔洞缺陷和部分尺寸较大的夹杂物，夹杂物的 O、Al、Mg 元素含量较高，分析其可能为在冶炼过程中残留的 $MgO \cdot Al_2O_3$ 夹杂。此外，夹杂物存在 Mn、Cr 元素偏聚的现象，这些情况都会降低金属材料的塑性，增加材料的缺口敏感性。

（5）304HC2 不锈钢铆钉基体组织中观察到的夹杂物和孔洞缺陷可能是不锈钢铆钉冷镦开裂的主要原因。冷镦工艺本身就伴随着金属材料剧烈的塑性变形，这使得裂纹在 Al_2O_3 夹杂物附近形核的倾向增加，同时裂纹扩展的速率也会大大提高，增大了铆钉生产过程头部开裂不良产品产生的几率。

（6）304HC3 不锈钢试样开裂区域的韧窝分布很不均匀，且韧窝普遍较浅，说明试样的塑性较差。韧窝形貌带有明显的趋向性，推断材料是在受到不均匀的剪切应力作用下发生断裂的。试样中夹杂物主要呈灰色块状，数量较少，且分布较分散。夹杂物中异常元素为 O、Al，可能的夹杂主要是 Al_2O_3、SiO_2，在螺纹加工过程中受到不均匀的剪切应力时，夹杂物附近产生微裂纹并扩展，导致材料发生断裂。

（7）304M 奥氏体不锈钢在加工过程中由于发生形变诱导生成马氏体，同时组织中含有大量第二相组织，钢丝由原料加工到成品铆钉过程中，晶界变得模糊不清，晶粒被分割成细小的小块，晶粒尺寸不均匀，在发生塑性变形时由于塑性较差易形成裂纹；对裂纹形貌进行观察，中心部位宽度较大裂纹的平均宽度为 66.85μm，周围还有一些细小的裂纹，在中心裂纹及周围裂纹区均发现夹杂物，夹杂物主要含有 Al、Ca、Si 和 O 四种元素，可能为 Al、Ca、Si 的氧化物，夹杂物的存在破坏了基体的协调性，在发生塑性变形时导致局部区域应力集中，形成裂纹源，最终扩展成裂纹。

（8）通过对 316L 奥氏体不锈钢钢丝力学性能和微观组织两个方面的分析，得出缺陷形成原因如下：钢丝原料伸长率低、冲压过程中表面“两拉一压”的应力状态和晶粒粗大且不均匀，都导致试样的表面塑性降低、脆性提高，当模具表面不光滑或有硬质颗粒杂质时，冲压过程中杂质压入形成凹坑和牙齿印。此外，退火过程中形成的氧化铁皮脱落，在冲压时对钢丝表面进行了擦刮，从而形成较大面积的擦伤。

参考文献

[1] 黄克智，肖纪美．材料的损伤断裂机理和宏微观力学理论［M］．北京：清华大学出版社，1999.

[2] 钟群鹏，赵子华．断口学［M］．北京：高等教育出版社，2006.

[3] 邢献强．冷拔钢丝表面裂纹形态及成因［J］．钢铁，1998，33（3）：51-54.

[4] 郑川川．钢丝表面缺陷和钢丝断裂分析［C］．2011 金属制品行业技术信息交流会，2012.

[5] 钟群鹏，周煜，张峥．裂纹学［M］．北京：高等教育出版社，2014.

[6] 张天雄，王元清，陈志华，等．高强度不锈钢短尾环槽铆钉力学性能试验研究［J］．工程力学，2021，38（S1）：151-158.

[7] 莫金强，冯光宏，徐梅，等．化学成分对 316L 奥氏体不锈钢组织及变形行为的影响［J］．金属热处理，2022，47（5）：81-86.

9 不锈钢钢丝服役过程中的失效成因分析及控制

9.1 2209 双相不锈钢钢丝焊接不良问题

某企业生产的2209双相不锈钢钢丝在焊接时焊火易灭，有焊接不良情况出现。2209双相不锈钢钢丝化学成分见表9-1。焊接，也称作熔接，是一种以加热、高温或者高压的方式接合金属或其他热塑性材料的制造工艺及技术。影响焊接质量的因素较多，如主要有焊材质量、焊接电流、电弧电压、焊接道次、电源类型和极性等。

表 9-1　2209 双相不锈钢钢丝化学成分　(wt. %)

成分	C	Mn	Si	P	S	Ni	Cr	Cu	N	Mo
含量	0.023	1.560	0.560	0.021	0.001	8.560	23.060	0.150	0.157	3.000

9.1.1 表面形貌表征

对2209双相不锈钢钢丝表面进行SEM观察，结果如图9-1所示。图9-1（a）为放大5000×试样的SEM照片，可以观察到部分晶粒内部存在明显夹杂，图9-1（b）为放大10000×试样的SEM组织照片，可以观察到夹杂物为球形。

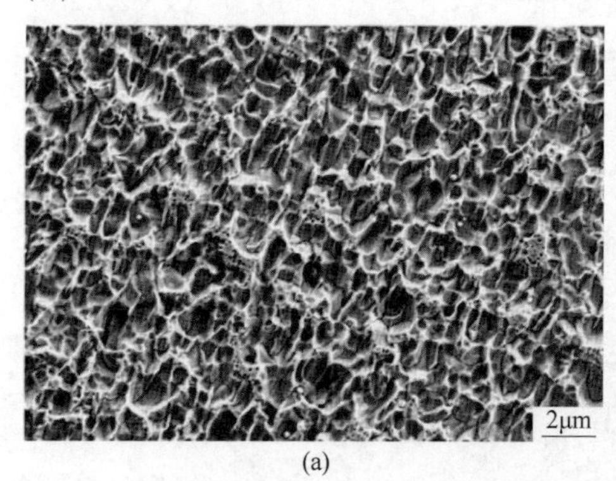

(a)

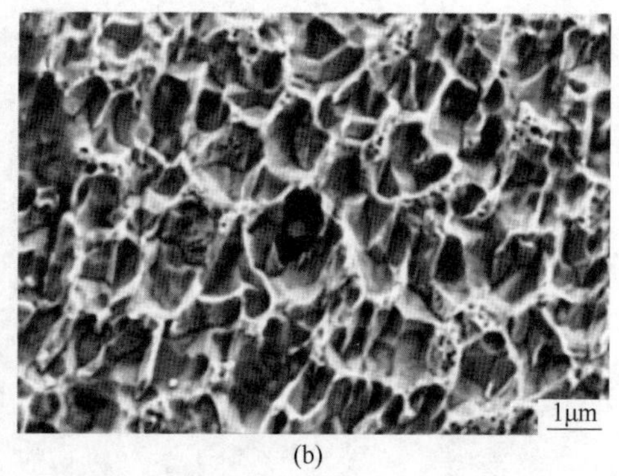

(b)

图 9-1　2209 双相不锈钢钢丝 SEM 照片

（a）5000×；（b）10000×

对夹杂物进行 EDS 点扫描，分析其元素组成情况，结果如图 9-2 所示。氧元素在此处富集，并且同时存在大量铝元素。根据企业提供的试样基体组成并不含有铝元素，分析夹杂物可能为冶炼过程中产生的残留在钢中的含铝氧化物。

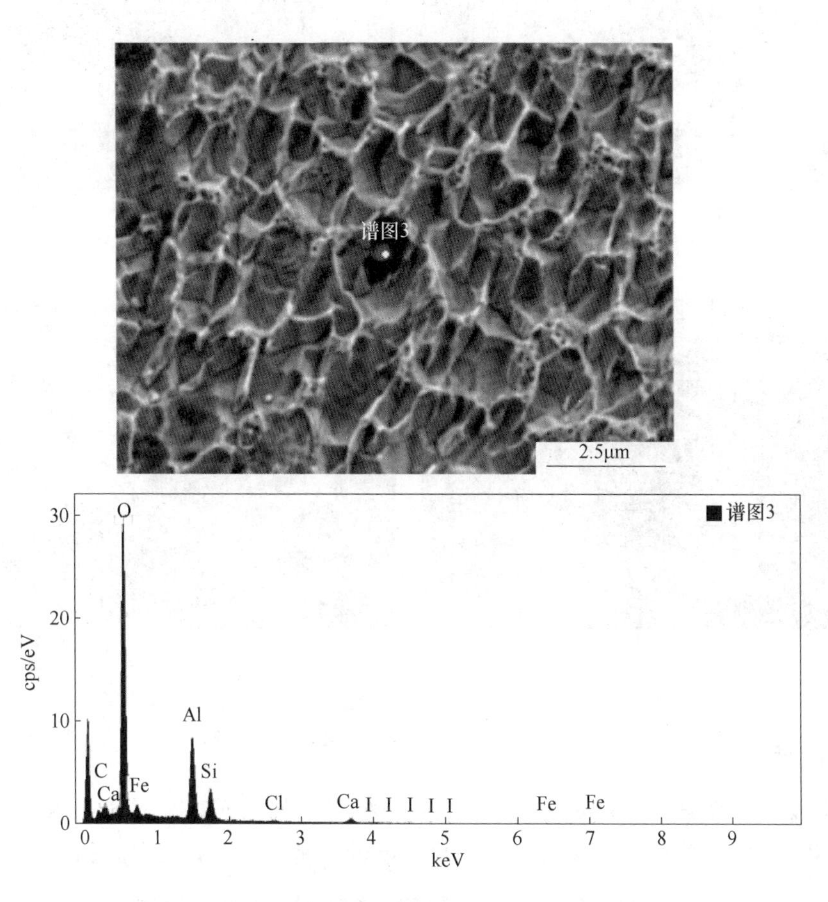

图 9-2　2209 双相不锈钢钢丝夹杂物 EDS 点扫描分析结果

9.1.2　断口形貌表征

采用 SEM 对试样的断口形貌进行观察，结果如图 9-3 所示。图 9-3（a）为 100×下的断口全貌，试样为典型的韧性断裂，断口各部分变形不均匀；图 9-3（b）为 200×下断口的形貌，断口表面存在 4 处明显的孔洞；图 9-3（c）、（d）为 5000×下断口的局部形貌，断口的韧窝主要呈不规则凹坑状，在韧窝内部观察到表面尖锐的块状夹杂物和表面粗糙的球形夹杂物。

分别对表面粗糙的球形夹杂物和表面尖锐的块状夹杂物进行 EDS 点扫描分

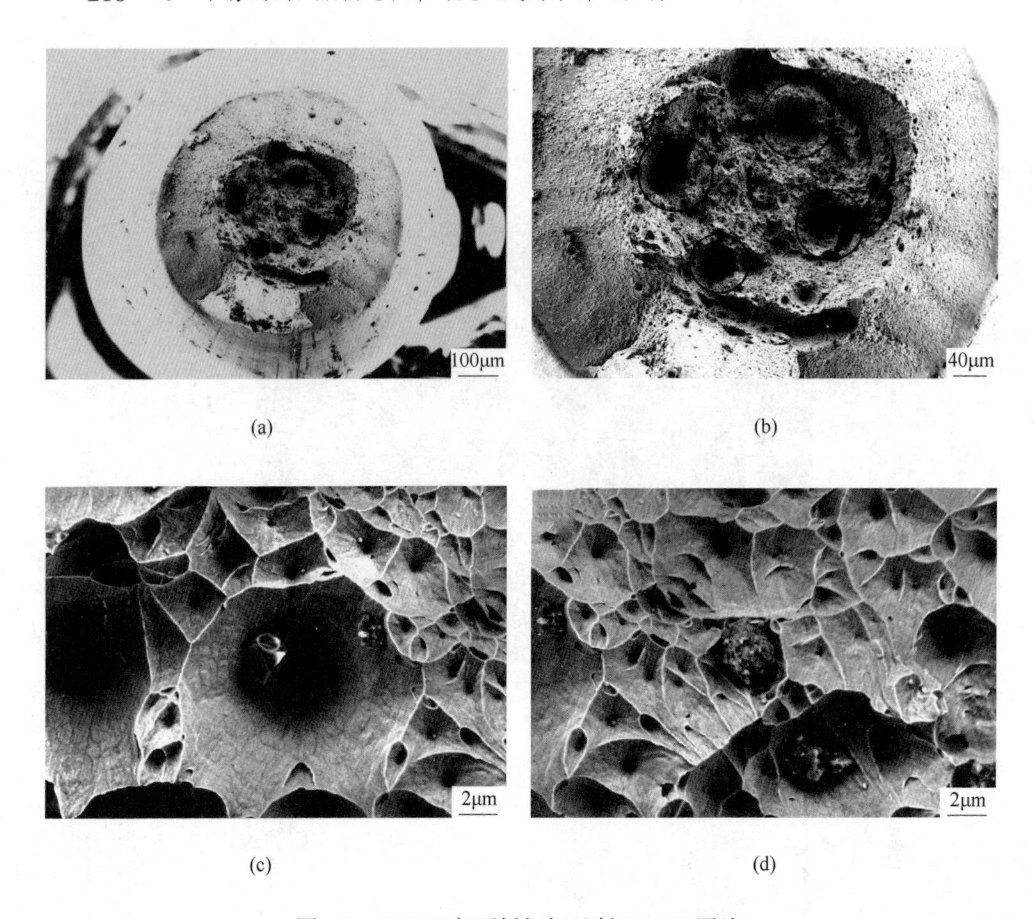

图 9-3 2209 双相不锈钢钢丝断口 SEM 照片

析，结果分别如图 9-4 和图 9-5 所示。断口处夹杂物的元素组成与基体所含夹杂物的组成一致，进一步证实焊丝的焊接性能较差是由夹杂物而引起的。

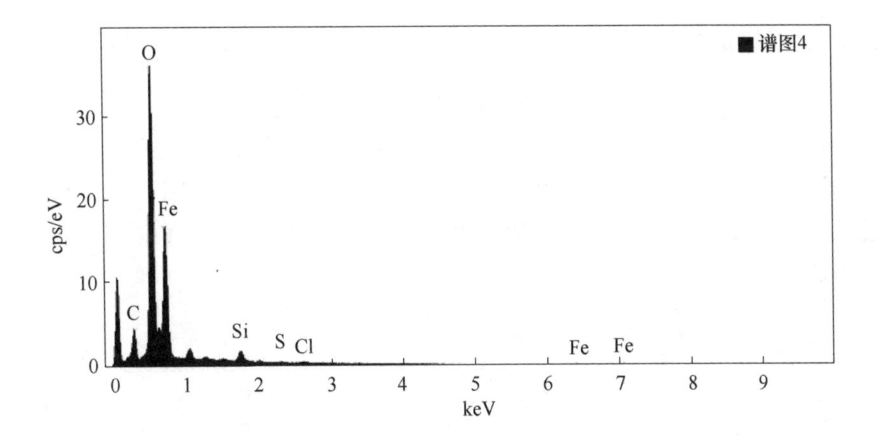

图 9-4 球形夹杂物 EDS 点扫描分析结果

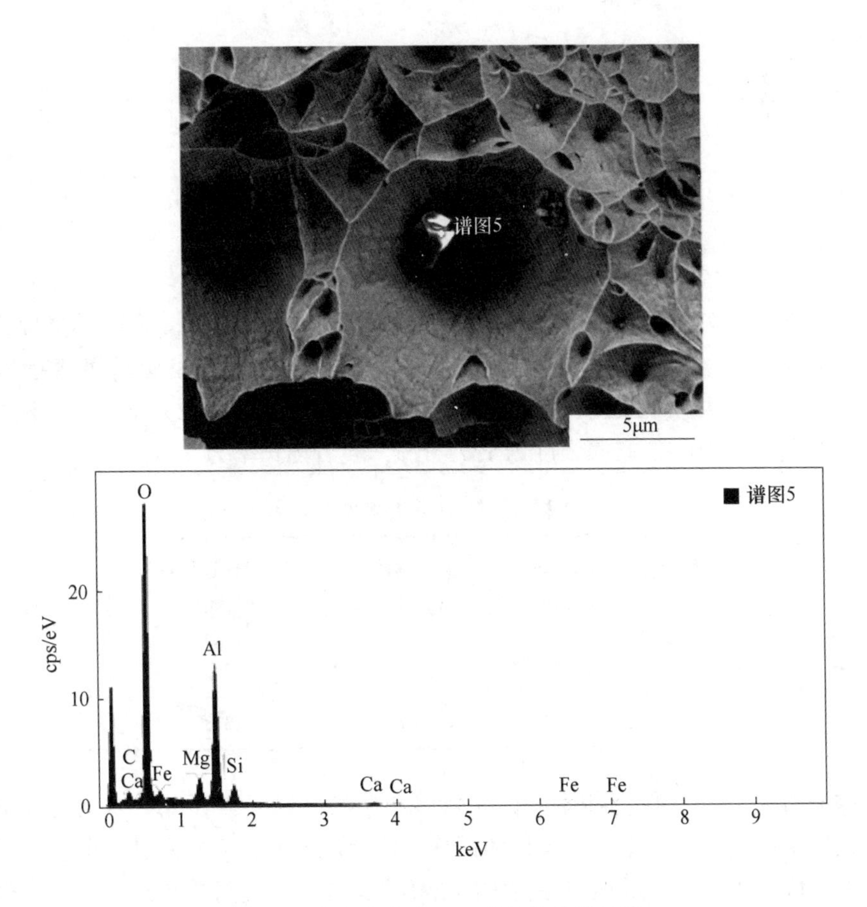

图 9-5 块状夹杂物 EDS 点扫描分析结果

9.1.3 力学性能分析

对焊接性能较差的2209双相不锈钢钢丝进行显微硬度测试，加载力为200gf（约1.96N），结果如图9-6所示。制取2个试样，每个试样测试10个点，取10个点的平均值作为试样的硬度值。1号试样的平均硬度为421HV，2号试样的平均硬度为486.9HV，两个试样的硬度值相差较大，说明钢丝整体各部成分不均匀，基体存在较多夹杂。

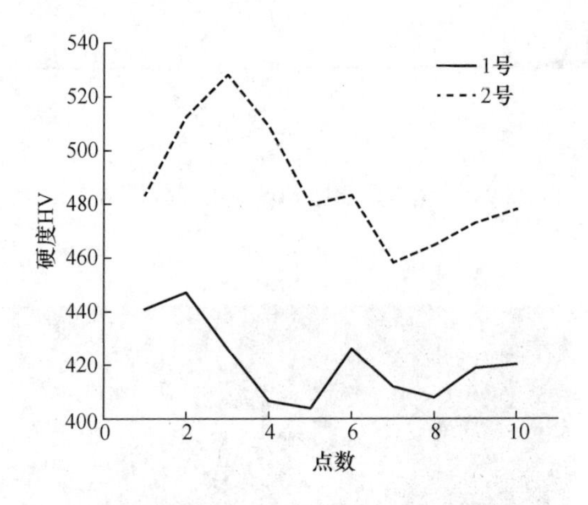

图9-6 1号、2号试样的显微硬度测试结果

对发生拉拔断裂的2209双相不锈钢钢丝进行拉伸实验。从样品上取两根100mm拉伸试样，实验测试标距为50mm，拉伸实验结果见表9-2。两根试样的力学性能测试结果几乎相同，取两次结果的平均值作为试样的力学性能。试样的抗拉强度为1645MPa，屈服强度为1371MPa，断后伸长率为2.84%。

表9-2 试样的力学性能测试结果

样品	原始直径 d_0/mm	最大应力 F_m/kN	抗拉强度 R_m/MPa	规定塑性延伸强度 R_p/MPa	断后伸长率 A/%
第1根	0.96	1.189	1642	1363	2.81
第2根	0.96	1.193	1648	1378	2.86

综上所述，2209材料基体中存在较多夹杂物，氧元素在此处富集，并且同时存在大量铝元素。根据企业提供的试样基体组成并不含有铝元素，分析夹杂物可能为冶炼过程中产生的残留在钢中的含铝夹杂物。在进行焊接过程中，夹杂物的存在破坏基体组织的连续性，并且氧化铝的熔点较高，为2000℃，焊接时温度

不足，氧化铝以固态存在熔池中，焊丝容易引起飞溅，极易引起焊缝夹渣，影响焊接质量。同时，铝的含量过高还会降低焊丝抗热裂能力，微裂纹在夹杂物位置形核后迅速扩展，可能导致在焊接过程中，当温度升高时焊丝前端断裂，即发生焊接易灭火现象。

9.2　314 网带不锈钢钢丝断裂问题

本试样为 314 网带不锈钢钢丝，钢丝在编织成网的过程中出现断裂。样品实物如图 9-7 所示，钢丝的化学成分见表 9-3。

图 9-7　314 网带不锈钢钢丝断裂样品实物

表 9-3　314 网带不锈钢钢丝化学成分　（wt. %）

成分	C	Mn	Si	P	S	Ni	Cr	N
含量	0.040	1.56	2.160	0.045	0.0000	19.03	24.19	0.020

9.2.1　组织形貌表征

首先使用金相显微镜观察试样的显微组织。图 9-8 所示为试样表面不同位置的金相组织形貌（500×）。图 9-9 所示为试样的晶粒尺寸分布。试样的基体主要为等轴的奥氏体晶粒，部分晶粒内部存在悬挂孪晶、贯穿孪晶，基体上存在大量密集分布的小黑点，晶粒尺寸分布不均匀，图 9-9（a）所示的样品的平均晶粒尺寸为 47.59μm，最大晶粒尺寸为 174.59μm，最小晶粒尺寸为 16.89μm，大小晶粒尺寸相差 10 倍；图 9-9（b）所示的样品的平均晶粒尺寸为 64.35μm，最大晶粒尺寸为 154. 15μm，最小晶粒尺寸为 34. 57μm，大小晶粒尺寸相差 4 倍，不同部位钢丝的显微组织不均匀，相差太大，疑似混晶。

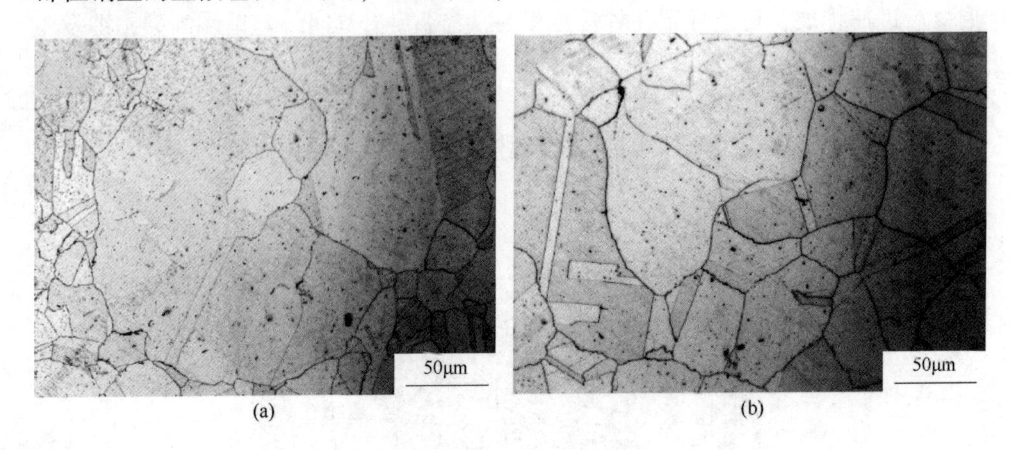

图 9-8 314 网带不锈钢钢丝显微组织（500×）

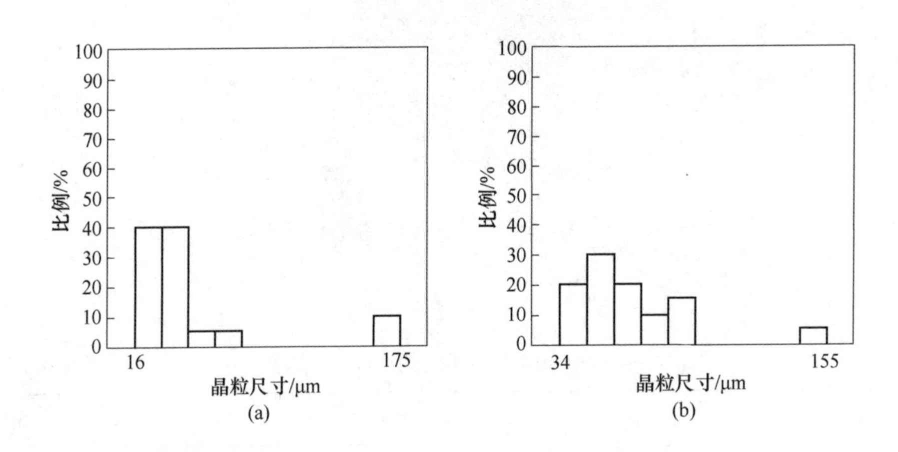

图 9-9 314 网带不锈钢钢丝晶粒尺寸分布

对 314 网带不锈钢钢丝的显微组织进行 SEM 观察，结果如图 9-10 所示。晶粒内部存在大量弥散的细小的球形析出物和相互连接的链状析出物。

对基体的析出物进行 EDS 点扫描，分析其元素组成情况，结果如图 9-11 所示。基体内分散的球形析出物主要含有 Cr、N 元素，结合原子百分比，可初步判断为 Cr_2N。对晶界处的析出物进行 EDS 点扫描，分析其元素组成情况，结果如图 9-12 所示。晶界处析出物为球形，Cr 元素含量明显低于基体，仅有基体的一半，Nb 元素含量较高，结合原子百分比，可初步判断晶界处贫铬，析出物可能为 Nb(C,N)。

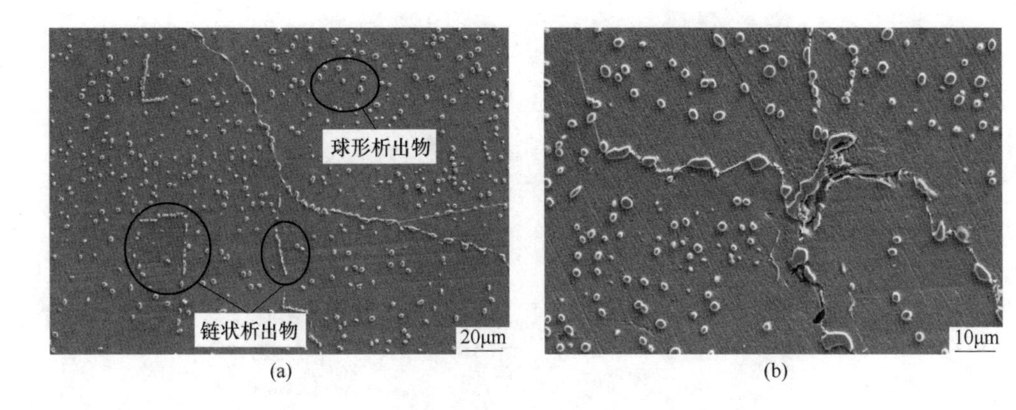

图 9-10　314 网带不锈钢钢丝 SEM 照片
(a) 500×；(b) 1500×

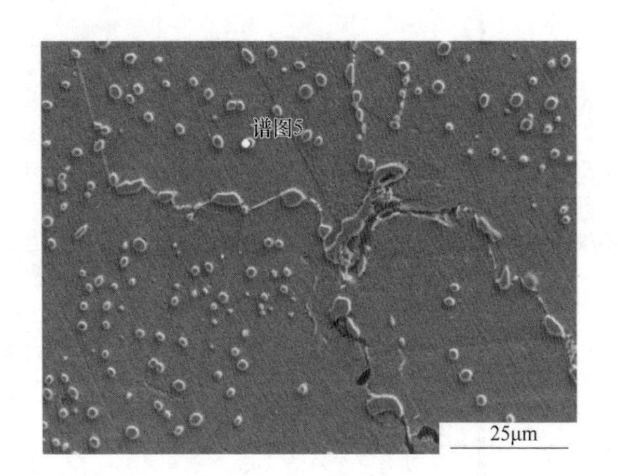

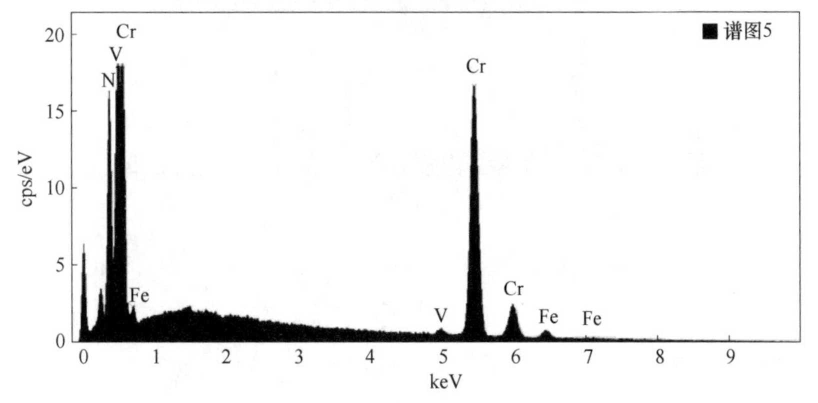

图 9-11　314 网带不锈钢钢丝基体析出物 EDS 点扫描分析结果

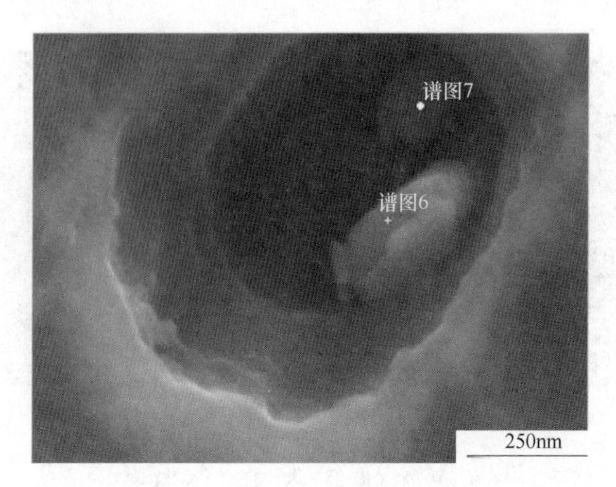

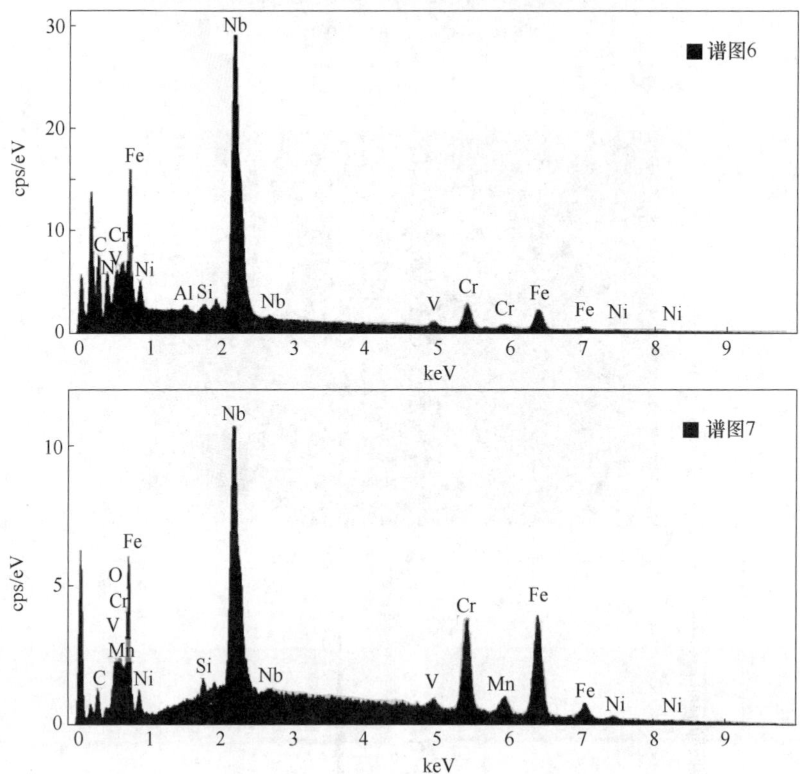

图 9-12 314 网带不锈钢钢丝晶界析出物 EDS 点扫描分析结果

9.2.2 断口形貌表征

采用 SEM 对试样的断口形貌进行观察，结果如图 9-13 所示。图 9-13 左侧一列为断口的宏观形貌（100×），右侧一列为左侧的局部放大图（200×）。断口 1、

图9-13　314网带不锈钢钢丝断口SEM照片
（左侧：断口全貌，右侧：局部放大）

断口3、断口4均为解理断裂，开裂速度快，样品沿着特定的结晶面（称为解理面）发生，这些结晶面一般是属于低指数的。在不同高度的平行解理面之间产生解理台阶。解理裂纹扩展过程中，众多的台阶相互汇合，便形成河流花样，河流的流向与裂纹扩展方向一致。断口2为韧性断裂，在断口表面可以清晰地观察到韧窝。

综上所述，根据样品的显微组织和能谱分析结果，样品的晶粒尺寸分布不均匀，基体内存在大量析出物，析出物含有大量企业提供的原料成分所不含有的Nb，但结合析出物的形貌，可初步判断析出物为NbC。进一步结合断口形貌的观察，样品为典型的解理断裂，裂纹沿着样品的晶界扩展，向内延伸，可初步判断是由于晶界析出物与基体的位向关系存在差异，二者变形能力不同，因而在后续的加工过程中产生断裂。

9.3 服役过程中失效原因及控制

（1）2209双相不锈钢钢丝焊接不良问题是由于材料基体中存在较多夹杂物，氧元素在此处富集，并且同时存在大量铝元素。根据企业提供的试样基体组成并不含有铝元素，分析夹杂物可能为冶炼过程中产生的残留在钢中的含铝夹杂物。在进行焊接过程中，夹杂物的存在破坏基体组织的连续性，并且氧化铝的熔点较高为2000℃，焊接时温度不足，氧化铝以固态存在熔池中，焊丝容易引起飞溅，极易引起焊缝夹渣，影响焊接质量。同时，铝的含量过高还会降低焊丝抗热裂能力，微裂纹在夹杂物位置形核后迅速扩展，可能导致在焊接过程中，当温度升高时焊丝前端断裂，即发生焊接易灭火现象。

（2）314网带不锈钢钢丝断裂问题是由于样品的晶粒尺寸分布不均匀，基体内存在大量析出物。析出物含有大量企业提供的原料成分所不含有的Nb，但结合析出物的形貌，可初步判断析出物为NbC。进一步，样品为典型的解理断裂，裂纹沿着样品的晶界扩展，向内延伸，可初步判断是由于晶界析出物与基体的位向关系存在差异，二者变形能力不同，因而在后续的加工过程中产生断裂。

参考文献

[1] 宋仁伯，谭瑶，胡建祥，等．不锈钢丝深加工产品质量缺陷分析［J］. 金属世界，2017(5)：8-12.

[2] 谭瑶，宋仁伯，王宾宁，等. 316L不锈钢丝冲压过程中表面缺陷研究及工艺优化［C］//第十届中国钢铁年会暨第六届宝钢学术年会论文集 Ⅱ，2015.

[3] 王宾宁，宋仁伯，陈雷，等.314 奥氏体不锈钢丝冷拔过程中断裂行为研究 [C]//第十届中国钢铁年会暨第六届宝钢学术年会论文集 Ⅱ，2015.

[4] 李剑容，吴兴华，孙黎，等. 不锈钢丝网断裂原因分析 [J]. 理化检验（物理分册），2006（11）：574-576，579.

[5] 朱国良. 奥氏体不锈钢丝冷扭转时的变形 [J]. 金属制品，1980（5）：49-57.